SHARON WILSIE & GRETCHEN VOGEL

Sprachkurs Pferd

PFERDESPRACHE LERNEN IN 12 SCHRITTEN

MIT KOSMOS MEHR ENTDECKEN
Der **BESTSELLER** aus den USA
SEIT 1822

KOSMOS

Inhalt

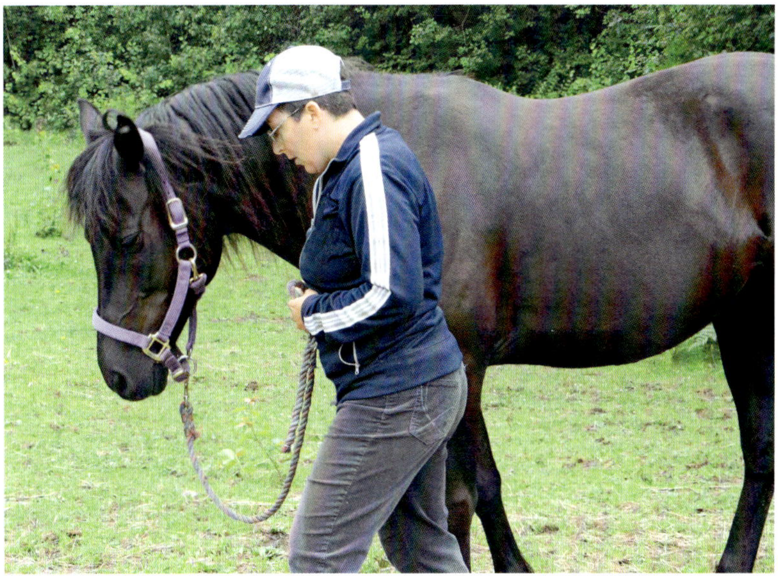

EINLEITUNG

Alles hat eine Bedeutung

Vielleicht kennen Sie Mr. Ed, das sprechende Pferd, das zwischen 1958 und 1966 der Star einer amerikanischen Fernsehserie war. Mr. Eds Lippen bewegten sich passend zu seinen Worten, was vor allem pferdeverrückte Kinder wie mich verzauberte. Was würde mein eigenes Pferd eines Tages zu mir sagen, wenn es die gleichen Fähigkeiten besäße?

Da ich Asthma hatte, waren meine Begegnungen mit Pferden auf das Lesen von Pferdebüchern und das Zeichnen meiner Herde von Modellpferden beschränkt. Als ich auf die Oberstufe ging, war ich gesund genug, um auf einem Reiterhof zu jobben, und am Ende der Oberstufe bildete ich Dressurpferde aus. Als junge Mutter konnte ich mir schließlich eigene Pferde leisten. Ich nahm ein Endmaßpony bei mir auf, das die Farbe und das Gebäude eines Tarpans hatte. Tarpane sind eine ausgestorbene Unterart von Wildpferden, die durch selektive Rückzüchtung wieder zum Leben erweckt wurden. Rocky war der Gefährte einer jungen, goldfarbenen Appaloosa-Stute namens Dakota. Die beiden wurden als Pferde-Gurus meine Lehrer und mit der Zeit erweiterte sich meine Herde sogar noch. Es war, als seien die Modellpferde meiner Kindheit lebendig geworden, um mich zu unterrichten.

Schlüssel zur Verständigung

Die Führungsrolle S. 7
Die Verbindung S. 8
Der Dialog S. 8

Immer wieder beobachtete ich dieselben Gesten und Bewegungen meiner Pferde. Ob es ein winziges Zucken oder eine Körperhaltung war, ich sah sie in schnellen Abfolgen ineinander übergehen. Mein künstlerisch geschultes Auge fror die einzelnen Gesten als Momentaufnahmen ein. Ich fing an zu verstehen, dass dieselbe Geste das Gleiche für alle Pferde bedeutete und dass darauf auch die gleichen Antworten erfolgten, egal welches Pferd die Geste machte. Ich vermutete, dass ich tatsächlich *„Sprache"* beobachtete und nicht einfach *„Verhalten"*.

Zu diesem Zeitpunkt beinhaltete meine Laufbahn als Pferdefrau das Unterrichten einer studentischen Reitermannschaft ebenso wie das Erteilen von therapeutischem Reitunterricht, das Korrigieren von Pferden und die Beratung von Gnadenhöfen. Überall beobachtete ich die hochgradig ritualisierte und vorhersagbare Sprache der Pferde. Zuhause machte ich mir Notizen, fertigte Zeichnungen an und forschte weiter. Mein Ehrgeiz, die Bedeutung der einzelnen Gesten zu verstehen, brachte mich dazu, sie den Pferden zurückzuspiegeln. Ich versuchte, mir klare und gleichbleibende Bewegungen einfallen zu lassen, die sie als Antwort erkennen würden. Plötzlich wurde mir bewusst, dass meine Pferde mir ihre körpersprachlichen Dialoge beibrachten. Sie führten mich durch die Grundlagen ihrer Sprache wie ein Fohlen, das das Herdenleben erlernt. Und dann bemerkte ich eines Tages, dass ich mich tatsächlich in der Sprache meiner Pferde mit ihnen unterhielt. Ihre Sprache zu lernen öffnete mir eine Tür zu ihrem ureigenen Wesen.

Schon immer habe ich die Arbeit einzelner Pferdemenschen bewundert, die mit ihren Pferden Privatgespräche zu führen schienen. Wenn es also so war, dass ich „Sprache" sehen konnte, dass ich lernen konnte, wie man „Wörter" und „Sätze" benutzte, um mit Pferden zu sprechen, konnte ich vielleicht auch anderen helfen, die kleinen Zeichen zu lesen, zu interpretieren und darauf zu reagieren. Ich wollte diese Sprache entschlüsseln und sie in so kleine Teile aufgliedern, dass jeder sie verstehen konnte.

Zeigen Sie Ihrem Pferd, dass Sie bereit sind, ihm zuzuhören und seine Sprache zu lernen.

Dieses Buch ist das Ergebnis meines Wunsches, anderen dabei zu helfen, mit ihren vierbeinigen Partnern auf dieselbe erfüllende Weise zu kommunizieren wie ich.

Pferde müssen zweisprachig sein. Sie müssen mit anderen Pferden die Pferdesprache sprechen, was schwierig für sie ist, wenn sie isoliert gehalten werden. Zusätzlich müssen sie auch noch die Menschensprache können. Wir benutzen Wörter und einen bestimmten Tonfall, um viele verschiedene Gefühlsebenen, Bedürfnisse und Antworten zu äußern. Wir sind nicht von feinen, visuellen Botschaften abhängig. Wir drücken uns über Worte aus und weniger über unseren Körper. Wir machen so viele zufällige Bewegungen, die für Pferde verwirrend und unverständlich sind.

Dieses Buch, meine Übersetzungshilfe zur Körpersprache von Pferden, die ich *Pferdisch* nenne, soll Menschen und Pferden helfen. Wie beim Erlernen einer fremden Sprache lernen Sie zunächst verschiedene Bewegungen, die die einzelnen Worte der Pferde darstellen. Sie lernen, wie Sie diese Worte sichtbar widerspiegeln, so, dass Ihr Pferd Sie versteht. Mit der Zeit können Sie diese Gesten miteinander kombinieren und Ihrem Pferd Fragen stellen. Antwortet Ihr Pferd dann mit seinen eigenen Bewegungen, werden Sie verstehen, was es Ihnen sagt, und passend darauf antworten können. Sie werden sich fließend *auf Pferdisch* unterhalten, sobald Sie diese spontanen Gespräche in der angemessenen „Lautstärke" führen können. Und genau das ist mein Ziel.

Eine echte Führungspersönlichkeit verhält sich so, dass man ihr gern folgt.

WAHRE FÜHRUNG

Pferdisch hilft Ihnen dabei, eine Beziehung zu Ihrem Pferd aufzubauen, die auf *Vertrauen, Respekt, Gemeinsamkeit und auf Verständnis* beruht.

Pferde werden von uns gefangen gehalten. Ihr Leben und Überleben hängt von uns ab. Die Führung zu übernehmen bedeutet, Ihr Pferd wissen zu lassen, dass es in Ihrer Gegenwart *sicher* ist. Traut Ihr Pferd Ihnen zu, dass Sie es sicher durch die menschliche Zivilisation führen? Wir haben die Pferde aus ihrer natürlichen Umgebung herausgeholt und wollen, dass sie durch Türen gehen, über Hindernisse springen und sowohl vorwärts in Pferdeanhänger hineinsteigen als auch rückwärts wieder hinaus. Stellen Sie sich vor, Sie sind in einem fremden Land. Ihr Reiseführer spricht Ihre Sprache nicht und bittet Sie unsicher und nervös, ihm in dieser fremdartigen Welt zu folgen. Sie würden sich in seiner Obhut nicht sicher fühlen! Doch Sie können einem Pferd Sicherheit vermitteln, wenn Sie sich in einfachen *Gesprächen* mit seinen Anliegen beschäftigen und wenn Sie die *Intensitätsebenen* Ihrer Sprache genau abstimmen. Umgekehrt wird das dazu führen, dass Sie sich selbst auch sicher mit Ihrem Pferd fühlen, da Sie beide ein tieferes Vertrauen zueinander entwickeln.

Wir alle müssen Abenteuer mit unseren Pferden bestehen. Vielleicht müssen Sie Ihr Pferd bei einem Gewitter nach drinnen bringen oder Sie müssen Erste Hilfe an Ihrem kranken oder verletzten Pferd leisten, während Sie auf den Tierarzt warten. Je regelmäßiger Sie Gespräche mit Ihrem Pferd in *seiner* Sprache führen, desto leichter halten Sie während einer Stresssituation die Verbindung zu ihm. Sie fühlen sich beide sicher. Das ist der Kern einer guten Führung.

DIE IDEALE VERBINDUNG

Die Quintessenz ist: Fühlt sich Ihr Pferd nicht sicher bei Ihnen, sind Sie nicht sicher mit Ihrem Pferd. Viele meiner Kunden hatten in ihrem Leben eine große Pferdeliebe. Mit ihrem „Pferd des Lebens" waren sie in Einklang und es verhinderte manches Unglück. Es balancierte sie über dem Sprung aus, wenn sie aus dem Gleichgewicht gekommen waren, brachte sie sicher durch eine matschige Stelle, die sich als Sumpf entpuppte, blieb still stehen, wenn sie auf einem eisigen Pfad ausglitten und verlor nicht die Nerven, wenn plötzlich eine Schar von Wildgänsen aufflog. Dieses Pferd passte einfach immer auf seinen Menschen auf.

Glücklicherweise muss man nicht ein Pferd nach dem anderen ausprobieren, um diese ideale Verbindung (wieder) zu finden. Stattdessen können Sie selbst dafür sorgen, eine sichere und innige Verbindung zu beinahe *jedem Pferd* aufzubauen.

ECHTE GESPRÄCHE

Dieses Buch handelt nicht von Pferdetraining, es handelt von *Verwandlung*. Fast jeder war schon einmal mit einem wunderbaren Pferd gesegnet. Obwohl alle Pferde uns viel zu geben haben, ist die eigentliche Frage doch, was wir ihnen zurückgeben. Glauben wir, dass es nicht sicher sein könnte, mit einem Pferd zusammen zu sein, dann denken wir darüber nach, dass das Pferd *nicht sicher für uns* sein könnte. Überlegen wir jemals, ob das Pferd befürchtet, *dass wir seine Sicherheit gefährden*?

Pferdisch stellt für mich den Rahmen für Unterhaltungen dar. Es gibt keinen starren Ablauf. Wenn man sich wirklich in einem Dialog befindet, kann man zu keinem Zeitpunkt vorhersagen, wie die Antwort eines Pferdes ausfallen wird.

Ich lasse meine normalen Ausbildungstechniken für Pferde inzwischen beiseite und führe lieber *Gespräche* mit dem Pferd. Ich stelle eine Frage oder stelle eine Idee vor und sehe dann, was es davon hält. Mit Hilfe von Pferdisch ist es mir möglich, eindeutig zu verstehen, ob das Pferd auf meine Frage mit Neugier, Spielfreude und Zuneigung reagiert oder ob es aus Angst, Gewohnheit oder guter Erziehung antwortet. Sie werden feststellen, dass Sie mit der Zeit entspannter und verspielter werden, wenn Sie gelernt haben, Gespräche mit Ihrem Pferd zu führen. Vielen Reiter ist ihr Verhältnis zu ihrem Pferd genauso wichtig wie dessen Leistungen. Zeigen Sie Ihrem Pferd, dass Sie bereit sind, ihm zuzuhören und seine Sprache zu lernen, statt von ihm zu erwarten, auf Ihre Ansagen zu reagieren. So wird sich Ihre Freundschaft vertiefen.

Es sind vor allem unsere falschen Vorstellungen, die uns von Tieren trennen. In der traditionellen Denkweise gelten ganze Ketten von Verhaltensmustern als instinktiv und nicht vom Tier kontrollierbar. Ihre Bewegungen werden als oberflächliches Verhalten gedeutet, auch heute noch. Diese Denkweise verhindert, dass das Selbstgefühl von Pferden wahrgenommen wird. Wir glauben, dass Pferde keine inneren Dialoge führen, weil sie keine Worte benutzen. Doch Pferde verbinden sich in ihrer Sprache permanent mit dem inneren Dialog anderer Pferde. Mit Hilfe von Pferdisch ist es ihnen möglich, sich auch mit uns zu verbinden. Sie haben ein Mittel, um uns endlich dabei zu helfen, anders über sie zu denken.

BEZIEHUNGEN ZWISCHEN DEN ARTEN

Menschen brauchen sich nicht ständig ihrer Umgebung bewusst sein, um zu überleben. Wir müssen nicht auf kleinste Kleinigkeiten achten. Worte sind uns wichtiger als unsere Körpersprache, daher ist es nicht notwendig, dass wir uns während eines Gesprächs ständig ansehen.

Pferdesprache dagegen hat ihren Ursprung in der Weltsicht eines Fluchttiers. Pferde haben überlebt, statt zur Lieblingsspeise großer Raubtiere zu werden. Pferde haben ein starkes Bewusstsein für ihre Umgebung und einen beinahe 360 Grad umfassenden Rundumblick. Mit ihren großen, aufrechten Ohren hören sie gut, ihr Geruchssinn ist fantastisch und sie haben die Fähigkeit, wirklich schnell zu laufen. Sie sehen unseren Gesichtsausdruck, unsere Körpersprache, die Kleidung, das Haar und jedes Zucken. Unsere Absicht, in eine bestimmte Richtung zu gehen, registrieren sie lange vor unserem ersten Schritt.

Pferde und Menschen sind soziale Wesen. Sind Sie mit einem Pferd zusammen, betrachtet es Sie als Teil seiner Herde, selbst wenn diese Herde nur aus zwei Mitgliedern besteht. Auch ein Huhn auf der Wiese wird als Herdenmitglied betrachtet, ebenso Katzen, Ziegen oder Hunde. Pferde bieten uns diese Zugehörigkeit an. Vielleicht ist das ein Grund, warum wir uns mit ihnen so wohlfühlen. Aber es ist auch ein Grund, um unser Bewusstsein zu schulen für das, was wir mit unserer Körpersprache ausdrücken.

Zeigen Sie Ihrem Pferd, dass Sie bereit sind, ihm zuzuhören. Geben Sie ihm ein Mitspracherecht. So entsteht eine tiefe, wunderbare Freundschaft.

Es gibt eine unselige Idee in der Welt der Pferdemenschen. Sie besagt, dass ein Pferd niemals gewinnen oder sich unseren Forderungen widersetzen darf. Dabei entspricht es tatsächlich der Natur der meisten Pferde, eine untergeordnete Rolle zu akzeptieren. Die wenigsten sind Alphatiere. Lernen Sie ihre Sprache, so fördert das Ihr Verständnis des Ehrenkodexes zwischen Pferden. Vielleicht verhelfen Ihnen die Gespräche zu neuen Einsichten und bringen verborgene Aspekte Ihres Ichs zum Vorschein. Wenn wir die Würde des Pferdes bewahren, seine Moralvorstellungen übernehmen, dann fördern wir den gegenseitigen Respekt und alle gewinnen. Entwickeln Sie sich selbst weiter, während sich die Beziehung zu Ihrem Pferd verwandelt. Nehmen Sie sich Zeit für eine Reise, die Sie Schritt für Schritt zu einem gesunden, ausgeglichenen Wesen macht.

Ich hoffe zutiefst, dass Menschen, wenn sie erst die Sprache der Pferde verstehen, niemals mehr ein Pferd „aus Versehen" misshandeln – weil niemand wusste, was das Pferd gesagt hat. Stimmen wir unsere Erwartungen und die Vorlieben des Pferdes aufeinander ab. Lassen wir unser Pferd ausreden. Wir können ihm zuhören und ihm ein Mitspracherecht geben, ohne Angst zu haben, dass es „verdorben" wird, wenn es sein Leben mitbestimmen darf.

Manche Pferde haben mehr zu sagen als andere. Indem Sie Gespräche mit Pferden führen, fördern Sie Vertrauen, Respekt, Verbundenheit und Verständnis. Ich hoffe, dass ich dazu beitragen kann, friedliche und freudvolle Möglichkeiten zu vermitteln, eine herzliche Freundschaft und Verbundenheit mit unseren Pferden aufzubauen. Das ist es doch, was wir uns alle wünschen, und wir bekommen es, wenn wir ein kleines bisschen Zeit investieren, um Pferdisch zu lernen.

ZWÖLF LEICHTE SCHRITTE

Meinen Schülern bringe ich Pferdisch in zwölf leichten Schritten bei. Entsprechend habe ich auch dieses Buch aufgebaut.

Pferdesprache ist vielschichtig. Es ist nötig, sich zunächst einige grundlegende Fertigkeiten anzueignen, um diese dann später zu verfeinern. Versteht man die Grundlagen, kann man Schritt für Schritt weitergehen. Zwei Bereiche sind dabei besonders wichtig: die Atmung und die Körpersprache. Ich werde beides detailliert erklären. Danach geht es um die vier G der Pferdesprache: die *Begrüßung* (Greeting), das *Irgendwohin Gehen* (Going Somewhere), die *Fellpflege* (Grooming) und das *Auf und Davon* (Gone). Diese vier Rituale bilden den Rahmen der Beziehungen und Gespräche von Pferden untereinander. Ich habe das Gefühl, auch alle Gespräche zwischen Pferd und Mensch können unter einer dieser Überschriften eingeordnet werden.

Auch wenn ich verschiedene Formen des Zuhörens und Sprechens auf Pferdisch beschreiben kann, hängt doch viel von Dingen ab, die nicht so offensichtlich sind: dem Intensitätslevel und dem Druck, der jede Geste, Bewegung oder Haltung begleitet. Selbst die kleinste Bewegung kann große Kraft entfalten, egal wie fein sie ist. Jeder, der an einer echten, fairen Kommunikation mit Pferden interessiert ist, muss üben, sich in der angemessenen Intensität auszudrücken. Dafür zeige ich eine Reihe von Übungen, die Ihnen helfen, mit dem umzugehen, was sich im Inneren und außerhalb Ihres Körpers abspielt.

Sie werden, über die zwölf leichten Schritte verteilt, Dutzende von Gesprächen finden. Diese Gespräche stellen Schritt-für-Schritt-Muster dar, die Sie zusammen mit Ihrem Pferd üben können. Dabei lernen Sie zu hören, was Ihr Pferd sagt, und was Sie daraufhin tun und antworten sollten, damit es am Ende glücklich für Sie beide ausgeht.

Pferde sind von Natur aus unterwürfig. Sie verdienen es, ihre Würde zu bewahren.

Außerdem begegnen Sie Joe, einem erfundenen Pferd. Ich habe ihn mit Fragen und Sorgen ausgestattet, die viele Pferde haben. Sie erfahren, wie ich in der Arbeit mit ihm und seinen Besitzern Pferdisch einsetze. Ich beschreibe unsere erste Begegnung bis hin zur Lösung beinahe aller seiner Probleme. Das Gespräch mit Joe bietet mir die Möglichkeit, viele Details zu schildern, die erklären, wie Sie bekanntes und neu erlerntes Handwerkszeug anwenden.

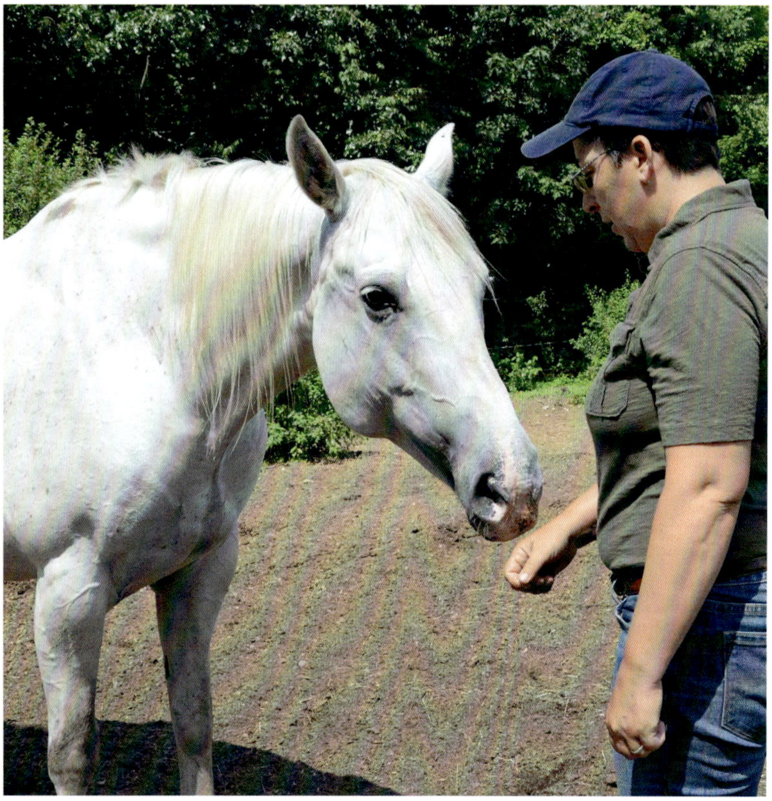

Pferdisch ist keine Trainingsmethode und lehrt Sie auch nicht, Ihren Reitstil zu verbessern. Auf welche Art auch immer Sie reiten, ob Sie klassische Dressur oder Western bevorzugen oder etwas vollkommen anderes, Pferdisch kann Ihr Verhältnis zu Ihrem Pferd verbessern. Warten Sie einfach ab, was passiert, wenn Sie es einsetzen!

SCHRITT 1

Die Grundlagen lernen

Womit beginnen wir, wenn wir eine neue Sprache lernen wollen? Nun, wir fangen bei null an und von da aus geht es weiter.

FINDEN SIE IHRE „INNERE NULL"

Das Überleben von Pferden hängt von ihrer Fähigkeit ab, einander zu beobachten und wahrzunehmen, was um sie herum geschieht. Dies ist nur in einer ruhigen Herde möglich (Bild 1.1). „Herde" bezeichnet dabei mindestens zwei oder mehr im Stall oder auf der Weide lebende Individuen einer Art oder mehrerer Arten. Beginnt ein Pferd, ein anderes zu drangsalieren, kann es sein, dass die Herdenmitglieder beide in aller Ruhe trennen und dabei die Rollen erneut festlegen, bis wieder Ruhe herrscht. In einem Konflikt schlagen oder beißen die Kontrahenten einander häufig und einer jagt den anderen vielleicht weg. So schnell das Ganze begonnen hat, endet es aber auch wieder. Stress und Aufregung tun Pferden nicht gut.

Ich beobachte meine Herde oft. Manche Pferde stehen etwas abseits, einige liegen, andere grasen. Alle bemühen sich, eine ruhige Atmosphäre aufrechtzuerhalten.

Schlüssel zur Verständigung

1.1 Pferde bevorzugen eine ruhige und rücksichtsvolle Atmosphäre, ganz gleich, ob sie ruhen oder sich wie hier bewegen.

1.2 Inneres Neutral Null ist die Kunst, zu innerer Ruhe zu finden.

Viele Menschen versuchen, in der Nähe von Pferden ruhig zu sein. Beim Erlernen von Pferdisch ist das eine Grundvoraussetzung! Innere Ruhe machte es mir möglich, präsent, ganz und gar im Augenblick zu sein. So konnte ich die Feinheiten der Pferdesprache überhaupt erst wahrnehmen. Wenn Sie Möglichkeiten finden, in Gegenwart Ihres Pferdes präsent zu sein, wird es Ihnen genauso gehen. Diesen Zustand der Präsenz, der Achtsamkeit und der Ruhe nenne ich *inneres Neutral Null* (Bild 1.2).

Neutral Null ist das Erste, was ich meinen Schülern beibringe. Ich bitte sie, sich einen friedlichen Ort vorzustellen, einen Lieblingsplatz. Manche denken an ein Lied, ein Bild oder eine glückliche Erinnerung. Jeder hat einen anderen Weg zu seinem Neutral Null. Trainieren Sie das Gefühl, das Sie haben, wenn Sie an Ihren persönlichen Zugang denken, immer wieder und halten Sie Ihre Erinnerung daran wach. Dies ist das *innere Neutral Null*. Manchmal lasse ich meine Schüler auch in der Nähe ihrer Pferde mit dem Gewicht ausbalanciert auf beiden Füßen in ihren Bauch atmen. Dann beobachten wir, wie die Pferde darauf reagieren.

Ich habe Jahre gebraucht, um zu begreifen, wie sehr der Erfolg eines Gesprächs davon abhängt, dass ich in meinem eigenen Neutral Null bin. Damit ich in jeder Situation gelassen und präsent bleiben kann, egal, was das Pferd gerade tut, habe ich noch ein weiteres Hilfsmittel entwickelt. Ich kann in meinem inneren Neutral Null bleiben, wenn ich die Worte *Wie merkwürdig* denke oder laut ausspreche. „Wenn du meinst", „Interessant" oder „Wie merkwürdig" sind Ausdrücke, die nicht werten, egal, ob es gerade gut oder schlecht läuft mit Ihrem Pferd. Probieren Sie es aus. Finden Sie Ihre eigenen Redewendungen, die Ihnen helfen, gelassen und präsent zu bleiben.

ÄUSSERES NEUTRAL NULL UND ANGEMESSENE LAUTSTÄRKE

Die besten und klarsten Gespräche mit Pferden führt man mit *geplanten, bewussten Gesten* (Bild 1.3). Sie sollten innerlich ruhig oder ganz Neutral Null sein, was aber nicht bedeutet, dass Sie *zu* still oder gar zaghaft sind. Pferde bevorzugen es, wenn wir uns zielgerichtet bewegen, auf unsere Umgebung achten und vertrauenswürdige Leitfiguren sind. Ruhige Bestimmtheit ist für Pferde gleichbedeutend mit „Kein Stress, alles ist in Ordnung". Ruhig zu sein stärkt das gegenseitige Vertrauen. Pferde versuchen immer, den Zustand der Ruhe möglichst aufrechtzuerhalten.

Pferde *flüstern* meist mit ihrer Körpersprache. Ein friedliches Kopfnicken, ein kleines Zucken des Schweifs, ein angedeutetes Aufheben des Hufs durch eine leichte Gewichtsverlagerung sind Zeichen, die jedes andere Pferd versteht (Bild 1.4).

1.3 Zielgerichtete Bewegung vermittelt eine klare Absicht.

1.4 Jede einzelne Geste eines Pferdes, selbst die unmerklichste, hat eine Bedeutung.

Mitunter „brüllt" ein Pferd eine Botschaft mit extremen Gesten oder Bewegungen, aber normalerweise sprechen Pferde mit kleinstmöglicher Lautstärke miteinander. Selbst wenn sie die Lautstärke erhöhen, sind sie Experten darin, sie danach wieder herunterzustellen und ihre Bewegungen genau auf ihre Sprache abzustimmen. Pferde verschwenden keine Energie, indem sie den ganzen Tag streiten oder nachtragend sind. In der Wildnis müssen sie ruhig bleiben, um sicher zu sein. Durch Lärm könnten Raubtiere auf sie aufmerksam werden.

Fordert ein Pferd ein anderes auf, ihm Raum zu geben, schwenkt es den Schweif, dann schüttelt es den Kopf, stampft mit dem Huf und erst zuletzt schlägt oder beißt es. Sobald sich das andere Pferd bewegt, wird alles zurück auf Neutral Null gefahren, *innerlich* wie *äußerlich*. Pferde können das gut, wir müssen es jedoch üben. Der Erfolg eines Gesprächsverlaufs hängt entscheidend davon ab, dass Sie wissen, wie Sie Ihre Bewegungsintensität an die Ihres Pferdes anpassen. Sie können lernen, Ihre Bewegungen angemessen zu dosieren. Damit Ihnen das leichter fällt, habe ich das Ausmaß Ihrer Bewegung oder die „Lautstärke", die Sie in einem Gespräch mit Pferden einsetzen können, mit Nummern versehen: Ich benutze fünf Zahlen: 0, 1, 2, 3 und 4. Die ansteigenden Zahlen bezeichnen ein Größerwerden Ihrer Bewegung, also „höhere Lautstärke". Ich habe bewusst Zahlen als Kennzeichen für die einzelnen Ebenen gewählt, weil mit Zahlen keine Gefühle verbunden sind. Tatsächlich sollten negative Gefühle in Gesprächen mit Pferden niemals eine Rolle spielen, egal wie groß Ihre Gesten werden.

Äußeres Neutral Null entspricht dem inneren Neutral Null: Es bedeutet absolute Ruhe, im Geist und im Körper (Bilder 1.5 A & B). Wie sieht äußeres Neutral Null aus? Null Intensität, null Energie oder Absicht heißt nicht, dass Sie nichts tun. Äußeres Neutral Null bezeichnet die Art und Weise, *wie* Sie es körperlich tun.

Es gibt verschiedene Körperpositionen. Sie könnten:

- ein Knie beugen und eine Hüfte absenken, wie Pferde es tun;
- die Hände in die Taschen stecken, den Blick weich werden lassen und den Kopf etwas senken, während Sie tief ein- und ausatmen;
- auf den Boden schauen und laut seufzen;
- den Körper schlaff aussehen lassen wie bei einer Stoffpuppe.

Wir entwickeln alle unsere eigene Version eines äußeren Neutral Null.

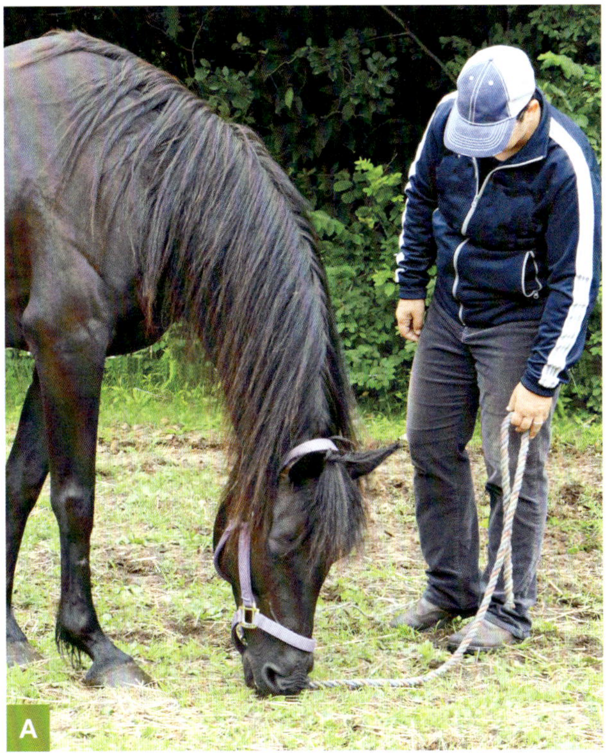

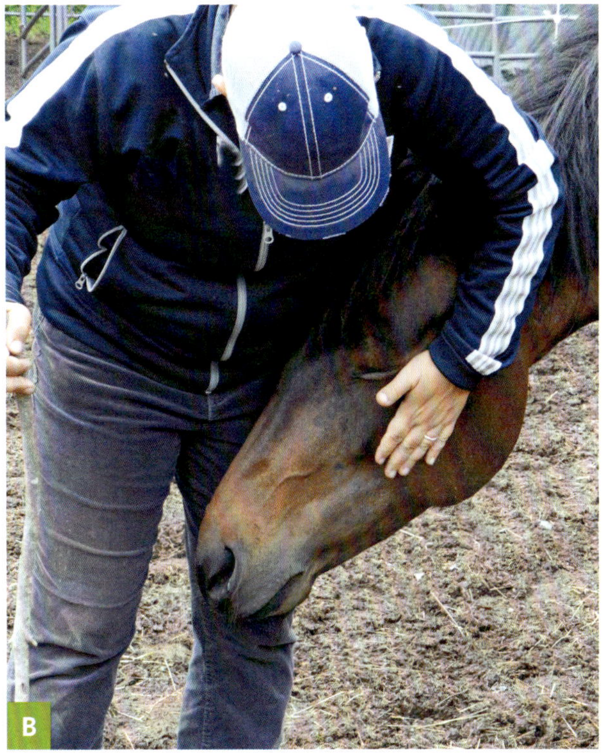

1.5 A & B Inneres und äußeres Neutral Null (A). Sind Sie innerlich und äußerlich Neutral Null, dann erleben Sie mehr Verbundenheit mit Ihrem Pferd (B).

Das nächste Stadium der Intensität ist Ebene eins. *Ebene eins* bezeichnet eine Absicht (Sie sind entschlossen, auf bestimmte Art und Weise zu agieren), nahezu ohne Bewegung. *Ebene zwei* bezeichnet eine Absicht mit zusätzlicher Bewegung. *Ebene drei* bedeutet Bewegung in Richtung Pferd und eventuell auch Berührung. *Ebene vier* ist am intensivsten und beinhaltet die größtmögliche Gestik in einer bestimmten Situation.

Man könnte die fünf Stadien der Bewegung oder Lautstärke auch wie folgt nennen: Ruhe, Denken, Bitten, Auffordern, Beharren. Erinnern Sie sich, dass es hier nicht um Training geht, sondern um Sprache. Die unterschiedliche Intensität in Ihren Bewegungen ergibt die Adjektive von Pferdisch. Wir vertiefen das noch ab S. 104.

Ihr Ziel ist es, automatisch zum äußeren Neutral Null zurückzukehren, egal, welche Intensitätsebene Sie gerade im Gespräch oder in einer Übung benutzt haben. Wie man eine Absicht, Bewegung, Geste oder Berührung *beendet,* ist für uns wirklich schwierig zu lernen. Würden Sie nichts anderes üben, als zum inneren oder äußeren Neutral Null zurückzukehren, wann immer es nötig ist, würden sich die meisten Ihrer Probleme mit Ihrem Pferd in Luft auflösen. Pferde lassen Stress und Anstrengung viel leichter los als Menschen. Wir tendieren dazu, noch emotional aufgeladen zu sein, auch wenn der Zwischenfall längst vorüber ist. Mit Hilfe von Neutral Null lässt sich das ändern.

1.6 Pferde benutzen ihren ganzen Körper, um Gedanken und Gefühle mitzuteilen.

1.7 Pferde beobachten Sie unablässig, wenn Sie Zeit mit ihnen verbringen.

BEOBACHTEN SIE IHR PFERD

Pferde kommunizieren, indem sie ihren gesamten Körper einsetzen. Menschen nennen das „Körpersprache“. Diese kinästhetische Sprache kann man sowohl im kleinsten Zucken als auch in ausladenden Bewegungen, in Körperhaltung und Positionierung beobachten. Es gibt eine erstaunliche Bandbreite an Möglichkeiten zu atmen, an Gesichtsausdrücken, Schweifbewegungen und Positionen, in denen das Pferd einen bestimmten Winkel einnimmt. Selbst wenn Pferde still stehen, hat das wie alles andere, das sie tun, eine Bedeutung für ihre Herdengenossen (Bild 1.6).

Pferdisch wahrzunehmen ist einfach. Sie müssen nur aufmerksam sein, wann immer Sie Zeit mit Ihrem Pferd verbringen. Da Pferdesprache überwiegend visuell ist, beobachten Pferde einander unablässig, obwohl es vielleicht aussieht, als würden sie gerade gar nichts tun. Pferde beobachten auch Sie ständig (Bild 1.7). Nehmen Sie sich vor, selbst wie ein Pferd zu sein, wenn Sie das nächste Mal bei Ihrem Pferd sind. Das bloße Beobachten reicht aus, dass es sich stärker für Sie interessiert, denn Sie zeigen Ihrem Pferd, dass Sie *an ihm* interessiert sind. Lernen Sie im zweiten Schritt (nachdem Sie Ihr inneres und äußeres Neutral Null gefunden haben), Ihr Pferd konsequent zu beobachten. Die Beziehung zu Ihrem Pferd wird sich dadurch verändern.

Pferde kommunizieren unablässig auf so feine Art mit uns, dass wir nicht viel davon bemerken. Sagen wir, Sie geben morgens Heu und gehen dann zum Haus, um zu frühstücken. Wenn Sie sich jetzt umdrehen würden, könnten Sie sehen, dass jedes Pferd ein Ohr auf Sie richtet, obwohl die Tiere fressen und Sie weggehen.

Warum ist das wichtig? Weil es zeigt, wie Pferde miteinander umgehen. *Jede* Bewegung innerhalb der Herde wird beachtet. Mit etwas Zeit und Übung werden Sie lernen, dasselbe zu tun und bereits Kleinigkeiten im Verhalten Ihres Pferdes wahrzunehmen.

1.8 Ihr Pferd nimmt es wahr, wenn Sie anfangen, es zu beobachten.

Misten Sie gerade den Stall aus? Beobachten Sie Ihr Pferd so genau wie möglich, während Sie um es herum arbeiten. Bringen Sie Ihr Pferd zusammen mit seinen Kumpeln nach draußen? Nehmen Sie wahr, wann und wie die Pferde miteinander umgehen. Werfen Sie einen Blick auf die Weide? Schauen Sie zu, was die Pferde tun und wie sie sich bewegen.

Sobald Sie mehr über die Pferdesprache erfahren, wird Ihnen klar, wie viel davon Sie bisher übersehen haben (Bild 1.8). Ihr Pferd zu beobachten ist eine Botschaft der Annäherung. Es weiß dann, dass Sie versuchen, es zu sehen und zu verstehen, und das führt dazu, dass es sich auch mehr mit Ihnen beschäftigt und Ihnen unmerklich mehr vertraut. Eines Tages wird Ihr kopfscheues Pferd sein Maul vor Sie halten, um zusammen mit Ihnen zu atmen, oder es wird heftig mit dem Kopf nicken, wenn Sie zur Weide kommen. Ihre aufmerksame Beobachtung hat es auf eine neue Art erreicht – auf eine Art, die es versteht. Sie *hören* nun seiner Körpersprache zu.

1.9 A–C Mutter Natur gab Pferden einen Sinn für Humor (A) und eine Portion Neugierde (B). Wir können das oft an ihrem Gesicht ablesen. Ihre Spielfreude kann ansteckend sein (C).

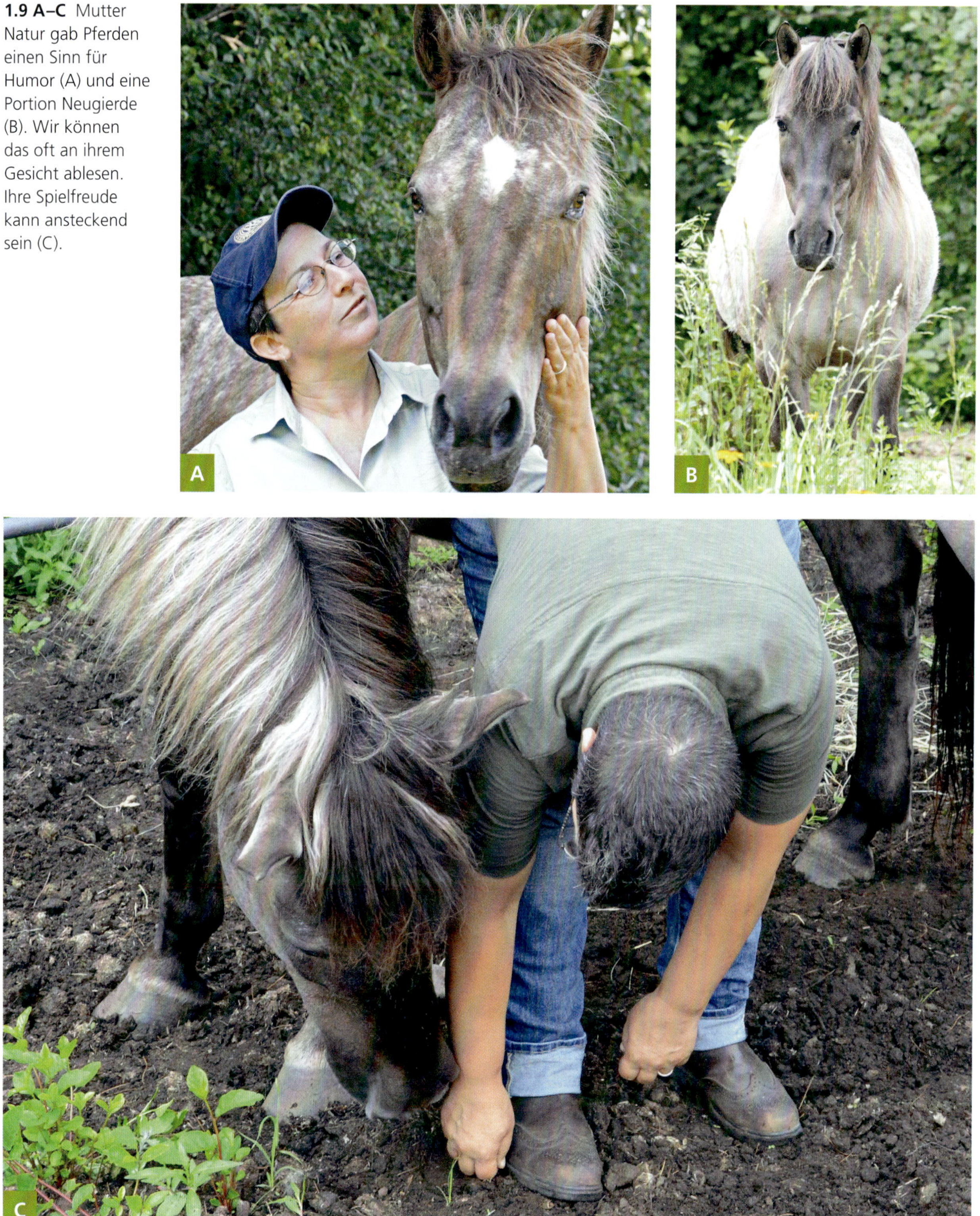

Beobachten wir unser Pferd nicht regelmäßig und aufmerksam, muss es seine Freude, Angst, Verwirrung, Schmerzen und Gedanken mit großen Gesten mitteilen und Zuflucht zum Pferde-Pendant von Geschrei und Gebrüll nehmen. Einige dieser großen Gesten werden dann aus unserem Unverständnis heraus Untugend genannt, weil wir nicht wissen, warum das Pferd sich so benimmt. Wenn es zum Beispiel am Anbindeplatz hampelt, Ihnen auf den Fuß tritt oder aus der Stalltür drängelt, nennen Sie es womöglich stur oder dumm. Aber *wir* sind diejenigen, die gefühllos sind. Wir haben die feinen Zeichen übersehen, mit denen uns das Pferd über sein Befinden aufklären wollte.

Manche Pferde ziehen sich in sich selbst zurück und versuchen gar nicht mehr, uns zu zeigen, was sie denken oder fühlen. Ihrer Erfahrung nach lohnt sich das nicht. Warum sollen sie mit einer Art sprechen, die überhaupt kein Interesse daran hat, ihre Empfindungen anzuerkennen oder etwas über ihre Wahrnehmung zu erfahren?

Die Hälfte eines Gesprächs besteht im Zuhören, die andere im Sprechen. Streben Sie an, die Sprache Ihres Pferdes zu „sehen", sollten Sie auch dann zuhören, *wenn Ihr Pferd Dinge sagt, die Sie nicht hören möchten.* Falls Ihr Pferd überreagiert und Sie nicht wissen, was zu tun ist, sorgen Sie für Ihre eigene Sicherheit und gehen Sie in Ihr inneres Neutral Null. Dies gewährleistet, dass Sie in der Lage sind, Ihr Pferd weiter zu beobachten, und ermöglicht Ihnen vielleicht, eine hilfreiche Strategie zu finden. Sie werden Ihr Pferd mit einem neuen Bewusstsein betrachten, sobald Sie seine Worte verstehen.

EINE LANDKARTE DER PFERDESPRACHE

Ich bin dankbar dafür, dass Pferdesprache visuell ist, denn so ist sie leichter zu erfassen. Ich stelle mir jede einzelne Geste oder Körperhaltung als ein Wort vor.
Pferde kombinieren diese „Wörter", um komplexe Ideen auszudrücken. Zuckt Ihr Pferd zum Beispiel mit den Lippen, während Sie sich nähern, sagt es: „Ich habe einen guten Tag." Wackeln Sie dann mit Ihren Lippen zurück, antworten Sie: „Ich habe auch einen guten Tag."

In Pferdisch benutzen wir einen Ausdruck, den wir *Wächterschnauben* nennen. Dabei schnaubt das Pferd in Richtung eines Objekts (siehe S. 31). Prusten Sie in die gleiche Richtung, schauen Sie dann auf den Boden. Nun tun Sie so, als *kauten* Sie *Kaugummi*. Auf diese Weise sagen Sie Ihrem Pferd, dass Sie den „Tiger" auch gesehen haben und dass nun wieder alles gut ist.

GEFÜHLE ZEIGEN

Hunde, Katzen und Menschen äußern Gefühle ganz *direkt*. Katzen und Hunde kommen auf uns zu, wenn wir von der Arbeit nach Hause zurückkehren, folgen uns und wickeln uns sprichwörtlich ein. Pferde dagegen sind Fluchttiere und äußern Gefühle *indirekt*. Zuneigung zeigen sie zum Beispiel, indem sie Ihnen Aufmerksamkeit und Raum gewähren. Sie drücken ihre Liebe zu Ihnen so aus, als seien Sie einer ihrer Pferdefreunde. Sie sind ruhig und zugewandt, lassen Sie in ihren persönlichen Raum und manchmal bieten sie eine Berührung an.

Wir genießen es, mit Pferden zusammen zu sein. Eine Atmosphäre von Frieden und Ruhe umgibt uns, das innere Neutral Null der Pferde. Wir reiten, um mit diesem Körper zu verschmelzen, der so viel größer ist als unserer. Wir möchten, dass unsere Herzen eins werden. Ich glaube, dass wir alle ein solches tiefreichendes Bedürfnis haben, das über jede Trainingstechnik und jede Turnierschleife hinausgeht. Wir möchten mehr, als einfach nur Spaß haben. Es ist ein Bedürfnis, Liebe und Zuneigung zu unserem Pferd auszudrücken, und wir möchten sicher sein, dass unser Pferd Liebe und Zuneigung zurückgibt.

Mutter Natur hat Pferde mit einem Sinn für Humor ausgestattet, mit Neugierde und einer enormen Spielfreude, als ob sie sie dafür entschädigen wollte, dass Pferde ihr Leben lang Angst davor haben müssen, gefressen zu werden. Die meisten Pferdebesitzer können diese Zeichen erkennen. Wackelt ein Pferd mit den Ohren, zeigt es seinen Sinn für Humor. Spielfreude und Zuneigung werden manchmal durch seitlich abgeklappte Ohren oder tiefes Schnauben ausgedrückt (Bilder 1.9 A–C).

1.10 Je mehr Abwehr die Botschaft beinhaltet, desto höher trägt das Pferd seinen Kopf.

Es gibt auch allgemeine Abwehrzeichen. Ihr Pferd kann zum Beispiel „Nein“ sagen, indem es mit dem Schweif schlägt oder mit dem Hinterhuf aufstampft. Nimmt ein Pferd eine Gefahr wahr, hält es seinen Kopf hoch, denn so kann ein Wolf oder ein Löwe schlechter an seine Kehle herankommen (Bild 1.10). Eine hohe Kopfhaltung kann aber auch darauf hinweisen, dass das Pferd verwirrt ist. Ein verängstigtes Pferd zieht seinen Kopf nach hinten-oben aus der vermeintlichen Gefahr heraus.

1.11 Ein Pferd, das erschrickt, kann nicht schlucken. Das geschlossene Gaumensegel bewirkt, dass die Augen hervortreten und die Fernsicht sich verbessert.

Vielleicht haben Sie schon einmal ein Pferd in vollem Galopp rennen sehen und es hing Gras oder Heu aus seinem Maul. Das Gaumensegel des Pferdes schließt sich, so dass es zwar durch die Nase atmen, aber nicht kauen und daher auch nicht ersticken kann. Mein Tierarzt erklärte mir, dass ein geschlossenes Gaumensegel Druck auf den Innenschädel ausübt. Dadurch treten die Pferdeaugen hervor und das Pferd kann weiter in die Ferne schauen (Bild 1.11). Das bedeutet aber auch, dass es Dinge in der Nähe nicht mehr gut erkennt. Darum gehen panische Pferde häufig durch Zäune. Es ist also hilfreich, die Abwehrbotschaften eines Pferdes zu verstehen, ehe es außer Kontrolle gerät.

Bei Stress wird Adrenalin ausgeschüttet und Pferde können kurze Distanzen in hohem Tempo zurücklegen. Bei einem panischen Pferd rotieren die Schulterblätter, die nicht fest mit dem Skelett verbunden sind, aufwärts, so dass das Pferd größer wird. Das entlastet auch den hinteren Brustkorb und das Pferd kann tiefer atmen.

Spiegeln
IN DER PRAXIS

An einem Winterabend stand ich am Weidetor und wollte die Pferde hereinholen. Aber sie kamen nicht zu mir, sondern trotteten in die Mitte der Weide und schauten zum Wald hinüber. Also machte ich das Gleiche, obwohl ich keine Ahnung hatte, wonach wir Ausschau hielten. Dann entdeckte ich eine Bewegung kurz über dem Boden. Es war eine große graue Eule. Wir sahen ihr zu, bis sie aufflog und in einem Baum landete.
Natürlich hätte ich mich über die Pferde ärgern können. Es war kalt und an der Zeit für sie, in den Stall zu gehen. Stattdessen entschied ich mich dafür, es ihnen gleichzutun und für einen Moment in ihre Welt einzutauchen.
An einem anderen Tag, diesmal im Sommer, jätete ich im Garten Unkraut und trug statt dem üblichen Strohhut eine Baseballkappe. Meine Stute kam zu mir geschlendert und besah sich diese Kappe. Ich weiß nicht genau, warum sie das tat, vielleicht erinnerte ich sie an jemanden oder aber sie hatte ein unbekanntes Detail in ihrer Umgebung entdeckt, das sich zufällig auf meinem Kopf befand. Sie nahm die Kappe einige Sekunden lang konzentriert unter die Lupe, und dann, als ob sie ihr Benehmen plötzlich unhöflich fand, schaute sie zur Seite.
Auch ich sah sofort zur Seite. Ich wollte, dass sie wusste, dass ich ihre Geste gesehen hatte. Dann senkte sie den Kopf, leckte und kaute. Das tat ich auch. Es war ein köstlicher, stiller Augenblick.

Vielleicht kennen Sie ein Pferd, das mit der Vorhand in Sie hineindrängelt. Drängeln bedeutet, dass das Pferd Ihren Raum beansprucht und sich selbst als ranghöher betrachtet. Eine ziemlich extreme Form dieser Abwehrbotschaft und fast wie Kampfkunst zwischen Pferden ist der Seitwärtsschlag mit dem ganzen Körper.

Dies sind nur einige Beispiele für die Anwendungsmöglichkeiten von Pferdisch. Auf den nächsten Seiten erfahren Sie mehr.

SPIEGELN

Sie werden herausfinden, dass Pferde eine sehr ritualisierte und vorhersagbare Sprache haben. Sie drücken sich über eine präzise Körpersprache aus. Verstehen Sie, wie und was das Pferd mitteilt, können Sie seine Körpersprache nachahmen. Das nennt man *Spiegeln* und es ermöglicht es, miteinander zu reden.

1.12 Es macht Spaß, Ihr Pferd zu spiegeln, und Sie lernen dabei eine Menge.

Haben Sie als Kind auch „Pferd" gespielt? Erinnern Sie sich daran, wie Sie auf zwei Beinen trabten und galoppierten, wie Sie Ihre Mähne warfen und über Hindernisse sprangen? Pferde sind allerdings Vierbeiner mit einer horizontalen Ausrichtung, während wir eher vertikal veranlagte Zweibeiner sind. Aber wir haben beide einen Kopf, ein Gesicht, einen Hals, einen Rumpf und Beine. Die Art und Weise, wie wir Bewegungen oder Gesten gestalten, unterscheidet sich. Und dennoch: Ahmen wir Pferdesprache nach, so imitieren wir, wie Pferde untereinander visuell kommunizieren (Bild 1.12).

1.13 A & B Auf diesen beiden Fotos spiegle ich den Kopf der Stute (A), anschließend spiegelt die Stute meinen Kopf (B).

Ein Pferd zu spiegeln ist eine großartige Gelegenheit, Unterricht bei der Natur zu nehmen. Schauen Sie, wohin Ihr Pferd schaut, und stoppen Sie, wenn Ihr Pferd stoppt. Es ist wie beim Kinderspiel „Alle Vögel fliegen hoch". So verrückt es sich anfühlen mag – spielen Sie *Freestyle-Spiegeln* mit Ihrem Pferd. Übersetzen Sie die Körpersprache Ihres Pferdes in eigene Bewegungen, ohne damit ein bestimmtes Ziel zu verfolgen. Das kann eine Herausforderung sein, denn wir haben gelernt, dass immer wir das Sagen haben müssen, nicht das Pferd. Vielleicht ist das tatsächlich das einzige Gespräch, das Sie je mit einem Pferd hatten: „Ich bin der Mensch und du wirst nur tun, was ich dir sage." Freestyle-Spiegeln kann Sie von solchen tief sitzenden Gewohnheiten befreien und Sie mehr in Einklang mit Ihrem Inneren bringen (Bilder 1.13 A & B).

Beobachtung und Spiegeln öffnen Ihnen die Augen für die Persönlichkeit Ihres Pferdes. Es ist äußerst erleichternd, unsere menschlichen Angewohnheiten zu vergessen und mit dem Pferd zusammen auf Pferdeart Zeit, Beziehungen, Gefühle und Denkprozesse zu erleben. Unsere menschlichen Tagesordnungspunkte und unsere Egos loszulassen, und sei es nur während der kurzen Gesprächsphasen mit dem Pferd, fördert eine tiefe Verbindung zu unseren Mitgeschöpfen.

DIE KUNST DES GESPRÄCHS

Sobald Sie beginnen, die Sprache der Pferde wahrzunehmen, werden Sie auch sehen, dass Ihr Pferd manchmal Ideen hat, während sie zusammen sind. Und wenn Sie bereits Gespräche auf Pferdisch führen, werden Sie erkennen, wie interessiert Ihr Pferd an *Ihren* Ideen ist. Die meisten Gedanken und Ideen unserer Pferde betreffen Beziehungen mit anderen Pferden, Verhandlungen über den persönlichen Raum und Fragen rund um Futter und Wasser.

1.14 Sollen wir tanzen? Solche Vorschläge können Spaß machen. Aber die Idee dazu stammt vom Menschen.

Zuchtpferde denken an Zyklen, Geburtsverläufe und die Aufzucht der Fohlen. Es kommt den meisten Pferden nicht in den Sinn, dass es Spaß machen könnte, einen Ball herumzuschubsen, über Hindernisse zu springen oder mit einem Zweibeiner zu tanzen, ob er nun neben ihnen steht oder auf ihnen sitzt (Bild 1.14).

Pferde mögen Lob. Sie sind stolz auf das, was sie mit uns erreichen, und genießen es, bewundert zu werden. Wenn sie im Mittelpunkt stehen und das Gefühl haben, man hört ihnen zu, geben sie gern etwas an.

Jegliches Pferdetraining formt auf irgendeine Art durch wiederholte Übungen das Verhalten. Pferdeausbildung bedeutet oft, dass gewünschtes Verhalten belohnt und unerwünschtes bestraft wird. Ein konsequenter Trainer wird auf diese Weise manches Verhalten erfolgreich verändern. Ich weiß das, weil ich Pferdetrainerin war. Pferde werden normalerweise dazu gebracht, *ohne* nachzudenken Leistung abzuspulen. Sie begreifen nicht, warum sie ständig die gleichen Bewegungsmuster wiederholen sollen. Sie sind teilnahmslos und abwesend und denken gar nicht darüber nach, was geschieht. Sie haben keine *Ideen*. Inzwischen höre ich sofort auf, ein Pferd zu etwas aufzufordern, wenn ich sehe, dass es darüber nachdenkt. Ich belohne es fürs *Nachdenken*. Dadurch fällt es ihm leicht, erfolgreich zu sein, und es ist unmöglich, einen Fehler zu machen. Es entspannt sich und baut Vertrauen auf (Bild 1.15).

Die Idee hinter *Pferdisch* ist, sowohl Ihrem Pferd als auch Ihnen die Möglichkeit zu geben, überholte Vorstellungen hinter sich zu lassen und stattdessen eine Beziehung aufzubauen, in der jeder Partner erwägenswerte Ideen beisteuert.

Lob
IN DER PRAXIS

Einmal ritt ich einen weit ausgebildeten Warmblutwallach. Man hatte ihn dazu gebracht, Dressurlektionen abzuspulen, aber mitunter verspannte er sich und schien dann darauf zu warten, dass er bestraft wurde. Stattdessen schlug ich ihm lieber Bewegungsideen vor und versuchte herauszufinden, ob er diese umsetzen wollte, weil sie uns beiden Spaß machen könnten. Wenn er sich fühlte wie ein Tänzer, lobte ich ihn. Doch er neigte dazu, den Spaß zu vergessen, und verspannte sich wieder. Ich sagte zu ihm: „Du kannst dich verspannen, so oft du möchtest, ich werde dich nicht schlagen. Aber war es nicht schöner, als wir uns zusammen im Fluss bewegt haben?" Mit der Zeit bot er immer mehr wunderschöne Bewegungen an, weil meine positive Haltung ihn aufblühen ließ.

1.15 Ein Pferd, das konzentriert nachdenkt, richtet seine Ohren häufig nach hinten, wie ein Mensch, der während einer Prüfung Grimassen schneidet.

SINN FÜR HUMOR

Ich bin gern mit Pferden zusammen. Ich lächle und lache dann viel. Pferde scheinen meine gute Laune zu schätzen. Haben Sie Humor, wird das Erlernen von Pferdisch Sie manchmal zum Lachen bringen. Die Gesten von Pferden untereinander sprechen Bände. Unsere Körpersprache ist dagegen eher ein zufälliges Geschwafel. Sie werden viel zu kichern haben, sobald Sie anfangen, die Gestik der Pferde zu spiegeln. Über sich selbst zu lachen bewahrt Sie vor Frustration, falls Ihr Pferd nicht versteht, was Sie da gerade tun. Ihr Sinn für Humor wird Sie beim Lernen entspannen. Er wird Ihnen helfen, offen und nicht zu zielorientiert zu sein.

Sie brauchen nicht besonders koordiniert zu sein, um ein Gespräch mit Pferden zu führen. Pferde haben eine große Toleranz gegenüber Menschen entwickelt. Sie können nur vermuten, was Sie mit Ihrem Körper antworten, aber bleiben Sie dran! Pferde scheint es zu amüsieren, wenn wir versuchen, Ihre Sprache zu erlernen, egal wie ungeschickt wir uns anfangs anstellen.

Bei Pferdeleuten gibt es eine Tendenz zu großer Ernsthaftigkeit. Warum sind wir nur so mürrisch mit unseren Pferden? Selbst wenn wir unsere Liebe und unsere Freude an Pferden nur tief in unserem Inneren erleben, könnten wir die Pferde nicht wenigstens wissen lassen, dass wir gern mit ihnen zusammen sind? Eine humorvolle Gesprächsführung macht das Pferd nicht nur zu unserem Freund. Es gibt Zuneigung und Liebe in einem Ausmaß zurück, das Sie nicht erwartet hätten. Werden Sie lockerer und weniger ehrgeizig und nehmen Sie die kleinen Dinge wahr, die Ihr Pferd tut. Streichen Sie die Tagesordnung und sprechen Sie laut mit Ihrem Pferd. Lächeln Sie, lachen Sie, lassen Sie sich lieben.

Setzen Sie Ihr inneres und äußeres Neutral Null, die *Wie merkwürdig*-Haltung und Ihren Sinn für Humor ein und Sie haben ein gutes Stück des Weges hinter sich, der die Kluft zwischen unseren beiden Welten überbrückt.

GUTE FRAGEN STELLEN

Sie beginnen das Gespräch mit Pferden, indem Sie eine Frage stellen. Jedes Pferd wird eine andere Antwort geben. Pferdepersönlichkeiten sind unterschiedlich, ihre Antworten sind gefärbt von ihren Wünschen und Vorlieben. Es hängt von Ihnen ab, wie Sie die Antworten sehen und interpretieren. Ihre nächste Bewegung oder Geste sollte eine passende Erwiderung sein. Dann beobachten Sie die darauffolgende Bewegung Ihres Pferdes und schließlich ist das Gespräch im Gange. Können Sie erst einmal Pferdisch sprechen, werden Sie feststellen, dass Ihr Pferd Ihnen ständig Fragen stellt und auf Ihre Antworten wartet.

Ihre eigenen Pferde sind an Sie gewöhnt und es kann ein wenig dauern, bis sie sich für Ihre Fragen interessieren. Es scheint, als ob sie abwarten würden, wie ernst Sie es meinen und wie ausdauernd Sie sind. Außerdem kann es sein, dass Sie die Antworten Ihres Pferdes nicht richtig verstehen. Erinnern Sie sich: Jedes Zucken, jede Gewichtsverlagerung und jeder Blick ist eine Antwort auf Ihre Frage. Also kann es sein, dass Ihr Pferd zwar antwortet, Sie aber noch nicht gelernt haben, die Antwort zu sehen. Seine Antwort ist zu subtil. Vorausgesetzt, dass Sie sich Zeit nehmen und üben, Ihr Pferd zu beobachten (wie wir es auf S. 16 besprochen haben), werden Sie die kleinen Gesten irgendwann erkennen. Sie werden überrascht sein, wie viel Ihr Pferd tatsächlich sagt, obwohl es so aussieht, als täte es einfach gar nichts.

Manchmal bekommen wir eine Antwort, die wir nicht sehen möchten. Angenommen, Ihr Pferd sagt „Nein“, schlägt mit dem Schweif und stampft mit dem Hinterhuf (mehr darüber auf S. 131). Geben Sie dem Gespräch dann eine Wendung, mit der Sie sich beide wohlfühlen.

Sie können sicher sein, dass Ihr Pferd Ihre Sprachversuche wahrnimmt, sobald es auch umgekehrt Fragen stellt. Es kann aber sein, dass Sie diese zunächst übersehen.

Engagement
IN DER PRAXIS

Neulich hatte ich einen Mustang in einem Kurs, der glücklich über meine Fähigkeiten in Pferdisch zu sein schien. Er war eines von zwei Pferden, die frei in einer Reithalle liefen. Ich bat die Kursteilnehmer, eine Reihe von einfachen Gesprächen mit ihm und seinem Kumpel auszuprobieren. Vergaß einer meiner Schüler einen Teil des Gesprächs, gab der Mustang den Einsatz und zeigte die entsprechende Geste. Der Mustang soufflierte sogar dem anderen Pferd, wenn dieses den Eindruck machte, als habe es einen Teil des Gesprächs nicht verstanden. Es war ein wundervolles Beispiel dafür, dass ein Pferd die Menschen freiwillig durch Pferdisch führt.

PAUSEN MACHEN

Pausen entstehen, wenn man einen Moment lang ins *innere und äußere Neutral Null* geht (siehe S. 12). Sie zählen zu den wichtigsten Bestandteilen in jedem Gespräch mit Pferden. Ich habe herausgefunden, dass der Schlüsselmoment eines Gesprächs nicht in einer Frage oder einer Idee liegt, auch nicht darin, wenn ein Pferd mir seine Antwort zeigt oder wenn ich im Gespräch mit ihm etwas erwidere. Der Schlüsselmoment im Gespräch liegt im *Intervall zwischen den Geschehnissen*: in der Pause. Es ist der ruhige Moment, den ich dem Pferd gewähre, damit es Raum für Gedanken und Überlegungen hat. Antwortet mir ein Pferd zum Beispiel mit einem Ohrenzucken, unterbreche ich (Pause!), um es wissen zu lassen, dass ich seine Antwort gesehen habe. Pferde brauchen längere Pausen, während sie über eine Antwort nachdenken. Wenn sie grübeln, passiert das mitunter im Schneckentempo.

1.16 Für die Kunst der Gesprächsführung ist es entscheidend, zu lernen, wann Sie eine Pause machen, zu Ihrem inneren Neutral Null zurückgehen und dem Pferd Zeit zum Nachdenken geben.

Machen Sie auch eine Pause, wenn Sie die Bedeutung einer Geste nicht verstehen, begeben sich in Ihr äußeres Neutral Null. Lassen Sie sich selbst und dem Pferd Zeit zum Nachdenken. Dann entscheiden Sie, was Ihre nächste Frage oder Antwort sein wird. Vielleicht findet auch Ihr Pferd während dieser Zeit eine richtig gute Antwort für Sie.

Manche Pferde brauchen mehr Zeit zum Nachdenken, genau wie manche Menschen. Manchmal scheint ein Pferd uns nicht mehr zuzuhören. Dann denken Sie daran, dass es Sie nicht ignoriert, sondern vielleicht nur über alles nachdenkt. Warten Sie die Antwort eines nachdenklichen Pferdes ab, denn sie könnte sehr klar und deutlich ausfallen. Pferde können sich während eines Gesprächs verwandeln, viele Missverständnisse hinter sich lassen und uns in ihrer Pferdesprache zeigen, wie sehr ihr Inneres sich verändert.

Ich drücke meinen inneren Pausenknopf mittlerweile automatisch. Für viele meiner Schüler kann es allerdings eine Herausforderung sein, Fragen oder Signale in einem Gespräch zu *unterlassen* und eine *Pause zu machen* (Bild 1.16).

KEINE FALSCHEN ANTWORTEN

Vielleicht stellen Sie sich vor, dass ein Pferd auf Ihr Stichwort oder Ihre Frage etwas ganz Bestimmtes antworten wird. Wissen Sie was? Bewegt Ihr Pferd nach Ihrer Frage den Schweif, war das seine Antwort. Alles, was ein Pferd tut, kann Ihre Antwort sein, wenn Sie Pferdisch können. Sind Sie in einem wirklichen Gespräch, nehmen Sie bitte keine Antwort vorweg, weder bei einem Pferd noch bei sonst jemandem. In wirklichen Gesprächen gibt es keine falsche Antwort. Ich stelle eine Frage oder werfe eine Idee in die Runde und frage das Pferd nach seiner Meinung. Ich gestehe dem Pferd das Recht auf eine eigene Antwort zu, keine, die durch das Training vorgegeben ist. Auf diese Weise lerne ich eine Menge über mich selbst.

ATEMBOTSCHAFTEN

Wir benutzen unseren Atem meist nicht als Kommunikationsmittel. In Gesprächen mit Pferden gehören Atembotschaften allerdings zu den besten Möglichkeiten, um dem Pferd zu zeigen, wie sehr sich die Beziehung verändert. Wenn Sie zum Beispiel jedes Mal tief atmen, während Sie auf Ihr Pferd zugehen, wird es mit der Zeit verstehen, dass Sie sich bewusst sind, wie grundlegend wichtig Atem in der Pferdesprache ist.

DER BEGRÜSSUNGSATEM

Die Lungen eines Pferdes dehnen sich von den Schultern nach vorn und hinten aus. Pferde kommunizieren aus der Tiefe ihres Körpers mit einer Vielzahl von Atemtypen. Einer davon ist der *Begrüßungsatem.* Schnaubt ein Pferd drei Mal aus der Entfernung heraus in Richtung eines

anderen Pferdes, bemerken Sie vielleicht, dass sein letztes Ausatmen besonders lang dauert (Bild 1.17). Pferde schnuppern aber häufig auch kurz aneinander als kurzen Gruß im Vorbeigehen.
Versuchen Sie, drei schnaubende Atemzüge aus einer Entfernung heraus in Richtung Ihres Pferdes zu prusten. Achten Sie auf ein Weiten seiner Nüstern, wenn es zurückgrüßt.

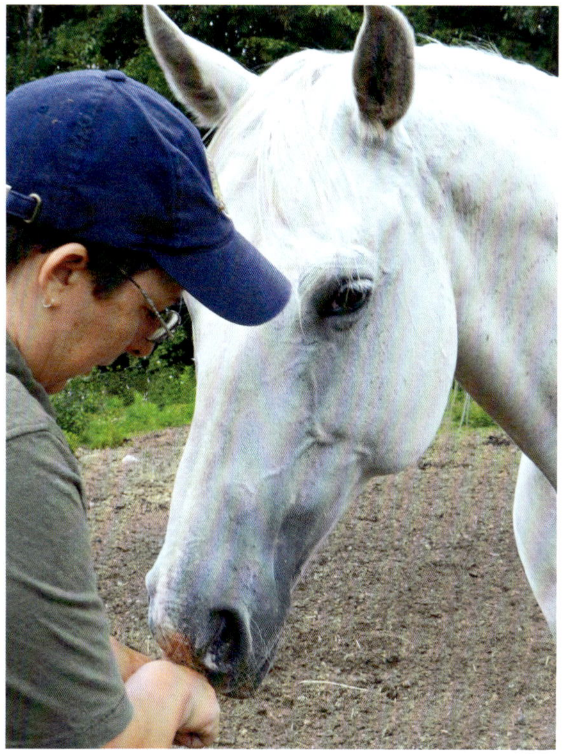

1.17 Vati begrüßt mich mit ihrem Atem und meine Antwort ist ein sanftes Prusten in ihre Richtung.
Die Fotos von Vati in diesem Buch sind während unseres allerersten Gesprächs in Pferdisch entstanden.

DER WILLKOMMENSATEM

Pferde benutzen den *Willkommensatem*, um ein anderes Pferd oder einen Menschen willkommen zu heißen. Man kann nur ein sehr feines Weiten der Nüstern und den gleichzeitigen bewussten und sanften Atemzug sehen. Ihr Pferd „atmet" Sie ein, es lädt Sie in seinen Raum ein. Eine sehr rührende Erfahrung, wenn Sie die liebevolle Geste erst einmal bemerken.

DER INTERESSIERTE ATEM

Pferde ziehen mehrmals kurz den Atem *ein*, um Interesse zu bekunden – als ob sie einen angenehmen Duft erschnuppern. Bekunden Sie tiefes Interesse an Ihrem Pferd, indem Sie drei Mal schnuppernd einatmen. Es kann vom bloßen Interesse bis zur Freundschaft reichen, wenn ein Pferd am Hals eines anderen Pferdes schnuppert. Diese Geste zu *spiegeln* oder nachzuahmen, ist eine wundervolle Übung! Probieren Sie es vor dem Putzen, dem Aufsitzen, vor allen Aktivitäten aus, auch einfach bei einem Besuch im Stall oder auf der Weide.

DER NÄHRENDE ATEM

Eine weitere wichtige Atembotschaft hört sich wie ein *Schnauben nach innen* an. Sie wird von Stuten benutzt, die ihr Neugeborenes zum Aufstehen oder Trinken bewegen möchten. Ich nenne das den *Nährenden Atem*. Ahmen Sie ihn nach, indem Sie Ihre Atemwege durch eine Einatmung frei machen. Es klingt in etwa wie das weiche Grunzen eines Schweins. Einmal half mir der Nährende Atem, an ein verletztes Pferd heranzukommen, das niemanden in seine Nähe gelassen hatte. Es schaute mich an, als ob es sagen wollte: „Machst du dir wirklich solche Sorgen?" Ich konnte geradewegs zu ihm gehen. Das Einwärts-Schnauben ist sehr wirkungsvoll, um Pferde in einer kritischen Situation zu beruhigen.

DER ENTSPANNENDE ATEM

Pferde setzen ein langes, sanftes *Auspusten* des Atems ein, um einander zu entspannen. Sie können den gleichen *Entspannenden Atem* benutzen, indem Sie sanft in Richtung Pferd pusten. Pferde tauschen ununterbrochen Atem aus und reinigen dabei sanft die Nüstern. Es hört sich ein wenig an, als ob ein Delfin durch ein Atemloch atmet. Atmen Sie drei Mal kurz und behutsam pustend in der Nähe des Pferdemauls aus. Dies ist eine weitere Freundschaftsgeste, die alle Pferde verstehen.

GÄHNEN, GROSSER SEUFZER, ZITTERATEM

Pferde nutzen die Atmung, um zu entspannen. Sie „schnauben" eine Erfahrung fort, indem sie ihre Nüstern frei machen und den Kopf schütteln, als ob sie die Luft reinigen wollten, ehe sie zum nächsten Tagesordnungspunkt übergehen.

Pferde *gähnen* wie wir, wenn sie aufwachen oder müde sind, aber sie gähnen auch, um loszulassen.

1.18 Pferde zeigen durch verschiedene Atemtypen, dass sie loslassen. Oft schütteln sie gleichzeitig den Kopf oder den Körper.

Den *Großen Seufzer* bekommen Sie zu hören, wenn Sie ein Pferd an einem kalten Tag eindecken, wenn Sie eine Karotte in die Krippe legen oder sogar, wenn Sie absitzen. Er drückt *Zustimmung* aus. Man könnte ihn als „Ja" oder „Amen" übersetzen. Pferde seufzen sich dauernd zu. Man kann den Großen Seufzer zum Beispiel hören, wenn sie mit der gegenseitigen Fellpflege fertig sind. Meine Herde belohnt mich mit Großen Seufzern, wenn ich ihnen das letzte abendliche Heu vorgelegt habe.

Ein weiterer Entspannungsatem ist das Einatmen in zwei kurzen Phasen mit darauffolgendem langem Ausatmen. Ich nenne das den *Zitteratem.* Er ähnelt dem tiefen, seufzenden Atemzug, den Menschen nach dem Weinen machen, bevor sie einige Male kurz und stoßweise einge„schluchzt" haben. Jeder, der angespannt und steif ist, sollte einige dieser Atemzüge vor dem Aufsitzen ausprobieren. Sie sind perfekt, um sich zu entspannen. All diese Atemtypen drücken aus, dass man etwas loslässt. Für mich ist es ein großes Lob, wenn mein Pferd mir mitteilt, dass es Spannung durch seinen Atem und seine Gesten loslässt (Bild 1.18).

1.19 A & B Lunas Aufmerksamkeit ist geweckt, sie zeigt ein Wächterschnauben. Gleich darauf gibt sie die Entwarnung: „Alles okay!"

DAS WÄCHTERSCHNAUBEN

Ein kräftiges, schnaubendes Ausatmen ist mit Angst verbunden. Pferde prusten oder schnauben in Richtung einer vermuteten, bedeutsamen Gefahr. Ich nenne das das *Wächterschnauben*. Sie können Ihr Pferd beruhigen, indem Sie diesen Atem spiegeln. Tragen Sie den Kopf sehr hoch, schauen Sie in die gleiche Richtung wie Ihr Pferd und schnauben Sie aus, als würden Sie viele Geburtstagskerzen gleichzeitig ausblasen. Ich habe das *Wächterschnauben* erfolgreich bei äußerst panischen Pferden eingesetzt. Sie müssen es konsequent anwenden, bis es zu einer Gewohnheit geworden ist. Sie werden herausfinden, dass es eine gute Möglichkeit ist, um Ihrem Pferd zu sagen, dass Sie seinen „Tiger" auch gesehen haben (Bilder 1.19 A & B).

DAS TROMPETEN

Pferde trompeten selten. Sie tun es, wenn Sie von Freunden getrennt werden oder wenn ein unbekanntes Objekt ihnen Angst macht und nicht verschwindet (im Unterschied zum kurzen *Wächterschnauben*). Es klingt ein wenig wie das Tröten eines Elefanten.

DER BEWUSSTE ATEM

Ein Pferd, das entspannt ist und tief atmet, kann trächtig aussehen, weil sein Bauch sich so ausdehnt. Zum Vergleich: Ein Pferd, das nicht normal atmet, hat einen angespannten Unterbauch, der „eingezogen" wirkt. Sind Pferde besorgt sind, verringern sie ihre Atmung genau wie wir.

Sie können *jedes* Pferd darin unterstützen, sich zu entspannen, indem Sie in seiner Nähe tiefer atmen. Ich lehne manchmal nur meinen Kopf in der Gurtregion an das Pferd und atme so lange tief ein und aus, bis das Pferd sich mir mit einem riesigen *Großen Seufzer* anschließt. Sie werden es in den folgenden Schritten sehen: Der *Bewusste Atem* ist ein Schlüsselelement in unseren Gesprächen mit Pferden.

DIE BLASE DES PERSÖNLICHEN RAUMS: KREISE UND BÖGEN

Damit eine Pferdeherde sich in allen Geschwindigkeiten sicher bewegen kann, müssen Pferde über die räumlichen Beziehungen mit allen anderen der Gruppe verhandeln. Diese Verhandlung beinhaltet die Festlegung, wer das Leittier ist und wer im Falle einer Flucht vor einem Raubtier wem folgt.

1.20 Pferde sind sich ihrer Blase des persönlichen Raums sehr bewusst. Wir müssen mit ihrem Raum genauso aufmerksam umgehen, wie wir es umgekehrt von ihnen erwarten.

Die *Blase des persönlichen Raums* um ein Pferd ist genau wie die unsere rund (Bild 1.20). Daher wird ein ruhiges Pferd, das Zeit zum Nachdenken hat, sich auch in vorhersehbaren Zirkeln oder in Bögen, also Teilkreisen, bewegen. Ängstliche und panische Pferde rennen auf geraden Linien.

Normalerweise wechselt die Größe der Kreise und Bögen. Überlässt ein Pferd Ihnen seinen Raum und weicht mit seinem Kopf und seinen Hufen, so weicht es an seinem Zirkel oder Bogen entlang. Selbst wenn ein Pferd ganz gerade auf den Wassertrog der Wiese zuzugehen scheint, werden Sie bei genauerer Betrachtung entdecken, dass sich seine Vorhand leicht nach links oder rechts verschiebt. Pferde in einer Gruppe bewegen sich in Bögen umeinander herum und zeichnen dabei die Grenzen ihrer runden Blasen des persönlichen Raumes nach (Bild 1.21).

1.21 Das Pferd bewegt sich in vorhersehbaren Kreisen und Bögen, die mit seiner Blase des persönlichen Raums in Beziehung stehen.

Kreise und Bögen

IN DER PRAXIS

Eines Tages schaute ich aus meinem Küchenfenster und bemerkte, dass auf der Weide etwas Merkwürdiges geschah. Mein alter Wallach scheuchte seine Freundin weg und sah dabei irgendwie seltsam aus. Jedes Mal, wenn die Stute näher kam, zog er eine Grimasse und schickte sie fort. Sie umkreiste ihn im Trab und näherte sich ihm wieder. Ich konnte fünf oder sechs solcher Runden beobachten und es sah tatsächlich aus, als ob der Wallach die Stute longieren würde! Als ich sah, dass er auf den Boden stampfte, wusste ich, dass er Schmerzen hatte und meine Hilfe brauchte. Vielleicht hatte er eine Kolik? Der Kreistanz meiner Stute hatte mich alarmiert, so dass ich seine Notlage früh genug erkannte und das Schlimmste verhindern konnte.

Obwohl Pferde sich meist in Halbkreisen bewegen, konnte ich das Phänomen eines kompletten Zirkels noch ein zweites Mal beobachten. Auf einem Kurs schickte ich eines von zwei frei laufenden Pferden mit einer Abschiedsbotschaft (S. 37) weg. Jedes Mal, wenn es zurück zu mir kam, beschrieb es einen vollen Kreis, als ob sein Kumpel ein Fass sei, um das es herumgehen müsse.

1.22 A & B Luna schaut zu Jag (A), und als Jag zurückschaut, beginnen sie, sich in einem Bogen zueinanderzustellen (B).

Pferde loten die Grenzen der Blasen klar aus (Bilder 1.22 A & B). In einer Herde ist die permanente räumliche Aufmerksamkeit hoch. Dadurch bringt kein Pferd ein anderes zu Fall, wenn sich die Gruppe bewegt. Raumthemen sind die häufigsten Themen der Pferdesprache.

BERÜHRUNG ODER RAUM

Pferden ist die Sicherheit innerhalb der Herde wichtig. *Daher schätzen sie Raum mehr als Kontakt* (Bild 1.23). Menschen dagegen schätzen Kontakt mehr als Raum. Wir haben Hände und ein Bedürfnis nach Berührung. Unser Wunsch, Pferde zu berühren, kann den gesunden Menschenverstand außer Kraft setzen und uns in Gefahr bringen. Unsere Freude an Berührung ist sogar der Ursprung von Unbehagen und Missverständnissen. Pferde brauchen das Gefühl, dass ihr Raum respektiert wird. Sie sprechen durch ihren Gesichtsausdruck ständig mit uns über persönlichen Raum und teilen uns mit, wenn dieser missachtet wird. In Schritt 2 sprechen wir noch ausführlich über diese Mimik (ab S. 45).

Wir dringen oft in den persönlichen Raum unseres Pferdes ein: Wir ziehen ihm ein Halfter an, ohne um Erlaubnis zu fragen, wir küssen ohne Vorwarnung sein Maul. Das heißt nicht, dass wir unser Pferd nicht mehr halftern oder liebkosen dürfen. Aber wenn wir achtsam sein möchten, sollten wir dabei etwas taktvoller vorgehen. Um herauszufinden, ob wir gerade in die Blase des persönlichen Raums eindringen, müssen wir Augen und Lippen des Pferdes genauer beobachten als die Ohren. Manche Hauspferde haben es bereits aufgegeben, Menschen über ihren persönlichen Raum zu belehren. Vielleicht wurden sie in der Vergangenheit bestraft, als sie es versuchten. Ein Pferd, das an die Missachtung seines Raums gewöhnt ist, zeigt vielleicht nur ein hartes Auge und feste Lippen, die ausdrücken: „Ich mag das nicht." Es steht vermutlich ruhig am Anbindeplatz, während Sie es putzen, aber sein Gesichtsausdruck ähnelt dem, den wir haben, wenn wir beim Arzt eine Spritze bekommen.

Pferde tauschen sich ständig über persönlichen Raum aus. Auch wenn nur zwei Pferde gemeinsam Gras oder Heu fressen, wird ihre Mimik Dinge sagen wie: „Es macht mir nichts aus, dass du näher kommst", oder: „Du – ich kann dich gerade nicht leiden und will dich nicht in meiner Nähe haben." Da Pferde ungern aufhören zu fressen, versuchen sie zunächst einmal, nur durch Blicke über den Raum zu verhandeln (Bild 1.24).

Pferde stellen einander ständig Fragen und erhalten Antworten. Geht ein Pferd auf ein anderes zu, treffen die Blasen ihres persönlichen Raums aufeinander, ehe sich ihre Körper berühren. *Raum zu teilen* bedeutet, dass beide in überlappenden Blasen sind. In der Pferdesprache geht es nicht ausschließlich um persönlichen Raum, aber diese Interaktionen wurden am häufigsten beobachtet und nachgewiesen, wie wir noch sehen werden.

Zwei Varianten der Raumdiskussion unter Pferden sind besonders leicht zu erkennen: Annäherung und Rückzug und Geh weg und Komm zurück. *Annäherung und Rückzug* bezeichnet die Art und Weise, wie ein Pferd (oder Sie) die Blase eines anderen Pferdes betritt. Bei *Geh weg und Komm zurück* geht es darum, wie ein Pferd um mehr Raum bittet oder Sie einlädt, näher zu kommen.

1.23 Rocky (rechts) bittet Jag sanft, weiterzugehen. Sie reagiert, um ihren Raum zu schützen, und formt einen seitlichen Bogen.

1.24 Rocky fordert Vati hier auf, den Kopf vom Heu wegzudrehen.

ANNÄHERUNG UND RÜCKZUG

Pferde drücken sich untereinander klar und deutlich aus. Dieselbe Klarheit wünschen sie sich auch von uns. Mit Hilfe von *Annäherung und Rückzug* ist es einem Pferd oder Menschen möglich, den Raum eines anderen zu betreten und gleichzeitig viel über das andere Individuum zu erfahren. Benutzen Sie dieses Muster in einem Gespräch mit Ihrem Pferd, dann weiß es, dass Sie auf seinen persönlichen Raum achten. Es hat die Möglichkeit, herauszufinden, wie Ihr äußeres Neutral Null *aussieht* (körperlich) und wie sich Ihr inneres Neutral Null *anfühlt* (emotional). Sieht das Pferd, dass Sie auf sein Signal achten, um den Druck auf seine Blase des persönlichen Raums zu verringern, wird sein Vertrauen wachsen.

Verankern Sie *Annäherung und Rückzug* in Ihrem alltäglichen Umgang mit dem Pferd. Sie werden sehen, wie hilfreich es ist, und es immer häufiger einsetzen, genau wie Pferde es untereinander tun. Annäherung bedeutet dabei nicht nur, auf das Pferd *zuzugehen*, es bezeichnet jede Form des *Bittens*. Rückzug ist die *Erwiderung* desjenigen, der gefragt hat, sobald der andere die Annäherung beantwortet hat. Es ist das Nachlassen der Handlung, der Intensität oder der Frage. Es bedeutet, zum *inneren Neutral Null* zurückzugehen.

Annäherung ist für Menschen, wie für alle Raubtiere, leicht zu lernen. Zu lernen, wie man den *Rückzug zu Neutral Null* anwendet, ist mühsamer, und deswegen ist es auch so wichtig, die *Pause* zu verstehen (Bilder 1.25 A & B und S. 27).

Pferde nähern sich einem anderen Pferd taktvoll. Vielleicht schauen sie zueinander hin oder atmen oder verlagern ihr Gewicht ein wenig zueinander. Die Nase zur Begrüßung auszustrecken ist ebenfalls eine Annäherung. Rückzug kann bedeuten, dass ein Pferd die Blase eines anderen verlässt, es kann aber auch eine kleine Pause während der Annäherung sein. Rückzug ist jede Form des Feingefühls hinsichtlich der Blase des persönlichen Raums von anderen Pferden.

1.25 A & B Ich frage: „Darf ich näher kommen?" Vati sieht mich nicht an, daher ist ihre Antwort: „Nein" (A). „Ich ziehe mich zurück", sage ich. Vati sieht mich an und antwortet so: „Danke" (B).

1.26 A & B Dakotas Gesicht schickt eine Abschiedsbotschaft. Die Ohren sind flach nach hinten gerichtet, und ihr harter Blick und das angespannte Maul sind eindeutig (A). Rocky (l.) schickt Vati weg (B).

GEH WEG UND KOMM ZURÜCK

Auch in den Gesprächen über *Geh weg und Komm zurück* verhandeln Pferde über persönlichen Raum. Sie setzen dabei *Abschieds-* (Geh weg) und *Willkommens-* (Komm zurück) Botschaften ein. Wir wissen alle, auf welche Weise ein Pferd ein anderes wegschickt. Zu den Abschiedsbotschaften gehören angelegte Ohren, ein schief gezogenes Gesicht, ein erhobener Kopf, das Deuten auf einen *Button* auf dem Gesicht, dem Hals, der Gurtlage oder dem Rumpf des anderen Pferdes (die unterschiedlichen Buttons werden auf S. 36 besprochen), aber auch Stampfen, Schlagen, Stoßen und Beißen (Bilder 1.26 A & B). Die Sprache des Willkommens ist feiner und beinhaltet entspannte Ohren, einen weichen Blick, das Senken des Kopfes, ein Kopfnicken und weiches Atmen, wie auf S. 29 beschrieben.

1.27 A & B Zekes Gesicht drückt ein eifriges Willkommen aus. Er möchte gern, dass ich zu ihm komme (A). Dakotas Gesicht zeigt ein weiches Willkommen, das mich einlädt, näher zu kommen.

FREUNDSCHAFTSGESTEN

Pferde heißen also andere Pferde mit ihrer Mimik *willkommen*. Ein Pferd, das Gesellschaft sucht, schaut einfach zu dem Pferd hin, das es einladen möchte, und senkt dabei den Kopf. Vielleicht nickt es leicht und sendet eine sanfte Atembotschaft (S. 29). Achten Sie, wenn Sie auf Ihr Pferd zugehen, auf den folgenden Ausdruck, den ich *Upsie* nenne: Ihr Pferd hält dabei sein Maul auf den Boden und bittet Sie, Druck wegzunehmen. Vielleicht sehen Sie, dass sich die Nüstern bewegen.

1.28 „Upsie, ich möchte nur in deiner Nähe sein."

1.29 Rocky macht ein weiches Willkommensgesicht und wackelt mit den Lippen. Er sagt „Ich habe einen schönen Tag. Komm, wir genießen ihn zusammen!"

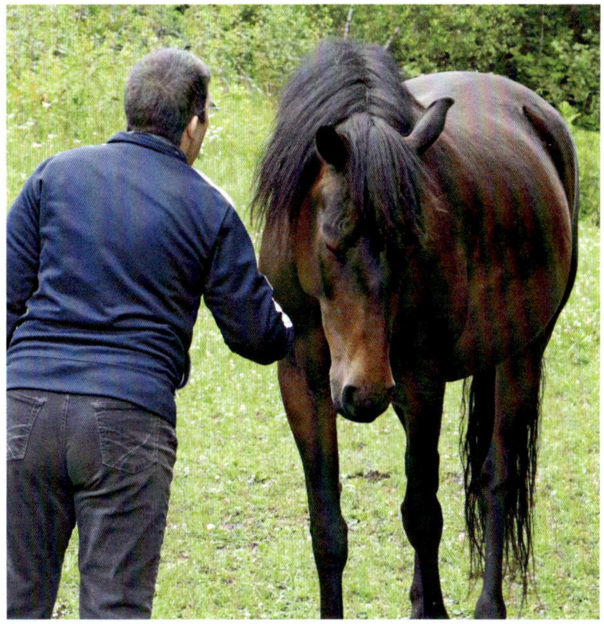

1.30 Platz zu machen, indem der Kopf zur Seite gewendet wird, ist eine freundliche und respektvolle Geste, die Luna hier zeigt.

Wiederholen wir noch einmal, um es ganz deutlich zu machen: Jedes Mal, wenn Ihr Pferd seinen Kopf auf den Boden hält und dabei nicht frisst, ist das seine Version von *Upsie* (Bild 1.28), egal ob es ein Halfter oder eine Trense trägt oder frei ist. Halten Sie dann in Ihrer Annäherung inne und nehmen Sie sich einige Sekunden Zeit für die menschliche Version von *Upsie*. Scharren Sie mit dem Fuß und schauen Sie zu Boden. (Ihr Pferd könnte dieses *Spiegelspiel* so spannend finden, dass es dieses Gespräch immer wieder beginnt.) Beobachten Sie, ob Ihr Pferd Sie weich ansieht, ob seine Lippen entspannt sind oder wackeln, was bedeutet: „Ich habe einen schönen Tag. Komm, wir genießen ihn zusammen." Achten Sie darauf, ob seine Nüstern „schnüffeln", als ob es Sie einatmen wollte (Bild 1.29).

Eine andere Freundschafts- und Willkommensgeste ist das *Platzmachen*. Stellen Sie sich vor, in einen Raum zu kommen und jemand rutscht auf dem Sofa zur Seite, damit Sie dort Platz nehmen können. Wenn Sie auf Ihr Pferd zugehen, achten Sie darauf, ob es seinen Kopf und Hals anmutig zur Seite wendet, ohne dass sich seine Beine oder der restliche Körper mitbewegen (Bild 1.30). Schauen Sie auch, ob es nicht nach etwas Besonderem Ausschau hält und nur den Raum neben seiner Schulter frei gibt. Diese hochgradige Willkommensgeste wird oft falsch verstanden. Wir denken, das Pferd dreht sich aus Desinteresse weg oder lehnt uns ab, dabei drückt es genau das Gegenteil davon aus!

DIE 13 BUTTONS DER PFERDESPRACHE

Um Ihnen den Einstieg in Pferdisch etwas leichter zu machen, habe ich die Pferdesprache auf 13 „Buttons“ reduziert, die über den gesamten Körper des Pferdes verteilt sind (Bild 1.31) und eine Signalwirkung auf das Pferd haben. Stellen Sie sich diese Buttons als das Abc der Pferdesprache vor. Einige davon werden Ihnen vielleicht von der bisherigen Pferdeausbildung bekannt vorkommen. Versuchen Sie bitte nicht, sie zu benutzen, um Ihr Pferd zu erziehen. Diese Buttons funktionieren so gut, weil sie zum Verhaltenskodex des Pferdes gehören – ab dem Moment, da das Fohlen von seiner Mutter lernt, mit ihr und anderen zu kommunizieren.

Obwohl es eigentlich mehr als 13 Buttons gibt, die Pferde in ihren Gesprächen benutzen, sind die hier aufgeführten für das Erlernen von Pferdisch am hilfreichsten. Sie unterstützen Ihr Verständnis und Ihre Beobachtungsgabe und lassen sich am leichtesten in Ihre Gespräche mit Pferden einbauen. Ich habe dies vereinfacht, um für mehr Klarheit zu sorgen. Behalten Sie bitte beim Durchgehen der Liste im Hinterkopf, dass Pferde nicht mit Button Nummer 1 beginnen und sich dann chronologisch bis zu Button Nummer 13 vorarbeiten. Stattdessen benutzen sie den Button, der ihre Botschaft am besten transportiert. Außerdem können sie jeden Button sowohl für Willkommens- als auch für Abschiedsbotschaften einsetzen, ebenso für einfache neutrale Botschaften, die keine Bewegung in der Antwort erfordern.

1. Der Begrüßungs-Button (S. 56)

Der Begrüßungs-Button liegt im vorderen Maulbereich und wird benutzt, um einander zu begrüßen (Bild 1.32 A). Entsprechend dem menschlichen Händeschütteln wird bei der Begrüßung über diesen Button eine Menge Information ausgetauscht.

Dieser Button wird aber auch für ein kurzes „Hallo“ zwischendurch und als freundliche Geste benutzt.

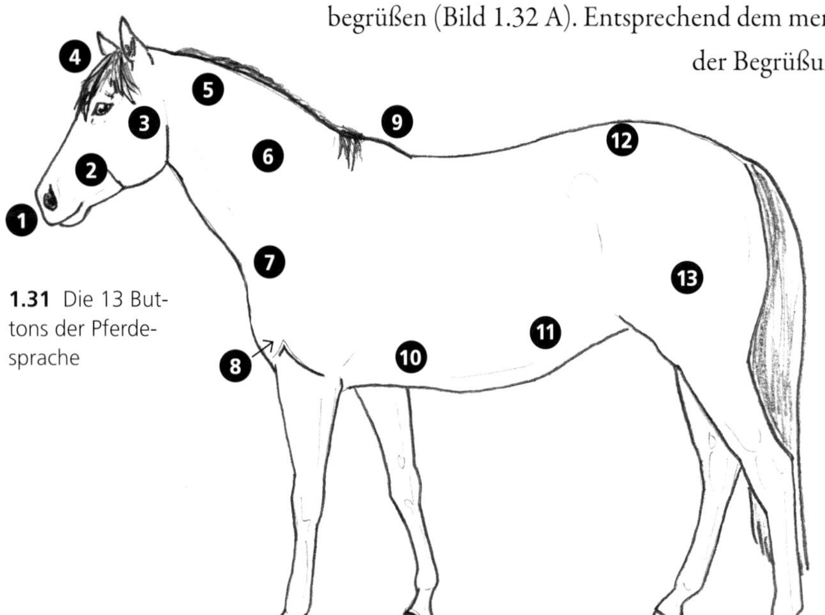

1.31 Die 13 Buttons der Pferdesprache

2. Der Spiel-Button (S. 62)

Der Spiel-Button liegt seitlich im Pferdegesicht, gerade hinter und etwas oberhalb des Punktes, an dem der Gebissring liegt. Ihn zu berühren bedeutet: „Ich möchte mit dir spielen“ (Bild 1.32 B).

Vielleicht haben Sie den Spiel-Button bereits einmal gedrückt, um den Kopf eines aufdringlichen Pferdes wegzuschieben. Für das Pferd bedeutet das Drücken des Buttons aber eine direkte Einladung, unseren Raum zu betreten.

3 Der Geh-weg-Gesichts-Button (S. 61)

Der Geh-weg-Gesichts-Button findet sich auf der hinteren Ganasche, unterhalb von Ohr und Auge (Bild 1.32 C). Sie finden ihn leicht, wenn Ihr Pferd ein normales Halfter trägt, denn er liegt oft genau unter dem Metallring der Halfterschließe. Pferde benutzen diesen Button, um für ihre Kopffreiheit zu sorgen. Benutzt man ihn ohne weitere Buttons, bedeutet er: „Gib meinem Gesicht etwas Raum." Bei einem aufdringlichen Pferd muss der Button vielleicht einige Male gedrückt werden, bevor es versteht, dass Sie überhaupt nicht möchten, dass es in Ihren Raum eindringt.

4 Der Freundschafts-Button (S. 126)

Genau unter dem Schopf liegt der Freundschafts-Button. Bei einem Pferd, das es mag, dort gekratzt zu werden, ist er leicht zu erkennen. Ängstliche oder misshandelte Pferde können aber wachsam bei der Berührung des Freundschafts-Buttons sein. Ich habe mit vielen Tierschutz-Pferden gearbeitet, die diesen Punkt regelrecht „verteidigten". Pferde, die eine enge Verbindung zueinander haben, liebkosen den Punkt oder beschnuppern ihn. Schließt sich Ihr Pferd eng an Sie an, reibt es seine Stirn an der Vorderseite Ihres Körpers. Es verbindet sich mit Ihnen über seinen Freundschafts-Button. Als Antwort können Sie den Button zart rubbeln (Bild 1.32 D), um zu bestätigen, dass auch Sie für eine tiefere Freundschaft bereit sind. Passen Sie aber bitte auf, dass Ihr Pferd Sie während des Gespräches nicht umwirft.

5 Der Folge-mir-Button (S. 124)

Der Folge-mir-Button liegt auf dem Oberhals des Pferdes, etwa zehn Zentimeter hinter dem Genick (Bild 1.32 E). Eine Mutterstute berührt ihr Kind genau dort, um ihm zu sagen, dass es ihr folgen soll. Drücken Sie Ihre Hand auf diesen Button, nehmen Sie sie anschließend weg und setzen Sie sich achtsam und weich in Bewegung. So laden Sie Ihr Pferd ein, Ihnen zu folgen.

6 Der Mittelhals-Button (S. 68)

Pferde benutzen den Mittelhals-Button, um ihre Ranghöhe zu demonstrieren (Bild 1.32 F). Ihn einzusetzen bedeutet: „Nimm dein Gesicht, deinen Hals und die Vorderhufe *komplett* aus der Blase meines persönlichen Raums."

7 Der Schulter-Button (S. 156)

Der Schulter-Button kann ebenfalls zur Demonstration des Ranges dienen. Deutet ein Pferd aber nur auf diesen Button, statt den Mittelhals-Button zu benutzen, so ist das weniger eindringlich und weniger formell. Es hört sich eher an wie: „He, Kumpel, mach mir mal bisschen Platz, okay?“

Dieser Button wird auch in der Aufstellung zum Tandem benutzt, wenn zwei Pferde zusammen *Irgendwohin Gehen* (S. 61). In diesem Fall bedeutet der Button dann: „Bleib bei
1.32 mir, wir bewegen uns als Einheit.“

DIE 13 PFERDISCH-BUTTONS

8 Der Rückwärts-Button (S. 71)

Der Rückwärts-Button wird benutzt, wenn ein Pferd den Raum vor einem anderen Pferd beansprucht (Bild 1.32 H). Wird er gedrückt, heißt das für das Pferd, dass es sich rückwärts aus dem Raum bewegen muss, in dem es sich befindet. Der Button liegt auf dem Buggelenk.

9 Der Fellpflege-Button (S. 59)

Der Widerrist ist eine bevorzugte Region für gegenseitige Fellpflege. Der Fellpflege-Button wird benutzt, um eine gute Beziehung oder Zuneigung auszudrücken (Bild 1.32 I).

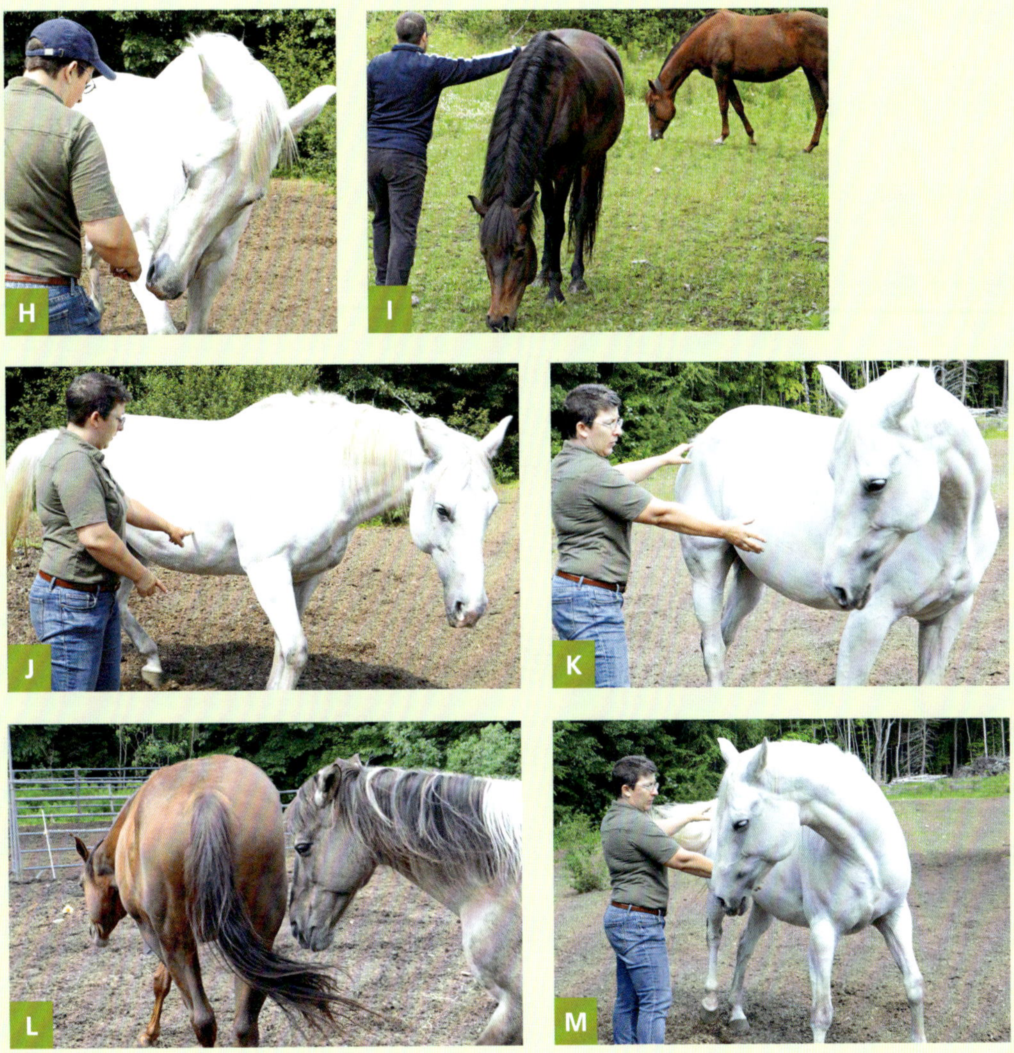

10 Der Gurt-Button (S. 128)

Pferde können von *vorn nach hinten* oder von *Seite zu Seite* mehr Raum fordern. Der Gurt-Button beansprucht mehr seitlichen Raum, kann aber auch zu mehr Geschwindigkeit auffordern (Bild 1.32 J). Schickt ein Pferd einem anderen zum Beispiel eine Abschiedsbotschaft und möchte die Dringlichkeit verstärken, so deutet es kurz auf diesen Button, um „Geh weg, und mach *schneller*!" zu sagen.

Dieser Button ist aber auch eine Zielregion der kleinen Fohlennase. Hält es seine Nase an den Button, ist es in der Mitte seiner Mama sicher vor allen vier Hufen und optimal geführt. Daher kann der Button auch als Verbindungsregion benutzt werden.

11 Der Spring-auf-Button (S. 129)

Etwa 15 Zentimeter hinter dem Gurt-Button liegt der Spring-auf-Button (Bild 132 K). Diese verletzliche Region ist ein Angriffsziel von Raubtieren und wird daher besonders gut geschützt. Deutet man auf diesen Button, heißt das für das Pferd, dass es aufspringen, ausschlagen oder seitlich ausweichen soll. Hengste, die eine Stute umwerben, benutzen den Button, um ihr zu sagen: „Bitte spring nicht auf."

12 Der Hüft-Kutschier-Button (S. 135)

Das ist einer der wenigen Buttons, die nur für Abschiedsbotschaften genutzt werden. Der Hüft-Kutschier-Button liegt hinten am Pferderumpf, auf der höchsten Stelle des Beckens (Bild 1.32 L). Pferde können ihre Führungsrolle auf zwei Arten zeigen: „Folge mir", oder: „ Geh vor mir her, ich treibe dich." Ein anderes Pferd vorwärts zu treiben, bedeutet, ihm zweifelsfrei zu sagen, dass man die Nachhut ist und sich um alle Raubtiere kümmert, die sich von hinten nähern.

13 Der Mach-Platz-Button (S. 138)

Der Mach-Platz-Button befindet sich in der Vertiefung über dem Kniegelenk des Pferdes (Bild 1.32 M). Er soll dem Pferd sagen, dass es seine Hinterhand zur Seite nimmt, um Platz zu machen. Auf diesen Button deuten Pferde, wenn sie friedlich an einem anderen Pferd vorbeigehen möchten. Er besagt: „Ich schlage nicht aus, wenn du auch nicht ausschlägst."

Die Stute wirkt auf diesen Button ein, um das Fohlen zu veranlassen, dass es sich mit dem Gesicht zu ihr dreht. So hat sie seine volle Aufmerksamkeit. Erwachsene Pferde nutzen ihn auf diese Weise, um sich gegenseitig aufzufordern, aufmerksam zum Leittier zuschauen und sich keine Sorgen über mögliche Gefahren zu machen. Aus diesem Grund wirkt eine sanfte Massage dieser Stelle beruhigend.

SCHRITT 2

Den Gesichtsausdruck beobachten

Nehmen wir uns zu Beginn ein wenig Zeit und nutzen wir unsere Beobachtungsgabe, um die Mimik von Pferden zu verstehen – wir lernen, Pferdisch in unserem Alltag im Stall oder in der Reitbahn einzusetzen.

Ich beobachte den Gesichtsausdruck eines Pferdes sehr genau, denn jedes Pferd spricht Bände mit seinem Gesicht. Menschen lesen in den Gesichtern anderer Menschen. Pferde machen dasselbe. Wir bekommen meist gar nicht mit, dass unser Pferd uns so viel mitteilt. Können Sie die verschiedenen Gesichtsausdrücke des Pferdes einordnen, haben Sie am Ende eine Landkarte zu seiner Innenwelt, zu seinen Gedanken, Gefühlen und Ansichten.

Alles erzählt eine Geschichte: die Höhe der Kopfhaltung, das Maul, die Nüstern, das Kinn, der Kiefer, die Augen und Ohren. Die Geschichten werden immer spannender und vielschichtiger, sobald Sie verstehen, wie Pferde alle Ausdruckskomponenten ihres Gesichts im Gespräch kombinieren, um mit Ihnen und anderen Pferden zu reden. Auf den folgenden Seiten werde ich die Gestik und die Nuancen der Mimik zerlegen und die jeweilige Bedeutung der einzelnen Teile erklären. Manchmal besteht eine vollständige Botschaft aus einer Kombination von Ausdruck und Geste. Mit der Zeit wird Ihnen klar werden, wie Pferde ihre Botschaften zusammensetzen, damit sie aussagekräftiger sind.

Ungeachtet seiner Gefühle, Gedanken und Gespräche zeigt das Pferd einen entsprechenden Gesichtsausdruck nur einen Moment lang. Pferde kehren immer schnellstmöglich zu einer *neutralen oder friedlichen Mimik* zurück. Einige Gesichtsausdrücke sind so flüchtig, dass ich Jahre gebraucht habe, um ihre Bedeutung zu belegen.

Schlüssel zur Verständigung

Die Kopfhaltung S. 46
Das Maul S. 46
Die Nüstern S. 48
Der Kiefer S. 49
Die Augen S. 49
Die Ohren S. 51

DIE KOPFHALTUNG

Das Erste, was ich registriere, wenn ich auf ein Pferd zugehe, ist seine Kopfhaltung. Hält es seinen Kopf hoch, ist es auf der Hut. Sein Adrenalinspiegel ist erhöht, ob durch Spannung oder durch Neugier. Ein tiefer Kopf bedeutet: „Es ist alles gut", der Adrenalinspiegel ist niedrig.

Das höchste Ziel eines Pferdes ist es, sich so wohlzufühlen, dass es den Kopf tief halten kann (Bild 2.1).

DAS MAUL

Das Maul kann große Nähe ausdrücken. Pferde kraulen Freunde (Menschen oder Pferde) mit entspannten Lippen. Sie benutzen ihre Lippen, um andere Pferde zu fragen, ob die Fellpflege weitergehen kann, und beziehen ihre Zähne in eine Art kratzende Massage ein (Bild 2.2). Ich hatte einmal eine Begegnung mit einem liebenswerten Pferd, das jeden massierte, der ihm den Rücken zuwendete. Wichtige Erkenntnis: Hat Ihr Pferd in Ihrer Nähe weiche Lippen und ein entspanntes Maul, möchte es Ihr Freund sein!

LECKEN UND KAUEN

Einige Gespräche sind leichter zu bemerken als andere, weil der Gesichtsausdruck des jeweiligen Pferdes länger zu beobachten ist. Dazu gehört auch das *Lecken und Kauen* (*ohne* dass das Pferd dabei frisst!). Dieser Ausdruck bedeutet nicht unbedingt, dass Ihr Pferd einer Meinung mit Ihnen ist, er bedeutet nur, dass es nachdenkt. Es verdaut quasi, was Sie zu sagen versuchen. Sie können die Bewegung *spiegeln*, indem Sie so tun, als würden Sie Kaugummi kauen. Schon haben Sie ein Gespräch: „Hast du das verstanden?", und: „Ja, und ich sehe es auch so" (Bild 2.3).

2.1 Zeke zeigt eine mittelhohe Kopfhaltung und einen munteren Gesichtsausdruck. Er streckt sein Maul erwartungsvoll vor.
2.2 Ein liebevolles Maul mit aktiven Lippen

BEISSEN

Ein Pferd kann seinen persönlichen Raum durch Beißen schützen oder verteidigen. Das ist ein ganz klares „Geh weg“. Ein richtiger Biss ist allerdings immer der letzte Ausweg. Beißen entspricht Ebene vier der fünf Stadien der Intensität. Es beinhaltet die größtmögliche Gestik in einer bestimmten Situation.

Wie wir schon gesehen haben, kommuniziert ein Pferd Geh-weg-Botschaften in vielen harmlosen Varianten: Es legt die Ohren an, schlägt mit dem Schweif oder biegt den Körper auf eine ganz bestimmte Art und Weise. Bevor Pferde beißen, spannen sie ihre Lippen an, fletschen die Zähne, verengen Augen und Nüstern und legen die Ohren flach zurück. Manchmal quietschen sie auch, bevor sie die Zähne im Gegner versenken.

Der Biss eines Pferdes drückt immer das Gleiche aus, egal ob ein anderes Pferd oder ein Mensch gebissen wird: Es möchte, dass der andere aus seinem Raum verschwindet: „Geh weg und lass mich allein!“ Vielleicht hat es den Eindruck, dass seine feineren Bitten um mehr Raum überhört wurden.

Pferdebisse sind schmerzhaft und können gefährlich sein. Je genauer Sie die Körpersprache Ihres Pferdes beobachten und verstehen, desto unwahrscheinlicher ist es, dass Sie ernsthaft gebissen werden.

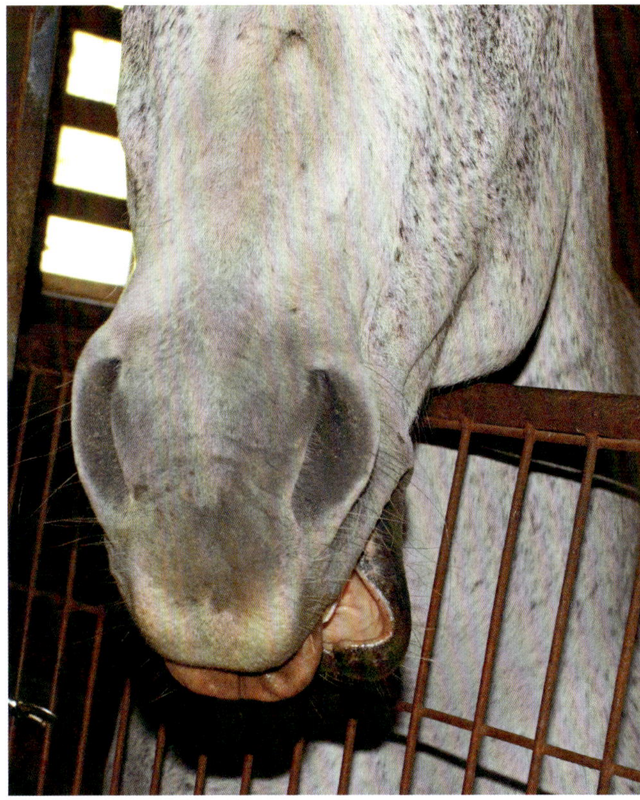

2.3 Durch Lecken und Kauen drückt ein Pferd aus, dass es eine Sache überdenkt.

VERSPANNTE LIPPEN

Verspannte, feste Lippen sagen: „Ich mag das nicht.“ Seien Sie neugierig und beobachten Sie in so einem Fall in Ruhe, was gerade geschieht. Passen Sie Ihr Gespräch mit dem Pferd seinen Bedürfnissen an. Es ist schon wichtig, wahrzunehmen, ob die Pferdelippen fest sind oder ob nicht. Ein festes Maul ist ein Hinweis auf Spannungen, kann aber auch Ausdruck hoher Konzentration sein, wie bei einem Menschen in einer Prüfung (Bild 2.4).

2.4 Feste Lippen, konzentrierte Ohren und ein gebeugtes Genick sind Zeichen für Dakotas intensive Konzentration.

2.5 Das Hochziehen der Oberlippe wird Flehmen genannt und kann sowohl Genuss als auch Schmerz bedeuten.

2.6 Ein hartes Auge, angelegte Ohren, hohe Kopfhaltung und angespannte Nüstern signalisieren Missmut und Ärger/Aggression.

DIE LIPPEN HOCHZIEHEN

Hochgezogene Lippen sind eine leicht erkennbare Geste. Sie wird Flehmen genannt. Pferde flehmen, wenn sie starke Gerüche wie Kaffee oder Zigaretten wahrnehmen. Hengste flehmen vor dem Deckakt, um den Geruch der Stute tief in ihre Nüstern zu saugen. Allerdings kann Flehmen auch ein Ausdruck für Schmerzen sein (Bild 2.5). Zwischen den Nüstern ist ein Akupressurpunkt, der das limbische System anspricht und sich zu einem ähnlichen Punkt unter der Oberlippe auf dem Pferdegaumen ausdehnt. Eine Massage dieser Punkte setzt Endorphine frei. Beim Flehmen im Falle von Schmerz massiert und behandelt das Pferd sich also selbst.

DAS KINN

Ein sehr angespanntes oder ängstliches Pferd spannt außer seinen Lippen auch noch das Kinn an, so dass es sich kräuselt. Ein weiches Kinn ist ein sicheres Indiz für Vertrauen.

DIE NÜSTERN

Die Nüstern verändern ihre Form und Größe, wenn das Pferd verschiedene Atembotschaften sendet (S. 28–32). Entspannte Nüstern weisen auf ein ruhiges Pferd hin. Harte, verengte oder gekräuselte Nüstern, die aussehen, als ob das Pferd etwas Unangenehmes riechen würde, zeigen negative Gefühle (Bild 2.6). Manchmal können Veränderungen in der Umgebung des Pferdes dazu führen, dass sich die Nüstern des Pferdes entspannen. Beobachten Sie, ob Ihre Bemühungen ein Ergebnis zeigen! Sie können die Nüstern auch sanft ausstreichen und ein wenig dehnen, damit sie weicher werden.

DER KIEFER

Das Kiefergelenk von Pferden liegt direkt unter ihrem Auge. Die Umrisse des Gelenks lassen sich leicht tasten. Genau wie wir können auch Pferde ihren Kiefer zusammenpressen, ein Ausdruck für Spannungen, der oft mit angehaltenem Atem einhergeht. *Gähnen* kann sowohl eine Atembotschaft als auch eine Entspannungsmethode sein, die lösend auf feste Kiefergelenke wirkt (Bild 2.7).

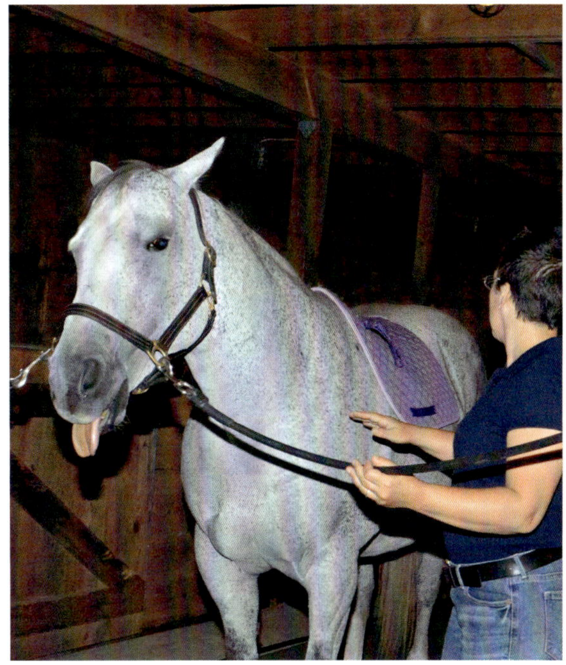

2.7 Dieses Gähnen ist ein Zeichen dafür, dass das Pferd Spannungen loslässt.

DIE AUGEN

Augen drücken auf unterschwellige Art Gefühle aus. Hier sind einige Anhaltspunkte:

- Ruhige Pferde haben weiche Augen, da die Muskeln rund ums Auge entspannt sind. Beobachten Sie Ihr Pferd, wenn ein neuer Hund oder eine neue Katze den Stall betritt. Das Pferdegesicht sieht neugierig aus, mit weichen Lippen, gespitzten Ohren, weiten Nüstern und entspannten Augen (Bild 2.8).
- Falten oder Schwellungen unter dem Auge weisen auf emotionalen oder körperlichen Schmerz hin. Falten auf dem Oberlid sind ein Zeichen für starken Stress.
- Geweitete Augen, die viel Weiß zeigen, sind ein Zeichen für Panik.

2.8 Tiefe Kopfhaltung, gespitzte Ohren, Kauen, weite Nüstern und vorgeschobene Lippen: Dieses Pferd fragt, ob es näher kommen kann.

- Spannungen rund ums Auge bedeuten: „Ich mag das nicht." Sie sind oft im Zusammenhang mit der Ankunft von Tierarzt oder Schmied zu sehen.
- Pferde können ihrem Nachbarpferd einen Blick zuwerfen, den ich „Hartes Auge" nenne. Er besagt: „Geh zur Seite", und entspricht ein wenig dem Blick des altmodischen Revolverhelden oder wenn wir jemandem einen „bösen Blick" zuwerfen.
  Die Idee ist dieselbe. Indem es allein über die Augen Druck ausübt, kann ein Pferd sich Raum verschaffen und ein anderes Pferd bewegen. Um den Druck zu erhöhen, bewegt es zusätzlich ein Ohr und hebt den Kopf an. Selbst das leichteste Anheben des Kopfes bedeutet, dass das Gespräch nun auf einer anderen Ebene geführt wird. Achten Sie einmal darauf.
- Pferde bewegen einander zum Umkehren, indem sie etwas einsetzen, das ich das „Laserstrahl-Auge" nenne . Sie schauen sich dabei tief und direkt in die Augen mit der Absicht, den Weg des anderen zu verändern. Ich habe schon oft beobachtet, wie ein Pferd den „Augenweg" eines anderen Pferdes umdirigierte. Der Körper folgte, das Pferd lief in eine andere Richtung.
  Sie können dies nachahmen: Schauen Sie dem Pferd tief in die Augen und stellen Sie sich einen Lichtstrahl vor, der direkt aus Ihrem Auge schießt und die Vorwärtsbewegung des Pferdes stoppt.

Laserstrahl-Auge
IN DER PRAXIS

Bei einem Kurs, den ich unterrichtete, wurde ich einmal von einem sehr verstörten Pferd angegriffen. Ich stand allein im Roundpen, wedelte mit meiner Gerte und machte meinen kleinen Körper dabei so groß wie möglich. Das Pferd kam trotzdem auf mich zu. Also schaute ich ihm direkt in die Augen und stellte mir vor, dass ein Lichtstrahl ihm den Weg abschnitt. So wollte ich es dazu bringen, die Richtung zu ändern. Zur Überraschung der Kursteilnehmer funktionierte das. Kurze Zeit später arbeitete ich dann mit einem Tierschutz-Pferd. Auf der Nachbarweide kabbelte sich eine Gruppe Wallache und veranstaltete dabei so viel Aufruhr, dass ich kein Stück weiterkam mit dem Pferdegespräch, das ich führen wollte. Also sah ich einen Augenblick hinüber. Es war leicht, den Anführer der Bande zu identifizieren. Ich schickte ihm mein Laserstrahl-Auge hinüber und schnitt ihn damit vom Rest der Gruppe ab. Kaum hatte ich das getan, kam er zum Zaun gelaufen und schaute mich an, als ob er sagen wollte: „Wo um Himmels willen hast du DAS gelernt?" Er wusste, dass nun ich das Kommando hatte.

BLINZELN

Sie werden selten ein Pferd mit ganz geschlossenen Augen sehen. Wenn ich mit einem misshandelten Pferd arbeite, nicke ich manchmal mit dem Kopf und zwinkere langsam, während ich seine Augen beobachte. Zwinkert es zurück, bin ich dankbar. Ich glaube, dass Zwinkern, ähnlich wie Lecken und Kauen (S. 46), ein Zeichen dafür ist, dass das Pferd einen Moment lang über etwas nachdenkt.

Ich sage: „Blinking is thinking" – Zwinkern ist Denken. Langsames Zwinkern kann auch ein Ausdruck für Zuneigung sein. Sollten Sie diese schöne Geste gezeigt bekommen, zwinkern Sie langsam zurück. Zwinkern hilft Pferden dabei, sich in Ihrer Gegenwart zu entspannen (Bild 2.9).

DIE OHREN

Die Pferdeohren nehmen wir stärker wahr als andere Teile des Gesichts, da sie sich deutlich bewegen und damit unsere Aufmerksamkeit erregen. Die Ohren verraten, wohin sich der Geist des Pferdes bewegt und worauf es seine Aufmerksamkeit richtet.

- Ein Ohr oder beide nach hinten zum Reiter oder Fahrer gerichtet bedeutet: „Ich höre dir zu." Ein Ohr nach vorn und eins zurück heißt: „Ich achte aber auch auf meine Umgebung" (Bild 2.10).
- Sind beide Ohren überwiegend nach vorn gerichtet und eines bewegt sich dabei immer vor und zurück, bedeutet das, dass Ihr Pferd „neugierige Ohren" hat. Diese Ohren sind mit anderen Zeichen der Neugier kombiniert (S. 49). Ein neugieriges Gesicht sieht wie das Gesicht eines Pferdes aus, das ein Leckerli möchte.

2.9 Blinzeln, tiefe Kopfhaltung, weiche Ohren, Blick zur Kamera – das bedeutet: „Mir geht's gut, und dir?"
2.10 Ein Ohr nach vorn gerichtet, eins nach hinten und „Hartes Auge". Das Pferd kaut und denkt darüber nach: „Bleibe ich oder gehe ich?"

2.11 Flügelohren, tiefe Kopfhaltung und ein weiches Maul heißen willkommen und laden ein.

2.12 Nach innen gerichtete Ohren, Lecken und Kauen bedeuten, dass das Pferd vertieft in seine Gedanken ist.

2.13 Aufmerksam gespitzte Ohren, zusammen mit hervorstehenden Augen, weisen auf starke Wachsamkeit hin.

2.14 Pferde schütteln Stress ab, indem sie die Ohren genauso schütteln wie ein Hund, der das Wasser abschüttelt.

- Ein Pferd mit „Flügelohren“ ist entspannt und zufrieden. Diese Stellung mit flach zur Seite gerichteten Ohren heißt andere Pferde oder Menschen willkommen (Bild 2.11).
- Es gibt einen sanftmütigen Zustand: die einwärts gerichteten Ohren. Die Ohren werden dabei leicht nach hinten-unten gehalten (Bild 2.12). Sie zeigen, dass das Pferd seine Umgebung gerade nicht wirklich wahrnimmt. Stuten sehen so aus, wenn sie ihr Fohlen säugen. Achten Sie darauf, ob Ihr Pferd den Ausdruck zeigt, wenn Sie neben ihm gehen. Das ist ein Zeichen für innere friedvolle Ruhe, für Einigkeit oder Freundschaft.
- Aufmerksam gespitzte Ohren sind nur für einen Moment straff nach vorn-oben gerichtet. Das Wächter-Pferd (S. 64), das auf die Herde aufpasst, hat eine solche Ohrstellung, wenn es eine Gefahr wahrnimmt. Aufmerksam gespitzte Ohren zeigen außerdem, dass das Pferd in Abwehrhaltung ist. Ein Hengst, der einen anderen Hengst verfolgt, hat aufmerksam gespitzte Ohren und eine hohe Kopfhaltung, um zu demonstrieren, dass er „ein großes, wildes Pferd“ ist. Pferde in der Rinderarbeit zeigen aufmerksam gespitzte Ohren, bevor sie diese in den Angriffsmodus flach zurücklegen, um die Rinder zu bewegen. Den Wechsel von aufmerksam gespitzten Ohren in den Angriffsmodus kann man auch kurz vor einem Sprung beobachten (Bild 2.13).
- Pferde schütteln Stress, unschöne Erlebnisse oder Meinungsverschiedenheiten im wahrsten Wortsinn mit Ohrenschütteln ab (Bild 2.14), wie ein Hund, der Wasser abschüttelt. Auch Gähnen hat diese Funktion (S. 30).

2.15 Fressen Pferde Heu aus dem Maul eines anderen Pferdes, wackeln und drehen sich ihre Ohren. Das ist Lachen auf Pferdeart!

2.16 Neutrale, entspannte Ohren

2.17 A & B Der zusammengepresste Kiefer der Stute, die konzentrierten Ohren, das harte Auge und die festen Nüstern sagen: „Ich bin gestresst und weiß nicht genau, was ich tun soll" (A).
Ihr Kiefer löst sich, die Ohren zeigen zur Seite und die Augen sind lebhafter, das bedeutet: „Jetzt weiß ich, was ich tun werde, mir geht's wieder gut" (B).

- Ich habe Pferde gesehen, die ganz zufrieden für sich allein spielten und herumalberten, ihre Ohren „sprachen" dabei. Beobachten Sie einmal zwei Pferde, die Heu aus dem Maul des anderen fressen. Ihre Ohren zucken und drehen sich. Ich glaube, das ist Pferdegelächter (Bild 2.15).
- Egal, welches Gefühl Sie im Gesicht Ihres Pferdes erkennen, es wird immer baldmöglichst zu *neutralen Ohren* und einem Zustand der Ruhe und Friedfertigkeit zurückkehren (Bild 2.16).

LESEN LERNEN

Nun haben Sie alle Werkzeuge an der Hand, um die Mimik Ihres Pferdes zu lesen. Kopfhaltung, Maul, Kinn, Nüstern, Kiefer, Augen und Ohren sprechen zu Ihnen. Sie sind in der Lage zu beobachten und zu lesen. Als Nächstes geht es darum, auf eine Weise zu antworten, die das Pferd versteht. Das Gespräch beginnt.

SCHRITT 3

Das erste Ritual – die Begrüßung

Die vier G der Pferdesprache, *Greeting, Going Somewhere, Grooming* und *Gone*, sind wichtige Rituale im Miteinander von Pferden oder von Pferd und Mensch. Wir nennen sie im Folgenden *Begrüßen, Irgendwohin Gehen, Fellpflege* und *Auf und Davon*.

*Greeting – Beim *Begrüßungsritual* geht es darum, wie ein Pferd einem anderen Pferd, einem Menschen oder einem anderen Tier begegnet, um es zu begrüßen (siehe S. 56).

*Going Somewhere – *Irgendwohin Gehen* bedeutet Bewegung. Pferd oder Mensch bewegen einander oder werden voneinander bewegt, oder ein Pferd bewegt sich mit einem anderen Pferd. Die Bewegung kann so klein sein wie das Wegdrehen des Kopfes aus der Blase Ihres persönlichen Raums, oder sie kann so groß sein wie ein Platzwechsel in der Reithalle oder auf der Weide (siehe S. 61).

*Grooming – *Fellpflege* ist eine gegenseitige Einladung zur Berührung. Zwischen Pferden wird die Fellpflege am Widerrist, an der Schweifrübe oder anderen Stellen mit den Lippen oder Zähnen ausgeführt, der Mensch nutzt Hände und Finger. Gegenseitige Fellpflege ist ein Kennzeichen einer innigen Verbindung (siehe S. 95).

*Gone – *Auf und Davon* ist die Art und Weise, wie Pferde „Ich bin damit durch, es ist für mich erledigt" sagen, oder es drückt einfach ein „Nein" aus. Es stellt das Ende eines Satzes oder eine Pause in der Unterhaltung dar. Auf und Davon ist ein wichtiges Element, das Sie sowohl erkennen als auch einsetzen können sollten, wenn Sie mit Ihrem Pferd sprechen (siehe S. 133).

In diesem Kapitel geht es um das *erste* der vier Rituale der Pferdesprache: die Begrüßung.

Schlüssel zur Verständigung

DAS BEGRÜSSUNGSRITUAL

Menschen begrüßen sich mit einem Händeschütteln, wenn sie sich zum ersten Mal begegnen. Pferde halten es ähnlich. Das Begrüßungsritual ist meine fundamentale Unterrichtsgrundlage. Ich habe sie entwickelt, um zu zeigen, wie Gespräche mit Pferden entstehen können.

Das Ritual besteht aus *drei einzelnen Momenten*, in denen aufeinandertreffende Pferde mit ihren Nasen den Begrüßungs-Button berühren (S. 40). Die Geschwindigkeit dieser drei Berührungen variiert von Lichtgeschwindigkeit bis zu Zeitlupe. Der Grund, warum es drei einzelne Berührungen gibt, ist einfach: Im ersten, formellen Teil gibt es viel zu sagen, und es braucht zwei nachfolgende Berührungen, um alles zu sortieren.

Tatsächlich habe ich beobachtet, dass Pferde die Welt um sie herum meist in Dreierschritten erfassen, manchmal benötigen sie sogar noch mehr Schritte.

DIE ERSTE BERÜHRUNG: FORMELLE BEGRÜSSUNG, HALLO UND NACHAHMEN

Rangordnung bei Pferden ist anders geregelt als bei Hunden. Pferde müssen im Notfall gemeinsam wegrennen. In der Welt der Pferde kann in jedem Moment Gefahr drohen. Je hochrangiger ein Pferd ist, desto größer ist seine Verantwortung, Angreifer abzuwehren. Bei Hunden hat der Rudelführer das Sagen, aber bei Pferden ist das Leitpferd verantwortlich für das Wohlergehen der Schwächeren.

Eine Pferdeherde besteht typischerweise aus Großmüttern, Tanten, Müttern und Töchtern. Es gibt einen dominanten Hengst, der seine Damen nicht nur vor anderen schurkischen Hengsten beschützt, sondern auch vor Berglöwen, Wölfen und Bären. Hengste ohne Stutenherde finden sich in Junggesellenherden zusammen. Sie haben eine enge emotionale Bindung zueinander und dieselbe Herdendynamik wie jede andere Herde auch.

3.1 Die erste Berührung im Begrüßungsritual. „Hallo!" und „Was ist dein Rang?"

Domestizierte Pferde werden gekauft und verkauft und ziehen von einem Stall zum nächsten. Sie müssen lernen, mit neuen Herdenmitgliedern umzugehen. Manchmal kommen sie nicht gemeinsam mit anderen Pferden nach draußen und ihre Sozialkontakte finden nur über einen Zaun hinweg statt. Trotzdem ist das formelle Begrüßungsritual bei einer Begegnung notwendig, damit die Pferde herausfinden können, wer wem sagt, was zu tun ist.

Die erste Berührung ähnelt einem formellen menschlichen Händeschütteln. Es ist das „Hallo", dem sofort die Frage folgt: „Wo stehst du in der Rangfolge?"

Pferde können einander innerhalb von Sekunden einschätzen. Es gilt, viel mehr übereinander herauszufinden, als die Antwort auf die Frage, wer das „Alphatier" ist. In einer gesunden Herde werden viele Rollen verteilt; es gibt den Friedensstifter, den Rabauken, den Wächter oder den Joker.

Direkt nach dem ersten Nasenkontakt macht ein Pferd eine Bewegung in Richtung des anderen Pferdes, die so winzig sein kann wie eine leichte Kopfdrehung. Es fragt damit: „Wenn ich in diese Richtung gehe, folgst du mir dann?" Ich nenne das *Spiegelspiel,* da in einer freundlichen Begegnung das andere Pferd nun die Geste nachmacht, um auszudrücken: „Ja, ich folge dir."

DIE ZWEITE BERÜHRUNG: KENNENLERNEN UND NACHAHMEN

Nach dem zarten Erstkontakt kommt es zu einer zweiten Nasenberührung, die meist mit einem tiefen Einatmen verbunden ist. Dieser Kennenlern-Atemzug wird oft mit einer Geste kombiniert, die das andere Pferd nachahmt, um zu bestätigen, wer führt und wer folgt. Je nach Pferdepersönlichkeit kann dieser Schritt sehr schnell oder langsam erfolgen.

DIE DRITTE BERÜHRUNG: WAS MACHEN WIR NUN?

Die dritte und letzte Nasenberührung führt entweder zu weiteren Wegen der Begegnung oder die Pferde brechen den Kontakt ab und gehen auseinander. Die dritte Berührung ist wichtig. In einem blitzschnellen Begrüßungsritual, wie es bei zwei hochrangigen Pferden der Fall sein kann, geht sie vielleicht in Quietschen, Vorderbein-Schleudern und andere Aufforderungen zum Spiel oder Wettkampf über. Bei entspannten Pferden schließen sich allerdings die anderen Rituale an: Gehen, Fellpflege oder auch Auf und Davon. Hier zeichnet sich die friedliche Herdendynamik ab, die sich Pferde wünschen.

Zum Glück für uns sind Pferde meist schon sehr beeindruckt, wenn Menschen ihnen die Fingerknöchel zu einem einzigen „Hallo" entgegenstrecken. Sie heißen uns gern in ihrer Welt willkommen, auch ohne das komplette Begrüßungsritual. Führen Sie aber das gesamte Begrüßungsritual durch, kommt es zu einem so intensiven Austausch, dass sich das gegenseitige Verständnis enorm vertieft.

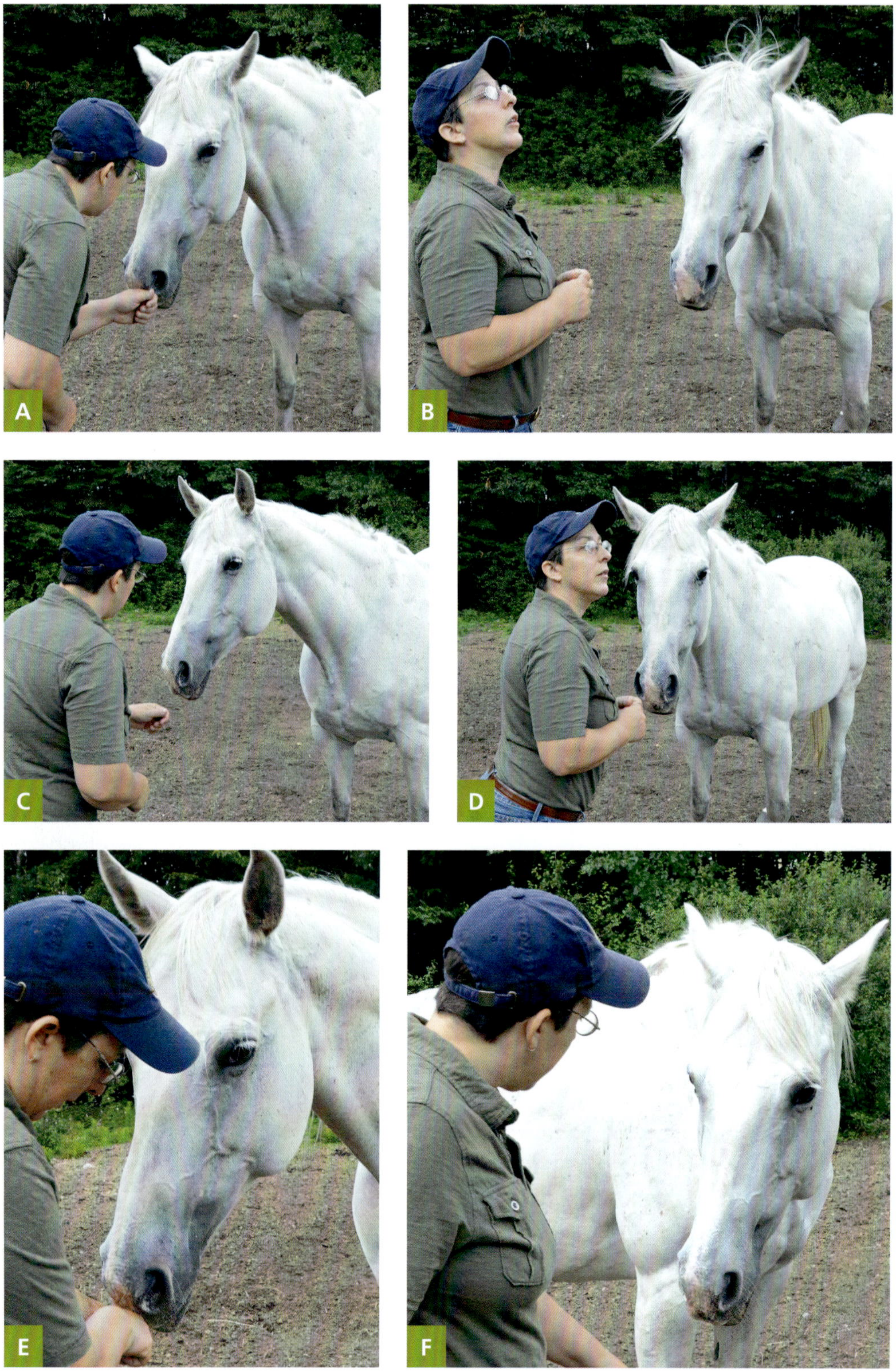

3.2 A–F Erster Kontakt mit den Fingerknöcheln: Ein vorsichtiges „Hallo", achtsam im Umgang mit unseren Blasen des persönlichen Raums (A). Nachahmen: Ich biete an, zu führen. Vati dreht ein Ohr in diese Richtung (B). Zweiter Kontakt mit den Fingerknöcheln: Fühlt sich schon besser an, weil wir uns besser kennen (C). Vati bietet an, an meiner Hand zu schnuppern, und fängt an, ihr Ohr zur Seite zu stellen. Zweites Nachahmen: Vati schnuppert weiter an meiner Hand, während ich wieder zur Seite schaue. Sie signalisiert mir damit, dass sie mir schon mehr vertraut (D). Dritter Kontakt mit den Fingerknöcheln: Wir atmen sanft miteinander … (E) … und fragen dann: „Was machen wir nun" (F)?

Gespräch: Das Begrüßungsritual

❶ Kontakt der Fingerknöchel mit dem Begrüßungsbutton des Pferdes, um „Hallo" zu sagen, gefolgt von einer deutlichen Seitwärtsdrehung. Ahmt das Pferd die Bewegung nach und bietet damit an, Ihnen zu folgen (Bilder 3.2 A & B)? Der *Knöchelkontakt* erfolgt mit leicht geballter Faust, Knöchel nach oben.

❷ Zweiter Kontakt mit den Fingerknöcheln: „Ich lerne dich kennen", und eine weitere Drehung zur Seite, die die Bereitschaft des Pferdes, Ihnen zu folgen, festigt (Bilder 3.2, C und D).

❸ Dritter Kontakt mit den Fingerknöcheln: „Was machen wir nun?", mit sanftem Atmen. Wir könnten zusammen *Irgendwohin Gehen*, *Fellpflege* starten oder uns friedlich trennen (Bilder 3.2 E & F). Mit dem dritten Kontakt beginnt die nächste Ebene der Unterhaltung. Hier können die unterschiedlichen Vorlieben von Pferd und Mensch zu Missverständnissen führen (Bild 3.3 A & B). Pferde schätzen Raum mehr als Berührung, bei Menschen ist es umgekehrt.

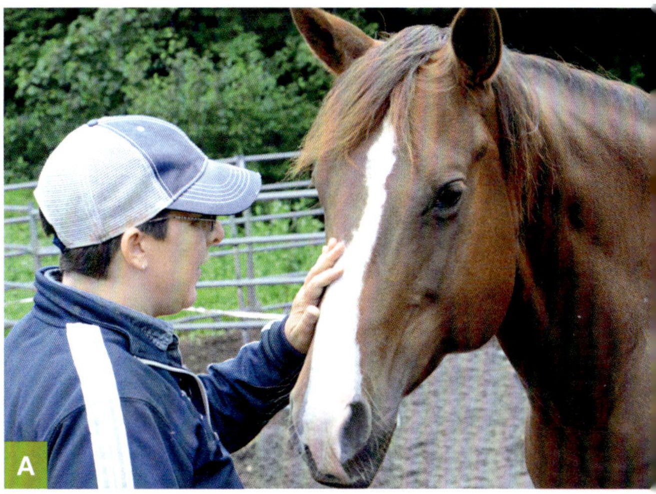

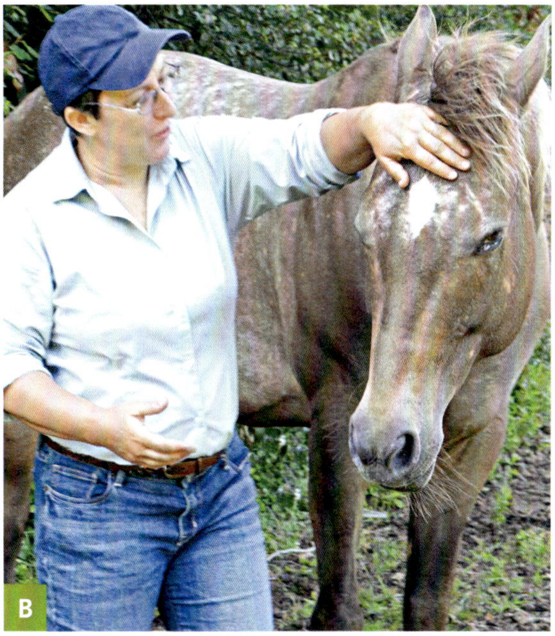

3.3 A & B Manche Pferde genießen eine freundliche Berührung von sich aus (A).
Andere sind zurückhaltend, wenn es um Berührungen geht. Pferde schätzen Raum mehr als Berührung (B).

ZUSAMMEN SCHAUKELN

Pferde drücken ihre Verbindung durch gegenseitige Fellpflege aus und kratzen sich dabei rhythmisch Widerrist und Rücken (Näheres dazu später, S. 95). Zunächst einmal sollten Sie wissen, dass sie uns zur Fellpflege einladen, indem sie den dritten *Knöchelkontakt* recht bedächtig gestalten. Geschieht dies, kratzen Sie das Pferd am Widerrist. Ich empfehle Ihnen, die andere Hand (Knöchel nach oben) unter das Maul des Pferdes zu legen, so dass es ein Ziel hat, wenn es zurückrubbeln möchte.

Beobachten Sie zwei Pferde, die sich gegenseitig den Widerrist beknabbern, werden Sie feststellen, dass sie gemeinsam ein wenig schaukeln. Das ist eine rührende Unterhaltung, die Sie nachahmen können. Ich nenne sie *Das Baby Schaukeln*. Nutzen Sie die Region rund um den Übergang des Widerrists zum Rücken des Pferdes, den Fellpflege-Button (siehe S. 43). Fühlt sich Ihre Beziehung sicher an, können Sie *Das Baby Schaukeln,* während das Pferd frei in der Box oder auf der Weide läuft. Wie man mit Halfter und Führseil schaukelt, erfahren Sie auf S. 83.

Gespräch: Das Baby Schaukeln

❶ Gehen Sie zu Ihrem inneren Neutral Null (S. 12), stellen Sie sich in Höhe der Gurtregion und schauen Sie in die gleiche Richtung wie Ihr Pferd.

❷ Legen Sie die Hand, die Ihrem Pferd am nächsten ist, auf seinen Widerrist.

❸ Verlagern Sie nun Ihr Gewicht langsam von einem Fuß auf den anderen und beginnen Sie, diesen Rhythmus mit Ihrer Atmung zu verbinden.

❹ Fühlen Sie in Ihrer Hand, was im Körper Ihres Pferdes passiert. Sie werden spüren, wie auch das Pferd sein Gewicht von einem Vorderbein aufs andere verlagert. Unterstützen Sie dieses innere Schaukeln sanft. Vergrößern Sie Ihre eigene Bewegung leicht, vielleicht schwingen Ihre Hüften ein wenig mehr seitwärts durch Ihre Gewichtsverlagerung. Die Idee ist nicht, das Pferd nachdrücklich zu bewegen. Laden Sie es ein, *mitzuschaukeln*, wenn es möchte.

Das Baby Schaukeln verbindet Ihren Gleichgewichtssinn mit dem Ihres Pferdes. Wann immer Sie das Gleichgewicht mit Ihrem Pferd fördern, schaffen Sie gegenseitige Balance. Schaffen Sie körperliches Wohlbefinden (über die Balance), schaffen Sie auch emotionales Wohlbefinden.

Ich muss anmerken, dass viele Pferde im Anschluss an das Begrüßungsritual nicht die gemeinsame Fellpflege wählen, sondern das *Irgendwohin Gehen*. Daher werden wir dieses Ritual als Erstes besprechen. Menschen lieben es, Tiere zu berühren. Können wir unser Bedürfnis nach Geborgenheit hintenanstellen und stattdessen dem Wunsch des Pferdes folgen, werden wir sein Vertrauen zu uns vertiefen. Selbst ein Pferd, das *Berührung anzubieten scheint,* weil es daran gewöhnt ist, oder das wie ein riesiger Welpe seinen Kopf an Ihnen scheuern möchte, wird von Ihrer Zurückhaltung profitieren, wenn Sie zuerst dem Ritual *Gehen* folgen.

Der Grund dafür ist einfach: Festzulegen, wer wen führt und wer wem folgt, ist wesentlicher für das gegenseitige Vertrauen und das Sicherheitsgefühl und wird die Zuneigung Ihres Pferdes eher vertiefen als eine Berührung. Ihr Pferd wird Ihre Klarheit mögen.

SCHRITT 4

Das zweite Ritual – Irgendwohin Gehen

Glücklicherweise kann *Irgendwohin Gehen* als Teil der vier G und als Ritual in Pferdisch leicht und mit großartiger Wirkung umgesetzt werden – sogar über einen Zaun oder eine Stalltür hinweg.

Schlüssel zur Verständigung

IRGENDWOHIN GEHEN – TEIL EINS

GEH-WEG-GESICHTS-BUTTON UND SPIEL-BUTTON

Auf der hinteren Pferdeganasche gibt es einen Button, den *Geh-weg-Gesichts-Button* (siehe S. 41). Pferde benutzen ihn entweder, indem sie darauf deuten, oder indem sie ihn direkt anstupsen. Das ist einer der ersten Buttons, über den ein neugeborenes Fohlen von seiner Mutter aufgeklärt wird. Wie schon in Schritt eins erklärt, bedeutet er in Pferdisch nichts anderes als „Nimm dein Gesicht bitte aus meiner Blase des persönlichen Raums".

Da Pferde einen langen Hals haben, muss das Pferd nicht sofort ganz weggehen. Wenn es den Kopf zur Seite wendet, kann es schon genug Raum geben, damit sich ein anderes Pferd respektiert fühlt.
Diesen „Blasentanz" kann man an der Wassertonne, an einem Heuhaufen oder in fremdbestimmten Situationen beobachten, wie zum Beispiel bei der Siegerehrung auf einem Turnier oder wenn Pferde nebeneinander angebunden werden. Dann ist es Pferden oft nicht möglich, ganz wegzugehen, aber sie können das Gesichtsfeld frei geben und so für Frieden sorgen.

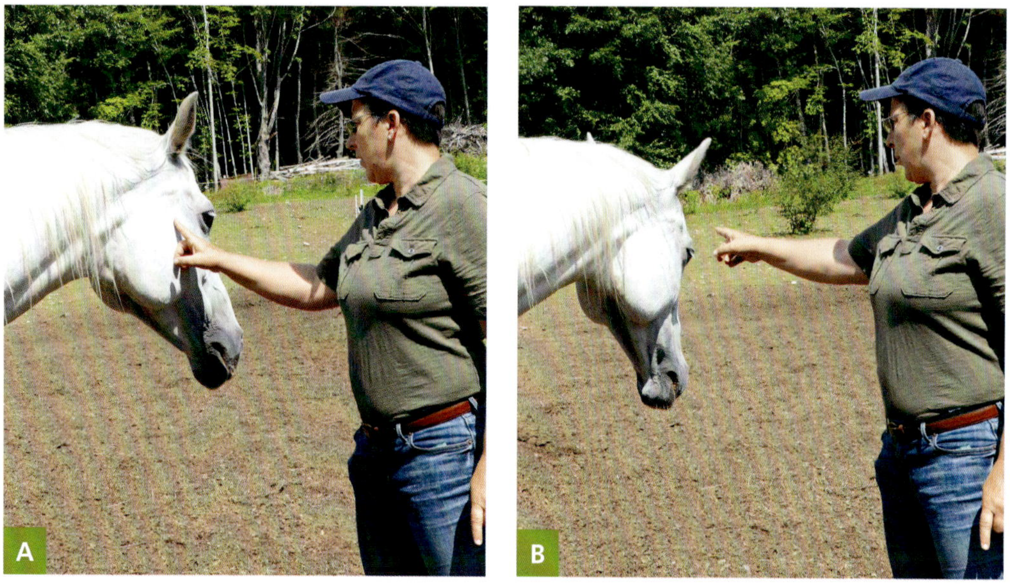

4.1 A & B Meist ist es nicht nötig, den Geh-weg-Gesichts-Button (A) wirklich zu berühren. Es genügt, wenn man in seine Richtung deutet (B).

Für uns ist dieser Button wichtig, weil er Respekt für unseren persönlichen Raum vermittelt, ohne dass sich das Pferd wegbewegen muss. Pferde benutzen den Geh-weg-Button im Zusammenhang mit einer friedfertigen Bitte um mehr Raum. Bezieht man ihn in Pferdisch ein, stärkt das das natürliche Gespür des Pferdes für friedliche Unterhaltungen.

Der erste Schritt, um ein Pferd aufzufordern zu gehen, besteht also darin, den Geh-weg-Gesichts-Button zu benutzen und zu fragen, ob das Pferd sein Gesicht zur Seite drehen und Ihnen mehr persönlichen Raum geben kann (vgl. 4.1 A & B).

Interessanterweise werden distanzlose Pferde oft von ihren Menschen an Maul oder Nase weggedrückt, mitunter mit erheblichem Körpereinsatz. In der Region zwischen Maul und Wangenknochen, gerade oberhalb von dort, wo der Gebissring liegt, befindet sich aber der Spiel-Button (S. 41)! Pferde schubsen und zwicken sich an diesem Button, um zu zeigen, dass sie Lust auf ein Spiel haben. Berührt man sie dort, ist die natürliche Antwort, dass sie in Ihren persönlichen Raum eindringen.

Dieses zwischenartliche Missverständnis verursacht viel Frustration und kann sogar zu kopfscheuen Pferden führen. Wenn wir den Spiel-Button berühren, um das Gesicht des Pferdes auf Distanz zu bringen, und das Pferd tut, was wir ihm gesagt haben – nämlich näher zu kommen und zu spielen! – sind wir genervt.

Führen Sie Ihre Hand höher. Drücken Sie mit ausgestrecktem Zeigefinger auf den Geh-weg-Gesichts-Button, der auf der oberen Pferdeganasche direkt unterhalb des Auges liegt. Das Pferd wird sofort verstehen, was das bedeutet: Es wird sein Gesicht wegdrehen und bleibt außerhalb Ihrer Blase.

Ist Ihr Pferd etwas distanzlos, müssen Sie diese Geste vielleicht einige Male wiederholen, bevor es versteht, dass Sie möchten, dass es dauerhaft außerhalb Ihres Raumes bleibt. Drücken Sie dagegen seitlich auf Maul oder Nase, macht es ein Spielgesicht und schwenkt sofort wieder zurück in Ihre Blase.

Manche Pferde reagieren mit Abwehr und legen die Ohren an, wenn Sie sie bitten, sich wegzudrehen. Halten Sie in diesem Fall einen Sicherheitsabstand und benutzen Sie eine Gerte oder schwingen Sie ein leichtes Seil oder ein Heuband in Richtung des Geh-weg-Gesichts-Buttons.

Sobald Ihr Pferd seinen Kopf einen Hauch zur Seite dreht, gehen Sie auf Neutral Null und lassen das Pferd allein. Die Abwehr eines Pferdes hat Gründe. Sie möchten sicher keinen Schubswettbewerb mit einem Pferd in Abwehrhaltung. Es ist auch nicht nötig zu gewinnen, der Boss sein zu müssen oder auf andere Art in eine aggressive Stimmung zu geraten. Das Pferd ist ja schon verteidigungsbereit und es nützt wenig, seine Abwehr noch zu verstärken. Erinnern Sie sich daran, dass Sie den ersten Schubser einer Pferdemutter nachahmen und dass der Geh-weg-Gesichts-Button in der Pferdesprache viel Gewicht hat.

Ich hatte selbst mit Pferden Erfolg, die in ihrer Abwehr sehr explosiv waren, wenn ich in Neutral Null blieb und meine Bitte nach dem kurzen „Hallo" mit *Knöchelkontakt* regelmäßig wiederholte. Solange man sich für das leiseste Entgegenkommen des Pferdes bedankt und es in Ruhe seines Weges gehen lässt, wirkt der Button Wunder. Das kommt daher, dass Sie das Pferd nicht bitten, andere Körperteile aus Ihrem Raum zu bewegen und dass Sie danach sofort auf Neutral Null gehen, genau wie ein Pferd. Sie benutzen einen sehr privaten Button der Pferdesprache. Pferde benutzen ihn meist in sanften, friedfertigen Unterhaltungen. Dieser Button baut auf unanstrengende Weise sowohl Vertrauen als auch Respekt auf und er überzeugt das Pferd, dass Sie wirklich Pferdisch mit ihm sprechen möchten.

4.2 Rocky kräuselt seine Lippe, als ich den Spiel-Button berühre. Er ist in Spiellaune. Viele Menschen wählen diesen Punkt, um ihrem Pferd zu sagen, dass es auf Distanz gehen soll. Für das Pferd ist das eine verwirrende Botschaft.

DEN HORIZONT ABSUCHEN UND DER WÄCHTER

Bevor Sie das Ritual des *Irgendwohin Gehens* beginnen, müssen Sie das *Spiegelspiel* aus dem Begrüßungsritual (S. 53) noch weiterentwickeln. Pferde benutzen eine Geste, die ich *Den Horizont Absuchen* nenne. Das Leitpferd schaut ab und zu in die Ferne und entscheidet, ob Gefahr droht (Bild 4.3). In regelmäßigen Abständen oder wenn es beunruhigt ist, hebt es den Kopf, hört auf zu kauen, stellt die Ohren auf und schnuppert intensiv. Möchte ein Pferd ein anderes auffordern, ihm zu folgen, oder will es ihm versichern, dass alles in Ordnung ist, wird es den Horizont ohne besonderen Grund absuchen. Es will dem „schwächeren" Herdenmitglied damit klarmachen, dass es aufpasst und dass man ihm zuhören sollte. Danach senkt es den Kopf ins Gras, häufig mit einem Schnauben, zu dem ich gleich komme.

Die fortgeschrittene Stufe des Horizont Absuchens beinhaltet das *Wächterschnauben (*S. 31). Normalerweise spielt ein Pferd innerhalb der Herde den Wächter. Dieses eine Tier entscheidet, ob geflüchtet wird oder nicht. Der Wächter sieht beim Absuchen der Umgebung oft dramatisch aus. Er schnaubt laut durch die Nüstern in die Richtung einer Störung. Das *Wächterschnauben* hat mehrere Gründe. Erstens macht es die Nase frei, Gerüche können besser aufgenommen werden. Zweitens schreckt das Geräusch die anderen Pferde auf und bewirkt, dass sie aufschauen und aufpassen, ob der Wächter eine Gefahr meldet. Wir haben das *Wächterschnauben*, das ich auch *Den Tiger wegschnauben* nenne, bereits besprochen: Ein lautes Schnaubgeräusch in die Richtung, in der Ihr Pferd ein Gespenst vermutet (und Sie werden nie wissen, was Ihr Pferd gesehen hat – nehmen Sie einfach an, es sind pferdefressende Eichhörnchen unterwegs) lässt Ihr Pferd glauben, dass Sie aufmerksam auf die Umgebung und seine Sicherheit achten. Ich hatte schon frei lebende Pferde, die sich hinter mir versteckt haben, nachdem ich ihren Tiger weggeschnaubt hatte. Ist nach dem *Wächterschnauben* wieder alles in Ordnung, entspannt der Wächter sich deutlich, senkt den Kopf, leckt und kaut (S. 46). Dies zeigt der Herde, dass die Gefahr vorüber ist.

4.3 Rocky sucht den Horizont ab, um Vati zu zeigen, dass er auf sie aufpasst.

Den Horizont Absuchen und das *Wächterschnauben* sind Elemente, die Sie kennen sollten, bevor Sie mit dem Ritual des *Gehens* beginnen. Sicherheit ist für Pferde extrem wichtig. Sie ist DAS Thema in Pferdeunterhaltungen und das Leitpferd verbringt einen Großteil seines Tages damit, die Herdenmitglieder von seiner Fähigkeit zu überzeugen, den Frieden zu erhalten.

Gespräch: Den Horizont Absuchen und Wache halten

❶ Sprechen Sie Ihr Pferd an und sagen Sie ihm mit *Knöchelkontakt* am Begrüßungs-Button „Hallo".

❷ Suchen Sie deutlich sichtbar den Horizont ab und setzen Sie dabei das *Wächterschnauben* (4.4 A) ein. Kennt Ihr Pferd es bereits, nachgeahmt zu werden, schaut es vielleicht in dieselbe Richtung wie Sie. Schon ein Ohrzucken in diese Richtung bedeutet eine Spiegelung!

❸ Beim *Wächterschnauben* stellt Ihr Pferd die Ohren vielleicht steil auf und starrt zu Ihrem „Tiger" hin (4.4 B).

❹ Schauen Sie sich übertrieben zu Ihrem Pferd um, kauen Sie deutlich und sagen Sie vielleicht sogar laut: „Alles in Ordnung." Beobachten Sie die Reaktion Ihres Pferdes in Ruhe. Es könnte sein, dass es sich deutlich entspannt, die Lippen hängen lässt, die Ohren zur Seite kippt, den Kopf senkt oder gähnt (siehe S. 30).

A

Sie sollten nicht allzu überrascht sein, wenn Ihr Pferd nun überall nach Tigern Ausschau hält. Es mag die Vorstellung, dass Sie ab jetzt den Horizont Absuchen und auf seine Sicherheit achten. Sie haben es gerade überzeugt, dass Sie seine Führung übernehmen. Das bedeutet aus Pferdesicht, dass Sie es vor allen Übeln dieser Welt beschützen! Falls Sie ein Pferd haben, das für alles und jeden sorgt, bieten Sie ihm also eine willkommene Pause in seinem anstrengenden Job als Babysitter an. Haben Sie dagegen ein sehr schüchternes Pferd, wird es sich entspannen, wenn Sie ihm auf Pferdisch erzählen, dass Sie ihm ab jetzt den Rücken frei halten.

B

C

4.4 A–C Ich suche den Horizont ab, um Vati zu zeigen, dass ich auf sie aufpasse, und sie dreht ein Ohr in die Richtung, in die ich schaue (A).
Ich gebe neben Jag (B) eine Zweibeinerversion des Wächterschnaubens zum Besten. Dann: „Alles okay", ich senke den Kopf und lecke und kaue (C).

IRGENDWOHIN GEHEN – TEIL ZWEI

DIE VORHAND

Respekt bedeutet in der Pferdewelt, Rücksicht auf die Blase des persönlichen Raums anderer zu nehmen. Pferde vertreiben andere Pferde aus ihrer Komfortzone, aber sie laden sie auch in ihre Zone ein. Sie verteidigen ihren Raum mit Abschiedsbotschaften und senden einladende Willkommensgrüße über ihre Mimik (S. 37).

Auch die Vorhand wird eingesetzt, um über den persönlichen Raum zu verhandeln. Es gibt Buttons an Hals, Schulter und Beinen, die ausdrucksstarke Abschiedsbotschaften und Willkommensgrüße übermitteln. Da die Vorhand dicht an der Vorderseite der Blase des persönlichen Raumes liegt, können die Botschaften sehr überzeugend wirken.

ÜBERGÄNGE

Jede Schwelle, jede Grenze, an der etwas beginnt oder wechselt, ist für ein Pferd potentiell gefährlich. In natürlicher Umgebung sind Übergänge wie Waldränder, Bachläufe, Felsen oder Wegkreuzungen gute Verstecke für Raubtiere, die auf Beute lauern. Pferde machen keinen Unterschied zwischen natürlichen und von Menschen gemachten Übergängen wie Straßenränder, Türen oder Tore. Die Evolution hat das Pferd mit dem Reflex für einen Blitzstart ausgestattet, sollte sich der Schatten an der Ecke als Löwe entpuppen. Denken Sie daran, dass es in der Wildnis tatsächlich ein Löwe sein *könnte*! Dem Reflex ist es egal, ob Sie ihn vielleicht unpassend finden, er lässt sich nicht einfach so abschalten.

Irgendwohin Gehen bedeutet in der Welt Ihres Pferdes, in Harmonie zusammen zu wandern. Sie haben angeboten, nach Schatten und Übergängen Ausschau zu halten und Ihr Pferd ständig auf Pferdeart darüber zu informieren, dass alles in Ordnung ist. Erinnern Sie sich daran, ehe Sie das Ritual des Gehens beginnen.

DEN RAUM MIT DEN VORDERBEINEN FESTLEGEN

Pferde benutzen ihre Vorderbeine, um ihren Raum abzugrenzen. Ein Aufstampfen mit dem Bein macht einem anderen Pferd klar, dass es diesen Raum betreten hat und besser gehen sollte. *Stampfen* ist die deutlichste Forderung nach Raum und drückt außerdem Missfallen aus. Manche Pferde schlagen oder stampfen am Anbindeplatz oder wenn sie unterm Sattel still stehen sollen.

Haben Sie schon einmal gesehen, wie ein Pferd sein Maul oder die Nase an seinem Bein gerieben hat? In der Pferdeakupunktur geht man davon aus, dass die Hauptpunkte des Lungenmeridians am Bein entlanglaufen. Kratzt oder reibt man hier die Gelenke, werden Endorphine freigesetzt (Bild 4.5). Man kann manchmal bei Fohlen sehen, wie sie an den

Karpalgelenken ihrer Mütter oder an denen anderer Fohlen knabbern. Kratzt Ihr Pferd sich am Bein, juckt also nicht nur sein Gesicht, sondern es nimmt sich einen Moment Zeit, um sich selbst etwas Gutes zu tun. Machen Sie es doch ähnlich: Rubbeln Sie das Karpalgelenk Ihres Pferdes, um es nach dem Reiten zu entspannen.

Durch das Beknabbern der Kastanie am Vorderbein können Pferde einander dazu bringen, das Vorderbein anzuheben. Diese Aufforderung kann zwei ganz unterschiedliche Gründe haben. Sie kann bedeuten, dass ein Pferd das andere aus dem Gleichgewicht bringen möchte, wie in einem Spiel zwischen Kindern. Ich habe junge Wallache gesehen, die Haken schlugen und sich beinah voreinander verbeugten, wenn der eine den anderen aufforderte, das Vorderbein anzuheben.

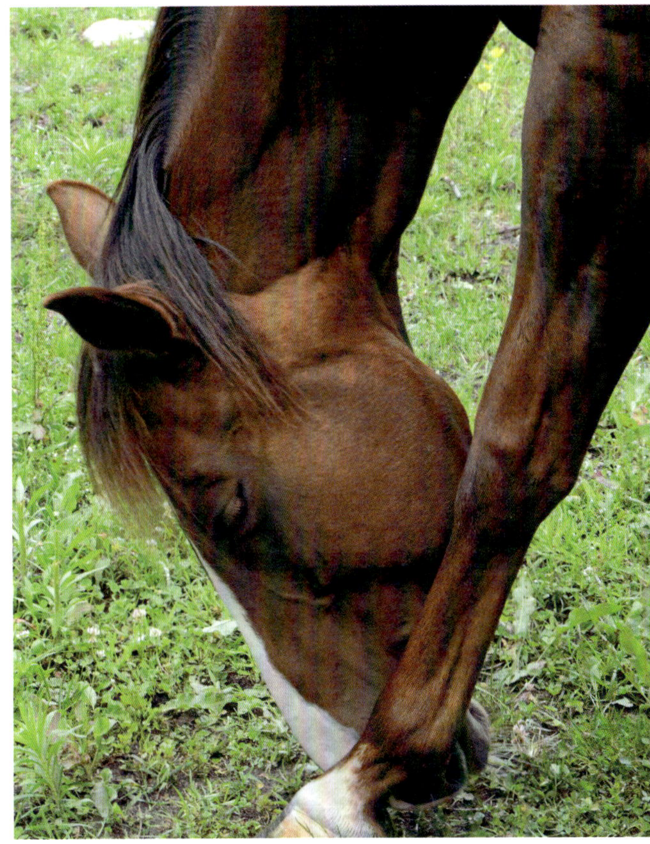

4.5 Jag rubbelt ihre Nüstern am Vorderbein. Dabei werden Endorphine ausgeschüttet.

Es kann aber auch sein, dass ein Hengst das Vorderbein einer Stute beknabbert, bevor er sie deckt. Hengste knabbern und lecken häufig die Vorderbeine der Stute ab. Sie möchten auf diese Weise herausfinden, ob die Stute während des Deckakts still steht und nicht womöglich nach ihnen ausschlägt.

Eine exakt gleiche Geste kann also zwei völlig unterschiedliche Ziele haben: Einmal soll das andere Pferd veranlasst werden, seinen Fuß anzuheben, wodurch es aus der Balance gerät. Ein anderes Mal soll ein Pferd ganz im Gegenteil darin bestärkt werden, seinen Fuß *nicht* anzuheben und stattdessen ausbalanciert alle Hufe am Boden behalten.

Heben Sie den Huf des Pferdes an, kann es daher zwei unterschiedliche Schlüsse daraus ziehen. Ein Pferd, das die Vorderbeine nicht gerne gibt, denkt vielleicht, dass Sie es aus der Balance bringen möchten. Ein Pferd, das Ihnen die Hufe gibt, glaubt womöglich, dass es das „Spiel" jetzt verloren hat. Vielleicht möchte es das Spiel aber lieber gewinnen, gibt seine Hufe nicht mehr und schlägt dafür aus. „Paddelt" das Pferd beim Hufe-Auskratzen, betrifft diese Botschaft die Rangordnung. Es betrachtet sich als höherstehend und sieht nicht ein, das Spiel gegen Sie zu verlieren und in der Herdenhierarchie abzusteigen.

Paradoxe Psychologie funktioniert gut mit diesen Pferden. Nehmen Sie sich Zeit, mit ihnen eine Unterhaltung zu führen, wie ein Hengst sie mit einer Stute führt, um die Lage zu klären. Das tut ihnen gut.

Gespräch: Bitte hebe den Huf nicht an/Hebe den Huf an

❶ Legen Sie die Hände links und rechts an ein Vorderbein Ihres Pferdes, als würden Sie ein Sandwich halten.

❷ Streichen Sie am Bein entlang nach unten, ohne das Pferd aufzufordern, den Huf anzuheben. Beginnen Sie mit langen Strichen von der Schulter an, damit Ihr Pferd versteht, dass Sie *nicht* möchten, dass es den Huf anhebt. Kratzen Sie den Huf nicht aus, wenn es ihn anhebt, sondern bleiben Sie bei Ihrem ursprünglichen Wunsch.

❸ Vielleicht bitten Sie das Pferd hin und wieder, doch den Huf anzuheben, indem Sie die Kastanie berühren. Kreisen Sie den Huf dann leicht in einer Auf-und-ab-Bewegung. Massieren Sie Hufbeuge und Fessel. Rubbeln Sie die Trachten. Stellen Sie den Huf wieder ab und wiederholen Sie Punkt 2. Innerhalb kürzester Zeit wird dies ihr Miteinander verändern. Sie sprechen mit Ihrem Pferd nicht mehr über Rangordnung, sondern über Zusammenarbeit.

Der nächste Schritt des *Gehens* schließt die Vorderbeine Ihres Pferdes mit ein. Dieser Schritt ist aber nicht zwingend. Wenn Sie ein gutes Gespräch mit Ihrem Pferd darüber haben, dass es seinen Kopf wegdrehen soll, und es senkt seinen Kopf, gähnt, entspannt sich oder hält im Wegschauen den Kopf sehr, sehr still, dann hat es begriffen, dass Sie Pferdisch mit ihm sprechen. Es verändert gerade sein Bild von Ihnen und wird innerlich weich.

DER MITTELHALS-BUTTON

Zusammen mit dem Geh-weg-Gesichts-Button benutzen Sie nun auch den Mittelhals-Button, der auf dem unteren, bemuskelten Teil des Halses liegt. Mag Ihr Pferd das nicht, versuchen Sie es stattdessen mit dem Schulter-Button (S. 42). Beide Buttons bedeuten für das Pferd: „Mach Platz und bewege deine Vorderhufe."

4.6 A–C Rocky deutet auf den Mittelhals-Button, um Vatis Vorhand wegzubewegen (A). Nun gehen sie (B). Jag schickt Vati weg, indem er auf den Mittelhals-Button deutet (C).

Gespräch: Beweg deine Vorderbeine mal zur Seite

A

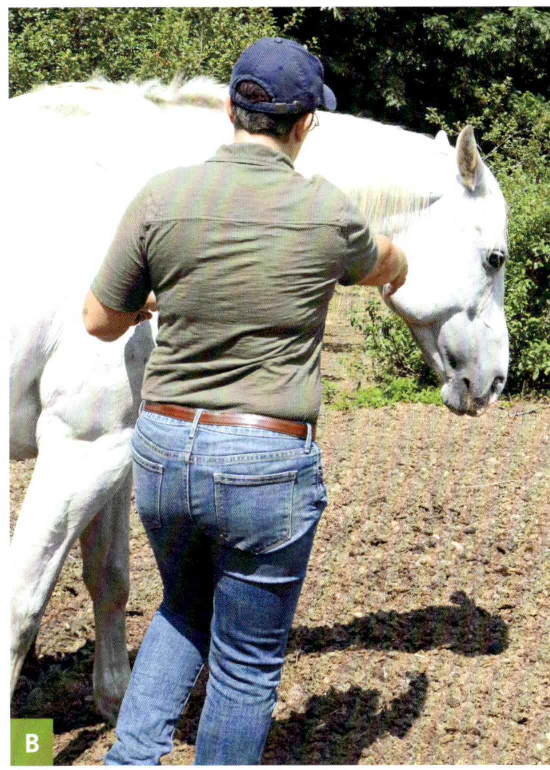

B

4.7 A & B Ich deute auf den Geh-weg-Gesichts- und auf den Mittelhals-Button (A). Manche Pferde reagieren besser, wenn man auf den Geh-weg-Gesichts- und den Schulter-Button deutet, wie ich es hier bei Vati mache (B).

❶ Manche Pferde bewegen ihre Vorderbeine zur Seite, wenn Sie mit dem Zeigefinger auf den Hals deuten, andere reagieren mehr auf den Schulterpunkt. Egal, was besser funktioniert, denken Sie daran, den Geh-weg-Gesichts-Button an der Wange mit einzubeziehen (Bild 4.7 A & B). Stellen Sie sich auf Höhe des Pferdehalses mit dem Gesicht zum Pferd und bitten Sie es, die Vorhand wegzubewegen.

Sie sollten in der Lage sein, Neutral Null zu bleiben. Seien Sie neugierig, wie Ihr Pferd darüber denkt, höflich die Vorhand von Ihnen wegzubewegen *und* dabei sein Gesicht wegzudrehen. Pferde pflegen untereinander diesen etwas demonstrativeren Respekt vor ihrem Raum einzufordern und zetteln sogar Streit über den Platz am Heu an. Es ist also verständlich, dass ein Pferd befürchtet, dass Sie mit ihm zanken wollen, und dass es etwas widerwillig reagiert. Darum bitten Sie es auch nur um einen winzigen Schritt zur Seite. Dann gehen Sie auf Neutral Null und prusten ein *Wächterschnauben* oder atmen tief, um ihm zu zeigen, dass Sie nur ein weiteres Gespräch über Blasen führen und keinen Streit wollen.

Wenn Sie das Pferd bitten können, dem Geh-weg-Gesichts-Button zu weichen und auch die Vorderbeine zur Seite zu bewegen, und es beginnt zu merken, dass Sie nur mit ihm sprechen und es zu nichts zwingen oder ihm etwas beibringen möchten (das es bereits weiß), sollte es sein Gesicht entspannen können, den Kopf senken und tiefer atmen. So drückt es aus, dass es Sie versteht.

Machen Sie keine Übung daraus, aber wiederholen Sie das Gespräch in Abständen, bis Sie das Gefühl haben, dass Sie dabei Neutral Null, neugierig und achtsam sind und dass Ihr Pferd interessiert und respektvoll reagiert. Sie sagen ihm im Prinzip das Gleiche wie seine Mutter in der Abfohlbox. „Du und ich müssen uns in diesem kleinen Raum bewegen. Ich versuche es so zu arrangieren, dass wir beide in guten Blasen bleiben, damit auch keiner verletzt wird. Vertraue meiner Führung und alles wird gut."

WILLKOMMEN UND „O“-HALTUNG

Als Nächstes können Sie versuchen, rückwärtszugehen, und Ihr Pferd einladen, sich in Ihre Richtung zu bewegen. Sie beeinflussen wieder nur Gesicht, Hals und Vorhand Ihres Pferdes, aber nun mit einem *Willkommen* (S. 37). Dabei runden Sie Ihre Schultern nach vorn, bringen die Hände vor Ihrem Bauch zusammen und halten sie in einer Willkommensgeste (4.8 A–C). Ihr gesamter Körper formt ein „O“.

Das „O“ wirkt einladend. Wir nehmen diese Körperhaltung häufig unbewusst ein, zum Beispiel, wenn wir einen Hund rufen und dabei auf die Oberschenkel klopfen oder wenn wir ein kleines Kind auf den Schoß nehmen möchten. Die Willkommens-„O“-Haltung vermittelt dem Begrüßungs-Button am Pferdemaul, dass es zu uns zu kommen kann.

Noch einmal: Sie beeinflussen nur die *Vorhand* des Pferdes. Es ist wichtig, das im Hinterkopf zu behalten, da die Vorhand häufig bei Konflikten innerhalb der Herde eingesetzt wird. Pferde schwenken die Vorhand in Auseinandersetzungen zur Seite, was für schwächere Herdenmitglieder oft bedeutet, dass sie Kurzkehrt machen müssen, um so schnell wie möglich das Feld zu räumen. In einem Konflikt sind der Hals- und der Schulter-Button das häufigste Ziel. Findet der Streit zwischen zwei angriffslustigen Hengsten statt, werden weitere Buttons einbezogen. Es ist natürlich, dass ein Pferd befürchtet, wir könnten aggressiv sein, wenn wir diese Buttons benutzen.

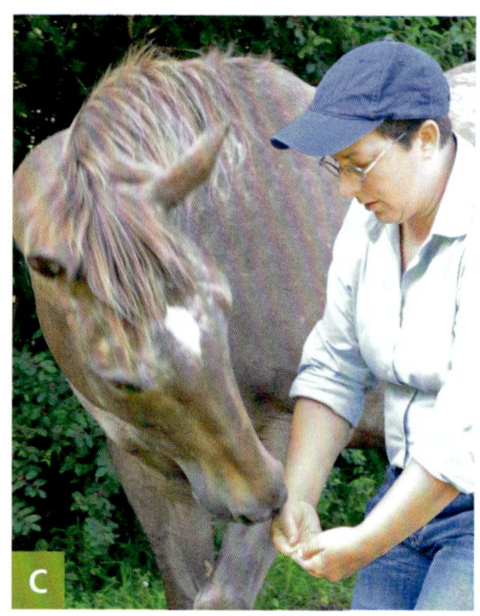

4.8 A–C Ich stehe in der „O“-Haltung, während wir den Raum in Neutral Null teilen (A). Meine „O“-Haltung heißt Mama willkommen (B). Die „O“-Haltung lädt Dakota ein.

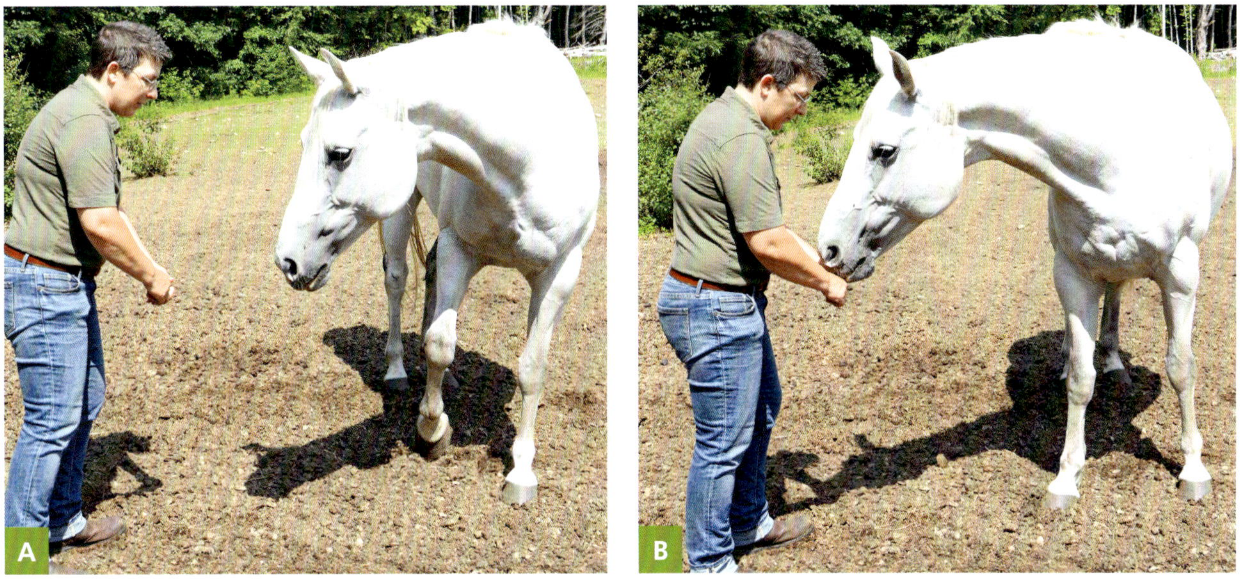

4.9 A & B Ich lade Vati ein, zurückzukommen (A). Sie sagt an meinen Fingerknöcheln kurz „Hallo" und leckt mir liebevoll die Hand (B).

Deswegen ist es so wichtig, dass wir ruhig zu ihm „sprechen". Versuchen wir dem Pferd zu vermitteln, dass wir die Buttons weise benutzen, wenn es uns das erlaubt, und bieten an, sein Wächter zu sein, uns zu kümmern. Auf diese Weise gewinnen wir seine Achtung – eine Achtung, die aus seinem tiefsten Inneren kommt. Diese Achtung hat rein gar nichts mit dem mechanischen, äußerlichen Verhalten zu tun, das ein Pferd im traditionellen Pferdetraining lernt und das den Eindruck von Respekt nur vortäuscht.

Gespräch: Begrüßung, Abschied und Willkommen zurück mit der O-Haltung

❶ Setzen Sie den *Knöchelkontakt* am Begrüßungs-Button ein, um kurz „Hallo" zu sagen.
❷ Benutzen Sie den Geh-weg-Gesichts-Button zusammen mit dem Mittelhals- oder Schulter-Button, um die Vorderbeine Ihres Pferdes wegzubewegen.
❸ Heißen Sie Ihr Pferd mit der „O"-Haltung willkommen. Denken Sie daran, dass das Willkommen die Vorhand einlädt, sich zu uns zurückzubewegen. Daher ist es eine gute Idee, einen kleinen *Knöchelkontakt* zur Begrüßung anzuschließen, wenn das Pferd reagiert hat (Bilder 4.9 A & B).

RÜCKWÄRTSGANG UND „X"-HALTUNG

Möchten Sie, dass Ihr Pferd Platz macht, indem es rückwärtsgeht, anstatt nur den Kopf oder die Vorhand zur Seite zu bewegen, können Sie den Button am Buggelenk nutzen. Ich nenne ihn den *Rückwärts-Button* (S. 43). Er liegt unten an der Außenseite der Schulter, genau da, wo das Vorderbein und der Schultermuskel aufeinandertreffen.

Sie finden ihn auf einer nach innen zeigenden, dreieckigen Vertiefung. Manche Pferde zucken zusammen, wenn man diesen Punkt berührt. Kämpfende Hengste versuchen, den Button mit dem Vorderhuf zu treffen.

INNERE ENERGIE

Finden Sie nun heraus, wie sensibel Ihr Pferd auf Ihre innere Energie reagiert. Ihre Körpermitte ist Ihr Balancepunkt, sie liegt hinter Ihrem Bauchnabel. Dieser Ort wird in den Kampfkünsten auch „Hara“ genannt und man nimmt an, dass von hier aus Energie ausstrahlt. Vorausgesetzt, dass Pferde eine ähnliche innere Energie besitzen, müsste sie durch das Zentrum des Pferdekörpers strömen und durch die Brust ausgestrahlt werden (4.10). Egal, ob Sie daran glauben oder nicht, dass es diesen Energiestrahl aus Ihrer Körpermitte gibt: Die Reaktion auf diese Energie können Sie täglich an Ihrem Pferd beobachten.

Wir haben die „O“-Haltung als Willkommensgeste bereits besprochen. Nun widmen wir uns ihrem Gegenstück, dem „X“. Wenn Sie einem Pferd direkt gegenüberstehen – Augen, Schultern, Hände, Bauchnabel und Füße –, ist das der Beginn der „X“-Haltung.

„X" und „O"
IN DER PRAXIS

Ich hatte eine Schülerin, die von der Idee ihrer „X"- und „O"-Haltung und der deutlichen Wirkung auf ihre Stute besonders fasziniert war. Ihr Pferd stand neben ihr, als meine Schülerin mir sehr plastisch von ihrer Erfahrung berichtete. Während sie erzählte, wurde ihre Körperhaltung immer mehr zu einem „X". Nach ein paar Minuten ließ ihre Stute den Kopf tiefer und tiefer sinken, ihre Ohren klappten zur Seite und sie starrte nach oben in das Gesicht ihrer Besitzerin. Die Stute hatte gerade zum dritten Mal tief durch die Nüstern ausgeatmet, als ich es nicht mehr länger aushielt. „Deine Stute fleht dich an, dich zu beruhigen", erklärte ich meiner Schülerin. Diese brach ihren Bericht mitten im Satz ab, lachte herzlich und nahm schnell eine übertriebene „O"-Haltung ein. Sofort hob die Stute den Kopf und begrüßte ihre Besitzerin mit *Knöchelkontakt*. Sie beknabberte die Hand der Frau liebevoll, als ob sie sagen wollte: „So ist es fein, meine Liebe, bleib ruhig, gutes Mädchen!"

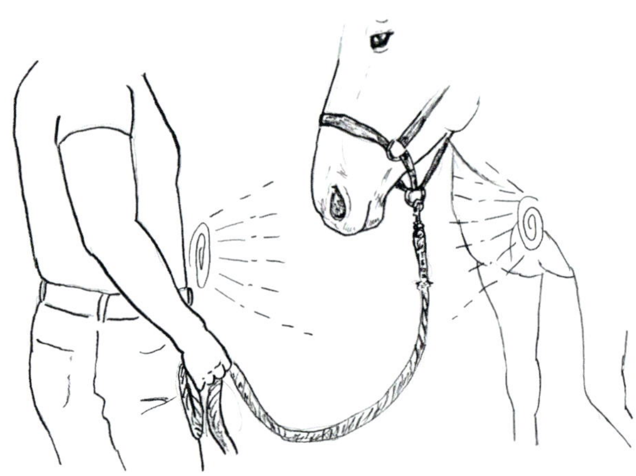

4.10 Ihre innere Energie strömt aus Ihrer Körpermitte, die direkt hinter dem Bauchnabel liegt. Ihr Pferd strahlt durch seine Brust aus seiner Körpermitte heraus.

Heben Sie die Hände an oder stellen Sie die Füße schulterbreit, und Sie formen ein großes „X", dessen Zentrum Ihr Bauchnabel und Ihre innere Energie ist (4.11). Das „X" bedeutet: „Geh weg." Pferde stellen ein „X" dar durch angelegte Ohren, einen gewölbten Hals, gespreizte Vorder- und/oder Hinterbeine und indem sie sich groß machen. Das „X" ist keine einladende Geste und heißt Sie nicht willkommen. Wenn Sie selbst ein „X" mit Ihrem Körper formen, *spiegeln* Sie diese Geste.

Gespräch: Rückwärtsgehen

Ich beginne dieses Gespräch gern in der Box des Pferdes und versuche es erst später draußen.

❶ Meist genügt es, Ihre innere Energie auf den Rückwärts-Button zu richten (zielen Sie mit Ihrem Bauchnabel darauf) und das Pferd geht rückwärts. Sie werden sehen, dass kein Kraftaufwand nötig ist, damit ein Pferd zurücktritt. Wenn ein Pferd sich sehr in sich zurückgezogen hat, kann es sein, dass Sie die Hand ausstrecken und den Button etwas kitzeln oder kratzen müssen (Bild 4.12 A & B).

4.11 Ich forme mit den Händen ein großes „X" und richte meine innere Energie auf Vati. Das sagt ihr, dass sie weggehen soll.

4.12 A–C Man kann gut erkennen, wo Vatis Beine in die Schulter übergehen (A). Ich richte meine innere Energie auf diesen Bereich. Zur Verstärkung deute ich mit dem Zeigefinger auf den Rückwärts-Button (B). Dann belohne ich Vati mit einer Pause im Neutral Null mit meinem „O" (C).

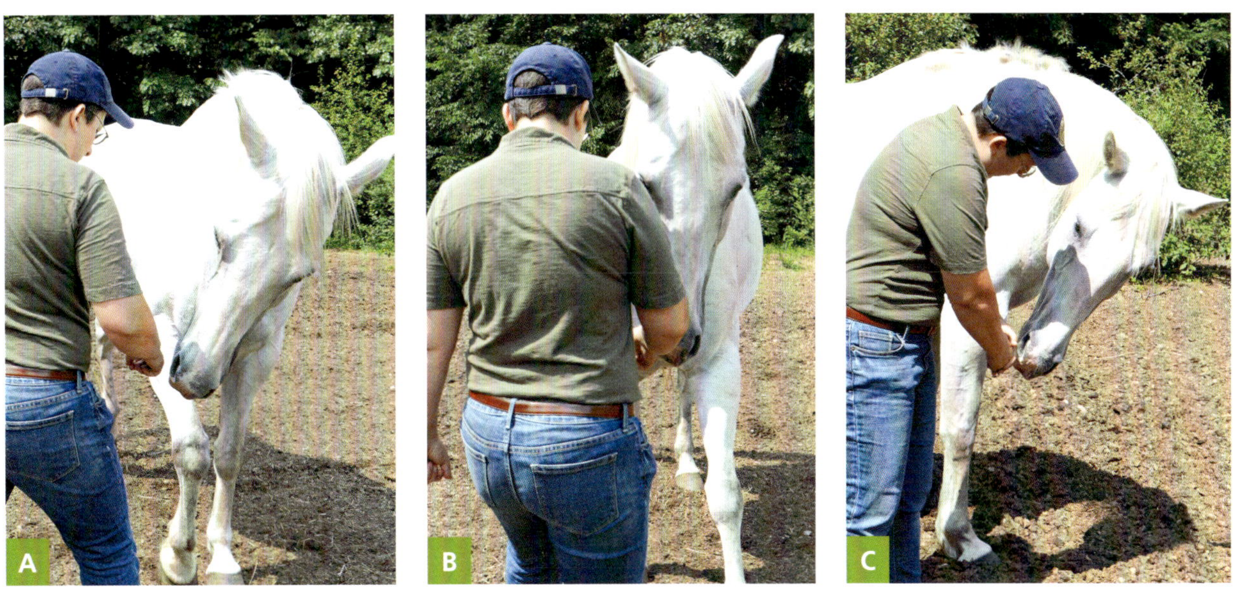

❷ Einige Pferde weichen nicht rückwärts, weil sie Ihnen den Raum nicht überlassen möchten. Sie stellen Ihren Rang als Leittier auf dieselbe Weise infrage, wie sie es auch bei einem anderen Pferd tun würden. Fordern Sie ein solches Pferd dazu auf, rückwärtszugehen, geht es nicht darum, wie viele Schritte zurück es letztendlich macht. Seien Sie aufmerksam und loben Sie das Pferd auch dann sofort, wenn es nur sein Gewicht ein wenig nach hinten verlagert oder den Eindruck macht, dass es sich bewegen will. Auf den Erfolg, den Sie mit dieser Vorgehensweise haben, können Sie später aufbauen.

Wenn Sie die Mikrobewegungen Ihres Pferdes wahrnehmen (Schritt 1, S. 16), werden Sie auch den Moment registrieren, in dem Ihr Pferd sich nicht mehr verspannt, sondern nachdenklich ist. Wird es in diesem Moment belohnt, versteht es, dass Sie nicht möchten, dass es reagiert, sondern dass es denkt (4.12 C). Wird ein Pferd für das Nachdenken belohnt, kann es keinen Fehler machen.

Gespräch: Die Vorwärtsbewegung blockieren

Die Vorwärtsbewegung zu blockieren hängt mit dem Rückwärtsgehen zusammen. Wie das sein kann? Wenn ein Pferd sich vorwärtsbewegen möchte und es bleibt auf derselben Stelle, ist das, als ob es im Geist rückwärtsginge. Sicher kennen Sie alle ein Pferd, das drängelt, wenn die Stalltür oder das Weidetor aufgeht.

Dieses Verhalten können Sie verändern, wenn Sie mit dem Pferd in seiner Sprache darüber sprechen.

❶ Die Vorwärtsbewegung vom Boden zu blockieren, heißt, dass Sie Ihr Pferd verlangsamen oder stoppen. Stehen Sie in entspannter Körperhaltung seitlich vor dem Pferd. Fühlen Sie, wie Ihr Atem hinunter zu Ihren Beinen strömt und dann weiter durch Ihre Füße in den Boden.

❷ Schauen Sie in dieselbe Richtung, in die Ihr Pferd sich bewegt. Halten Sie ein wenig inne und schicken Sie Ihre innere Energie wie den Strahl einer Taschenlampe als Grenzlinie vor Ihr Pferd. Wie reagiert es? Falls nötig, richten Sie Ihre innere Energie auf den Rückwärts-Button am Buggelenk Ihres Pferdes.

Sie beanspruchen den Raum *vor* Ihrem Pferd. Ein empfindsames Pferd wird nicht nur stehen bleiben, wenn Sie so verfahren, es wird sogar rückwärtsgehen, wenn Sie Ihre innere Energie weiter auf seine Brust richten.

Alle Gespräche, die ich in diesem Buch darstelle, erfüllen die Grundbedürfnisse von Pferden. So machen wir dem Pferd mit unseren Gesprächen begreiflich, dass die Dinge, die ihm in seiner Pferdewelt wichtig sind, auch für uns zählen. Die Folge davon könnte sein, dass es uns und unsere Wünsche fortan mit ganz anderen Augen betrachtet.

Joe

DAS GESPRÄCH BEGINNT

Die meisten Menschen haben Pferde, die bereits mindestens einen Vorbesitzer hatten. Sie gehen mit Gewohnheiten und Vorlieben um, die auf den früheren Erfahrungen Ihres Pferdes beruhen, die Sie nicht kennen. Wenn Sie die Sprache Ihres Pferdes lernen, können Sie einige seiner Rätsel lösen.

Begleiten Sie mich in Ihrer Fantasie zu einem großen braunen, etwas aus der Spur geratenen Vollblüter. Wir werden ihn Joe nennen. Erleben Sie mit, wie ich ihm begegne und beginne, mich mit ihm auf Pferdisch zu unterhalten.

Joe ist ein Widerspruch auf vier Beinen. Er hat eine tadellose Reitpferdefigur, ist talentiert und scheint Menschen zu mögen. Er ist hübsch und nicht hinterhältig. Manchmal jedoch buckelt er unter dem Reiter, webt in der Box und lässt sich nicht einfangen. Er kann freundlich sein, aber ein anderes Mal auch widerwillig. Er lässt sich oft nicht führen und mag keine Stalltüren. Hier wird er nervös. Seine Besitzer Mike und Liz sind ruhige, besonnene Menschen, die mit Joe leichte Platzarbeit und Ausritte machen möchten.

Mike und Liz bekamen bereits Unterstützung von anderen Pferdetrainern, die ihnen helfen und Joes unausgeglichenes Verhalten mit Trainingssystemen überlagern wollten. Ich bin nicht hier, um Joe zu trainieren. Ich möchte ein Gespräch mit ihm führen und herausfinden, was er über sich selbst denkt, wie er seine Umgebung sieht und welche Gefühle er gegenüber Menschen hat.

Ich beginne unser Gespräch mit Elementen des *Begrüßungsrituals*, einer Reihe von Gesten, die Pferde in verschiedenen Kombinationen ausführen, wenn sie sich zum ersten Mal begegnen oder wenn sie morgens zusammen auf die Weide gelassen werden (S. 56). So möchte ich herausfinden, ob Joes Verhalten in seinem Denken, seinen Gefühlen oder in körperlichen Einschränkungen begründet ist.

Als ich Joes Stall betrete, werde ich innerlich ruhig (*inneres Neutral Null,* S. 11). Ich entdecke ihn in der hintersten Ecke und beobachte ihn, während ich die Stallgasse entlanggehe. Pferde können weit sehen, und ich bin sicher, dass er sich meiner Gegenwart bereits bewusst ist. Die Menschen um mich herum scherzen freundlich und erklären mir seine Probleme aus ihrer Sicht. Pferde leben in der Gegenwart und daher bleibe auch ich im Hier und Jetzt. Meine Aufmerksamkeit richtet sich nur noch auf Joe.

Während ich näher komme, suche ich in seinem Gesicht nach Antworten auf verschiedene Fragen. Wie glaubt er, auf Menschen wirken zu müssen? Wie fühlt er sich, während ich auf ihn zugehe? Erwartet er ein Leckerli? Oder einen Anraunzer? Wann komme ich seiner persönlichen Sicherheitsblase zu nahe?

Ich ziehe meine Schlüsse aus Joes Reaktionen auf mein Näherkommen. Er betrachtet mich mit wachen Augen und angespannten Ohren. Seine Lippenpartie ist fest, seine Kopfhaltung hoch. Er atmet kaum, weitet aber gelegentlich seine Nüstern, als ob er meinen

Geruch aufnehmen wollte. Er ist also neugierig. Interessiert erwartet er mich. Seine starren Ohren und die hohe Kopfhaltung verraten seine Wachsamkeit. Seinen Kopf hat er über die Boxentür gestreckt, das ist optimistischer, als sich in der hinteren Stallecke zu verbergen. Joes Ohren zucken ab und zu, ein Zeichen für schnelle Reaktionen. Sein verkrampftes Gesicht zeigt, wie empfindlich er auf Stimmungen reagiert. Ich vermute, dass seine angespannte Maul- und Kieferpartie damit zusammenhängt, dass er erwartet, dass die Menschen um ihn herum schlechte Laune haben könnten, ohne dass er weiß, warum. Plötzlich dreht er den Kopf von mir weg und legt die Ohren an.

Die Tagesordnung eines Pferdes besteht darin, was im Augenblick geschieht.

Ich bleibe stehen. Nun weiß er, dass ich verstehe, was seine Geste bedeutet. Ich bin an der Grenze zu seiner Blase des persönlichen Raums (S. 32). Noch nie hat jemand angehalten, wenn er ihn dazu aufgefordert hat. Ich habe seine volle Aufmerksamkeit! Schaut ein Pferd weg, während Sie nicht direkt bei ihm sind, kann das bedeuten, dass es sich bedrängt fühlt. Joe sagte mir, dass ich die Grenze seines persönlichen Raums erreicht hatte, und was Menschen betraf, auch die Grenze seiner Sicherheitszone. Genau wie Menschen, so haben auch Pferde unterschiedlich große persönliche Räume. Gewöhnen Sie es sich an, wahrzunehmen, ab wann Ihr Pferd reagiert, während Sie sich ihm nähern. Nehmen Sie wahr, wann Ihre Blase die seine berührt.

Ich kenne nun Joes Grenze. Ich bitte um Erlaubnis, weitergehen zu dürfen, genau wie ein anderes Pferd dies tun würde. Ich nehme allen Druck weg, drehe mich kurz zur Seite und zeige ihm die menschliche Version von *Upsie*, indem ich mit dem Schuh auf dem Boden scharre und interessiert nach unten schaue (S. 38). Ich sage ihm in seiner Sprache, dass ich es nicht eilig habe.

Die *Upsie*-Bewegung gibt mir auch Zeit, *meine* Tagesordnung zu überprüfen, auf der vor der Begrüßung *Annäherung und Rückzug* stehen, um Ruhe und Respekt zu wahren. Die einzige Tagesordnung eines Pferdes besteht in dem, was in diesem Augenblick geschieht. Es zeigt seine Bedürfnisse und Wünsche unmittelbar, und ich möchte die von Joe gerne hören.

Joe dreht seinen Kopf wieder in meine Richtung und schnuppert intensiver. Seinen Kopf hat er ein wenig gesenkt. Ich mache ihn neugierig. Er sieht zu mir, doch seine Augenlider sind etwas angespannt. Noch ist er nicht überzeugt, dass ich ehrlich und freundlich bin, aber er ist bereit, darüber zu verhandeln.

Nun beginnt der Tanz. Ich gehe einen Schritt vorwärts, er nimmt den Kopf zur Seite, ich bleibe stehen, schaue nach unten, scharre auf dem Boden und schaue in die gleiche Richtung wie er. Er dreht den Kopf zurück und sieht mich an. Ich wiederhole diese Abfolge noch zwei Mal.

Pferde verhandeln oft in Dreierschritten miteinander. Meine Frage an Joe lautet: „Darf ich näher kommen?" Normalerweise wiederhole ich eine Frage drei Mal, bevor ich meine Taktik ändere, weil das Pferd nicht antwortet. Ich sage Joe, dass er entscheidet, ob und wann ich näher komme. Sein Auge wird weich und sein Kopf senkt sich noch etwas mehr.

Schließlich bin ich in Joes Reichweite. Ich frage offiziell nach, ob ich seine Blase betreten darf, indem ich mit dem Kopf nicke und abwarte. Wenn Joe die Ohren anlegt, ganz weggeht oder verärgert reagiert, ist das ein Nein. Erhalte ich ein Nein, scharre ich und schaue weg, setze mich dann hin und atme. Ich warte geduldig auf seine Erlaubnis, Verbindung aufzunehmen. Das ist Pferde-Benimm. Ich habe noch keine Erlaubnis erhalten, also muss ich warten.

Joe gönnt sich eine Pause, geht in seine Box und läuft eine Runde. Er furzt, schnaubt, überprüft Futter und Wasser und sieht so aus, als ließe er mich hängen. Auf Pferdisch bedeutet sein Verhalten aber, dass er nachdenkt. Ich habe ihn in seiner Sprache gefragt, ob ich Verbindung zu ihm aufnehmen darf, und er sinnt über die Tatsache nach, dass eine Person auf eine Art zu ihm spricht, die er versteht. Hatte er eine unglückliche Vergangenheit mit Menschen, vergleicht er nun vielleicht mein Tun mit seiner „Datenbank" vergangener Erfahrungen. Nach ein paar Minuten streckt er den Kopf aus der Box. Seine Augen sind von Falten umgeben und bekümmert, sein Maul ist verkniffen, aber er schaut mich an.

Ich stehe auf, drehe mich zu ihm hin und halte dabei einen 45-Grad-Winkel ein, der direkten Druck von seinem Kopf nimmt. Dann wiederhole ich meine formelle Anfrage, indem ich nicke und warte. Nun schaut er nicht weg. Aha, ich habe gerade die Erlaubnis erhalten, näher zu kommen.

Ich gehe auf ihn zu, halte meinen Arm entspannt, die lockere Faust mit den Fingern nach unten und den Knöcheln in Richtung seines Mauls. Diese Geste ahmt nach, wie ein Pferdemaul die Nase eines anderen Pferdes berührt oder sich zumindest in Richtung der Nase streckt. Da Pferdenasen sehr empfindsam sind, muss mein *Knöchelkontakt* sanft sein.

Wie ich es schon erklärt habe, gibt es im Begrüßungsritual normalerweise drei Knöchelkontakte. Ich bin sehr wachsam, als ich Joe den Knöchelkontakt anbiete. Es wäre gegen den Pferde-Knigge, mich in der formellen Begrüßung zu beißen. Trotzdem kann es sein, dass er nach mir schnappt, denn ein abwehrendes Schnappen ist ebenfalls ein Gesprächselement. Tut er das, bin ich darauf vorbereitet, mich zurückzuziehen.

Doch er unterlässt es und das Gespräch geht weiter. Nach dem ersten *Knöchelkontakt* beginnt ein Pferd damit, das *Spiegelspiel* einzuleiten und zur Seite zu schauen, um zu sehen, wer folgt und wer führt. Derjenige, der den Blick zur Seite einleitet, bietet seine Führung an, derjenige, der den Blick spiegelt, drückt aus, dass es im Moment für ihn okay ist zu folgen.

Ich leite das *Spiegelspiel* ein, um zu zeigen, dass ich den Pferde-Knigge verstehe. Ich drehe den Kopf und biete an, die Führung zu übernehmen, und warte, ob Joe seinen Kopf in die Richtung dreht, in die ich schaue. Tut er das, ist er offen dafür, mir zu folgen. Dreht er den Kopf in die entgegengesetzte Richtung, betrachtet er mich derzeit nicht als Leittier, unterhält sich aber gern weiter mit mir. Zieht er sich in seine Box zurück, und sei es nur eine Winzigkeit, ist er zu unsicher, um das *Spiegelspiel* mit Menschen zu spielen.

Es gibt keine falsche Reaktion, ich sammle nur Informationen, und Joes Reaktion zeigt mir, welche Meinung er von Menschen hat, die er nicht kennt.

Joe spielt das *Spiegelspiel* nicht nach dem ersten *Knöchelkontakt*, was völlig in Ordnung ist. Ich drehe mich zu ihm und strecke meine Knöchel sanft nach seinem Maul aus. Nach dem zweiten *Knöchelkontakt* spiegle ich seine Bewegung.

Er sieht zur Stalltür, also drehe ich mich, um auch in diese Richtung zu schauen. Ich möchte, dass er weiß, dass ich auf seiner Seite bin. Sofort dreht er den Kopf wieder zu mir, und ich tue es ihm nach. Nach diesem zweiten *Knöchelkontakt* und dem *Spiegelspiel* zieht er sich auf eine respektvolle, höfliche Art zurück.

Ich habe die Regeln des Begrüßungsrituals befolgt und sehe, dass Joe immer noch angespannt ist, mit verkniffenem Maul, Falten um die Augen und hoher Kopfhaltung. Daher bin ich darauf vorbereitet, dass er mich wegschickt, hoffe aber, dass er das Ritual mit einem dritten Kontakt vervollständigt. Der dritte *Knöchelkontakt* ist in dieser Phase auch der letzte Kontakt. Er markiert den nächsten Schritt im Gespräch und muss mit Bedacht ausgeführt werden. Er vertieft die Verbindung und das Gespräch oder bricht sie ab, je nach den Bedürfnissen des Pferdes.

In einer Herde kann danach Fellpflege betrieben werden, oder es wird gespielt, oder die Pferde kommen überein, Zeit miteinander zu verbringen und gehen als Tandem davon, oder sie stehen still beieinander. Aber es kann auch passieren, dass ein Pferd das andere dann mit einer Abschiedsbotschaft harsch wegschickt, dass es kreischt, die Ohren anlegt, es vielleicht sogar in den Hals zwickt.

Für Pferde steht Raum gleichbedeutend für Frieden.

Beim dritten *Knöchelkontakt* geht es vor allem darum, ob man Freund oder Feind ist. Joe schickt mich nicht weg. Ich biete ihm *Fellpflege* an, indem ich meine Hand langsam nach hinten zu seinem Widerrist ausstrecke. Das ist der Ausdruck für Zuneigung. Geht Joe zurück, bedeutet das „Nein, keine Fellpflege". Fellpflege bedeutet auch, *Raum zu teilen*, und das Pferd muss dem zustimmen. Joe lässt mein Angebot zur Fellpflege zwar zu, lehnt sich dann aber weg. Er ist unsicher, ob er so viel Nähe zu mir möchte.

Nun bin ich an der Reihe, ihm zu zeigen, dass ich mich mit persönlichem Raum auskenne. Mit seinem und mit meinem. Die beste Möglichkeit hierfür ist die, die auch seine Mutter gewählt hätte. Mit den Fingerspitzen meiner Hand drücke ich sanft auf den „Geh-weg"-Button auf seiner hinteren Wange und fordere ihn damit klar dazu auf, seinen Kopf aus meiner Blase wegzudrehen. Als er das macht, gehe ich einen Schritt zur Seite und mache eine *Pause*, damit er Zeit hat, diese Information zu verdauen. Ich *atme* tief und ruhig und entspanne meinen Kiefer. Ich wackle mit den Lippen, was übersetzt so viel heißt wie: „Ich habe einen guten Tag, und du?" Ich habe zwar angefangen, mit ihm über persönlichen Raum zu sprechen, doch ich möchte, dass wir entspannt bleiben.

Also erzähle ich den Zuschauern einen Witz. Ich mache ein kleines doofes Geräusch, während ich mit den Lippen wackle. Mein Humor und die tiefe Atmung sind wichtig im Gespräch mit Joe. Er soll wissen, dass wir keine superernste Unterhaltung führen. Mit einem so angespannten Pferd wie Joe verhalte ich mich wie ein Friedensstifter, denn ich möchte auf keinen Fall mit ihm kämpfen. Das habe ich schon seit langem nicht mehr getan. Ich tue alles dafür, um ein Pferd zu überzeugen, dass ich genau das Gegenteil von einem Kampf oder einer Provokation im Sinn habe. Die vertrauenswürdigsten Leitpferde sind gleichzeitig auch die ruhigsten.

Da Joe mir Raum gegeben hat, indem er seinen Kopf wegdrehte, mache ich den *Nährenden Atem* (S. 29). Ich atme quasi rückwärts ein, als ob ich meine Nase hochziehe. Dieses Geräusch machen auch Stuten mit Fohlen oder fürsorgliche Pferde, wenn andere Pferde Stress haben. Ich setze das Geräusch bei unsicheren Pferden mit Erfolg ein, um deutlich zu machen, dass ich nicht nur zuhören, sondern auch beruhigen möchte. Bis jetzt habe ich

1. alle drei Schritte des Begrüßungsrituals vervollständigt (S. 56);

❷ Joe aufgefordert, sich wegzudrehen, indem ich den Geh-weg-Gesichts-Button gedrückt habe (S. 41);
❸ seinen Raum verlassen, mit den Lippen gewackelt und ihm den Nährenden Atem angeboten.
Ich habe Joe versichert, dass ich zwar mit ihm sprechen, ihn aber nicht herumschubsen möchte. Und dass ich hier bin, um ihm zuzuhören.

Jetzt wird es spannend, denn Joe scheint Menschen zu mögen, selbst wenn sie ihn verwirren. Er kommt zurück und möchte noch einmal „Hallo" sagen. Joe bleibt diesmal mit der Nase an meinen Knöcheln und beginnt, sie mit den Lippen zu bearbeiten, als wolle er mein Fell pflegen. Er ist ein bisschen aufgeregt und weiß weder, wie man Menschen krault, noch wo meine Blase ist. Ich fordere ihn sanft, aber bestimmt auf, den Kopf wegzudrehen, um seine freundlichen Absichten zu nutzen, ihn über die Art der Blase aufzuklären, die ich haben möchte. Ich strecke meine Hand zu seiner Schulter aus, um ihn zu kratzen. Und ich biete ihm mein besonderes *Abklopfen* an – eine Art Tätscheln mit gewölbter Hand. Ich klopfe ihn vom Hals an abwärts ab, was auf ihn sehr entspannend wirkt. Würde ich ihn zu sacht oder zögernd abklopfen, könnte sich seine Unsicherheit noch verstärken. Mein Tätscheln passt genau für ihn und er wird lockerer.

Joe hat seinen Kopf gesenkt und ist ruhiger geworden. Ich belohne ihn, indem ich mich zurückziehe. Raum ist das Einzige, das Pferde noch mehr schätzen als Futter oder Wasser. Eine Herde ist dann friedlich, wenn jedem Pferd sein persönlicher Raum und ein guter Abstand zu den anderen Pferden sicher sind. Für Pferde steht Raum gleichbedeutend für Frieden. Joe Raum zu geben, bedeutet also, ihm Frieden zu bieten.

Nach 15 Minuten komme ich wieder und warte am Ende des Stalls, um zu sehen, welchen Eindruck Joe macht. Diesmal sieht er mich direkt und ohne Spannung an. Er prustet und kaut mit entspanntem Maul buchstäblich alles durch (S. 46) und fühlt sich sicher. Außerdem zwinkert er. Das bedeutet, dass die Spannung in seinen Augen nachgelassen hat (S. 49). Alles zusammen verrät mir, dass er sich weiter unterhalten möchte.

Ich zwinkere ihm zu, kaue unsichtbaren Kaugummi und nicke. Das bedeutet: „Ja, das war eine Menge", und Joe versteht, dass ich auch darüber nachdenke und gern weiterreden würde. Er nickt leicht und schaut einen Moment lang weg. Er fragt an, ob ich verstehe, dass er zwar weiterreden will, sich aber wegen der Blasen unsicher ist. Ich spiegle die Bewegung, so dass er weiß, dass ich seine Signale ernst nehme.

Dann nicke ich, um zu sagen, dass ich komme, und gehe mit ausgestrecktem Arm und nach oben zeigenden Knöcheln direkt auf ihn zu. Nun ist es nicht mehr nötig, alle drei *Begrüßungsrituale* in voller Länge auszuführen, also berühre ich seine Nase sanft drei Mal hintereinander und warte beim dritten Mal ab, ob er *Fellpflege* machen möchte. Er wackelt mit den Lippen auf meinen Knöcheln. Ich strecke meinen Zeigefinger zu seinem Geh-weg-Button und kann sicher sein, meine Blase jederzeit aufrechterhalten zu können. Ich strecke die Hand aus, um seinen Hals zu kraulen.

Als er meine Hand ignoriert und stattdessen an meinem Gesicht schnuppert, überrascht mich das nicht. Joe ist überfreundlich und weiß nicht, wie er die Grenzen von Menschen einhalten soll, weil er die Menschen schlechter versteht als andere Pferde. Das ist Teil seines Problems. Ich kann ihm das nun auf Pferdisch erklären, in seiner eigenen Sprache.

Ich höre einen Moment lang auf, ihn zu kraulen, und fordere ihn auf, seinen Kopf wegzudrehen, indem ich den

DAS GESPRÄCH BEGINNT

Joe ist angespannt und beobachtet, wie ich näher komme (A). Unsere erste Begrüßung ist zuversichtlich, aber reserviert (B). Ich gehe auf Neutral Null, um den Druck wegzunehmen (C). Dann mache ich Fellpflege und kratze Joes Widerrist (D).

Geh-weg-Button sanft, aber bestimmt berühre. Grund dafür ist, dass ich die Führung übernommen habe, was das Zusammentreffen unserer Blasen des persönlichen Raums angeht. Joe soll wissen, dass ich erstens über Blasen, zweitens über das Eindringen in diesen Raum Bescheid weiß und ihm drittens höflich mitteile, wie und wann er mir Raum geben soll.

Diesmal gehe ich nicht weg. Ich trete einen Schritt zurück und ermögliche es, uns neu zu gruppieren. Als ich ihm meine Knöchel wieder hinhalte, nimmt er sofort Kontakt auf und ich kann sehen, wie ihm ein Licht aufgeht. Er versteht, dass wir uns in seiner Sprache unterhalten. Daher stellt er mir nun eine sehr wichtige Frage.

Er fragt sich, wie unsere Beziehung beschaffen ist, genau wie ein Pferd in einer wilden Herde es sich fragen würde. Also sucht er in der Entfernung nach einer wirklichen oder eingebildeten Gefahr. Ich habe bereits auf diese Frage gewartet, denn wenn er mich als Friedensstifter und Leitfigur akzeptiert, bedeutet das, dass ich auch Beschützer bin. Ich nenne diese Beschützerrolle innerhalb der Herde den *Wächter*. Der Wächter entscheidet, ob die Herde flüchten muss oder ob nicht (S. 53). Auf diese Weise müssen nicht alle Herdenmitglieder jeweils für sich eine Entscheidung treffen.

Ich schaue in die Richtung, in der Joe etwas Gefährliches entdeckt hat, werde für einen Moment wachsam und starr und schnaube laut zur Gefahr hin. Dann entspanne ich deutlich, senke den Kopf, kaue unsichtbaren Kaugummi, nehme einen tiefen Atemzug. Sofort lässt auch Joe den Kopf fallen und ahmt mich nach.

Ich habe ihm gesagt, dass ich über den Tiger Bescheid weiß und dass er sich keine Sorgen zu machen braucht, weil ich ihn beschütze. Joes Mutter hat ihn beschützt, als er ein Baby war. Sie hätte ihren Kopf angehoben, die Gefahr fixiert und laut geschnaubt, und der kleine Joe wäre stehen geblieben, hätte seine Mutter beobachtet und sich bewegt, wenn sie es ihm gesagt hätte. Erst wenn sie sich entspannt und *geleckt und gekaut* hätte, wäre auch er entspannt gewesen.

Joe hat einen neuen Weg gefunden, um mit mir ein Gespräch zu führen. Er schreckt mehrmals wegen irgendetwas zusammen und passt dann genau auf, ob ich jede einzelne seiner Ängste ernst nehme oder nicht. Ich muss still stehen und jeden seiner Tiger unter die Lupe nehmen, so wie eine gute Mutter dies tun würde. Schließlich möchte ich sein Vertrauen gewinnen.

Ich erkläre Joe in seiner eigenen Sprache, was Menschen von ihm erwarten.

Den Tiger wegschnauben ist die wirksamste Methode, um das Vertrauen eines Pferdes zu gewinnen, und bereitet den Weg für alle späteren Herausforderungen. Vertraut ein Pferd Ihnen so tief, lässt es Sie alle wichtigen Entscheidungen treffen. Außerdem scheut es weniger, da es immer zuerst Sie anschaut, wenn es sich vor etwas fürchtet.

Joe beginnt, mir zu vertrauen. Ich habe ihn auf Pferdisch begrüßt, habe Fellpflege vom Widerrist aus gemacht, wie ein Pferd, und sein Gesicht wegbewegt, wie seine Mutter es getan hat. Ich habe ihm gezeigt, wie meine Sicherheitszone aussieht, und den Tiger weggeschnaubt. Ich habe ihm Zeit gelassen, alles zu überdenken und ihm die Sicherheit seiner Box gewährt, ohne dass er ein Halfter oder Seil tragen musste. Joe gähnt. Ein sicheres Zeichen dafür, dass er Jahre der Verwirrung hinter sich lässt.

SCHRITT 5

Pferdisch an der Hand

Vielleicht fühlen Sie sich wie ein Biologe, der seltene Tierarten studiert, wenn Sie jede Bewegung Ihres Pferdes nun genau beobachten. Sie haben das *Begrüßungsritual* geübt. Nickt Ihr Pferd zurück, wenn Sie genickt haben? Halten Sie ihm die Faust zum *Knöchelkontakt* hin, wenn Sie auf Ihr Pferd zugehen? Kommt Ihr Pferd zu Ihnen, um Sie daran zu erinnern, es zu begrüßen? Haben Sie beobachtet, dass es *Upsies* macht, indem es hochinteressiert den Boden betrachtet? Möglicherweise versuchen Sie, es zu *spiegeln*, wenn niemand sonst in der Nähe ist? In Zukunft könnte es sogar noch spannender werden.

Bis jetzt waren die Gespräche, die ich Ihnen vorgestellt habe, so aufgebaut, dass sie mit dem frei laufenden Pferd in der Box oder auf der Weide geführt werden konnten. Nun geht es zunächst einmal darum, was Sie bei Gesprächen an der Hand beachten müssen, so dass Sie erfolgreich im Umgang mit Pferd, Halfter und Führseil sind.

Schlüssel zur Verständigung

Das Baby Schaukeln mit Halfter S. 83
Am Seil Gleiten S. 84
Das Therapeutische Rückwärts S. 85
Der Gleichschritt S. 89
Die Zeige-Hand S. 91
Das Fußvergnügen S. 92

BERUHIGENDE HALFTERGESPRÄCHE

Halfter und Führseil nehmen Ihrem Pferd die Möglichkeit, sich selbstbestimmt zu bewegen. Es könnte das Gefühl bekommen, in der Falle zu sitzen. Sie beanspruchen eine ranghöhere Position, obwohl Ihr Pferd an Ihren Fähigkeiten als Leittier vielleicht noch zweifelt. Sie möchten, dass es Ihnen folgt, und es hat vermutlich bereits einmal negative Erfahrungen beim Führen gemacht. Schon das einfache Anziehen eines Halfters kann ein Pferd in Angst versetzen und seinen Stresslevel erhöhen. Es gibt ein paar kurze

Gespräche, die ihm helfen, nach dem Aufhalftern wieder zu Neutral Null zurückzugehen. Eines davon ist *Das Baby Schaukeln mit Halfter* (S. 83). Es beruhigt Pferde, die nicht am Halfter geführt werden mögen. Das andere ist das *Gleiten am Seil*, das die Verbindung zwischen Ihnen und Ihrem Pferd durch das Führseil neu ausrichtet.

Gespräch: Das Baby Schaukeln mit Halfter

❶ Sie stehen in Schrittstellung vor Ihrem Pferd und schauen es an.
❷ Mit Ihrer linken Hand halten Sie das Führseil entspannt direkt am Halfter oder eine Handbreit davon entfernt, die rechte Hand fasst in den Nasenriemen. Umfassen Sie den Nasenriemen nicht zu weit, sondern legen Sie nur so gerade eben Ihre Fingerspitzen auf die Innenseite des Nasenriemens, Fingerspitzen nach unten.
❸ Verlagern Sie nun Ihr Gewicht von einem Fuß auf den anderen, vor und zurück. Ihre Hüften dürfen dabei leicht schaukeln. Atmen Sie ein, wenn Sie das Gewicht auf den einen Fuß verlagern, atmen Sie aus, wenn Sie zum anderen Fuß wechseln (Bild 5.1).
❹ Sobald sich Ihr Pferd entspannt, hören Sie auf und treten ein paar Schritte zurück. Loben Sie Ihr Pferd sanft. Manche Pferde, die mit der Nasenbremse oder anderweitig unsanft behandelt wurden, mögen *Das Baby Schaukeln* am Halfter nicht. Atmen Sie bei diesen Pferden tief und loben Sie jegliches Lösen von Spannung oder Mitgehen in der Bewegung. Unterstützen Sie sie dabei, Ihnen zu vertrauen, indem Sie *Annäherung und Rückzug* und Berührung anbieten und sie dann vom Halfter befreien.
❺ Als Nächstes stellen Sie sich seitlich an den Pferdehals, mit der linken Hand am Halfter und der rechten Hand entweder an Ihrer Seite oder mit dem Führseil am Widerrist, so dass Sie das Schaukeln noch steigern können (Bild 5.2 A–C).

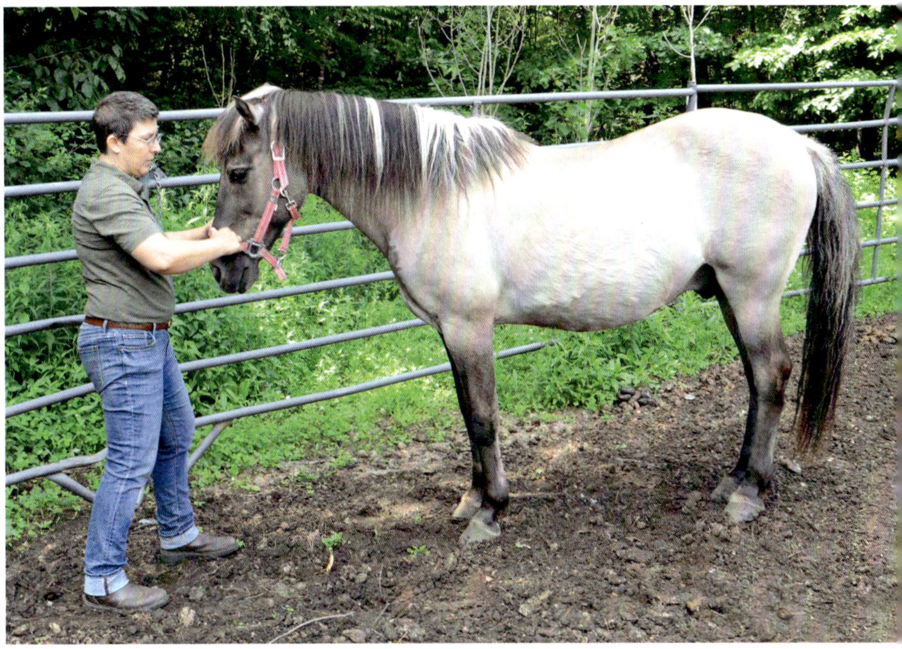

5.1 Ich schaukle das Baby mit Halfter und stehe dabei vor Rocky.

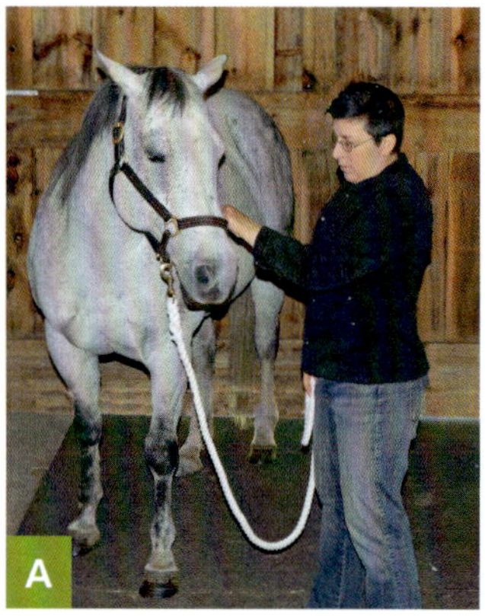

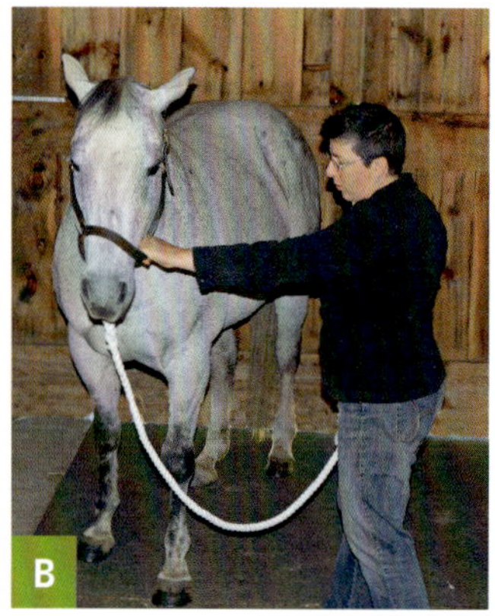

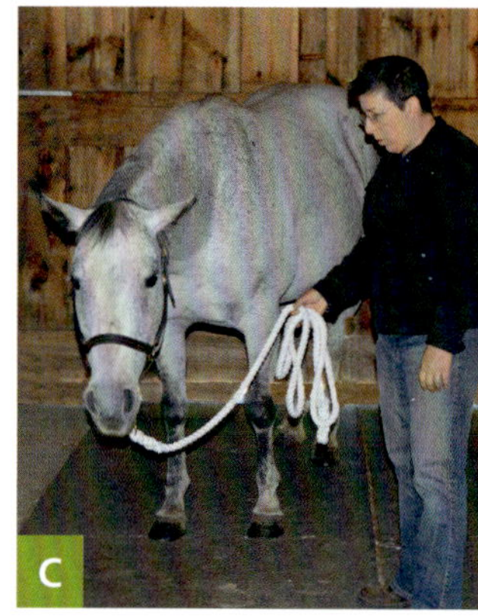

5.2 A–C Ich stehe seitlich von Image, mit meiner linken Hand am Halfter. Die rechte ist an meiner Seite (A). Ich „drücke" ihren Kopf nicht vor und zurück, sondern mache eine sanfte Schaukelbewegung (B). Image findet das Schaukeln des Babys sehr beruhigend (C).

Atmen Sie ein, während Sie in die eine Richtung schaukeln, und atmen Sie aus, wenn Sie in die andere schaukeln. Wenn Sie Widerstand fühlen, versuchen Sie, durch diesen eine Minute lang durchzuschaukeln. Dann machen Sie eine Pause und wiederholen das Gespräch, so oft es nötig ist. Mit der Zeit wird Ihr Pferd verstehen, dass Sie ihm eine angenehme Erfahrung ermöglichen.

Gespräch: Am Seil gleiten

❶ Stehen Sie vor Ihrem Pferd, seitlich von seiner Nase.

❷ Sie sind im Neutral Null. Als Rechtshänder halten Sie das aufgewickelte Führseil in Ihrer linken Hand.

❸ Legen Sie als Rechtshänder die rechte Handfläche ans Ende des Führseils und gleiten Sie den ganzen Weg bis zum Halfter entlang.

❹ Ihr kleiner Finger zeigt nach oben, Ihr Ellbogen ist angehoben (Bild 5.3). Das Führseil mit der Handfläche nach unten zu halten, löst den Widerstand des Pferdes und schafft eine flüssige Verbindung zwischen Ihrem Arm und seinem Kinn. Ich glaube, das liegt an einer beruhigenden Schwingung des Seils.

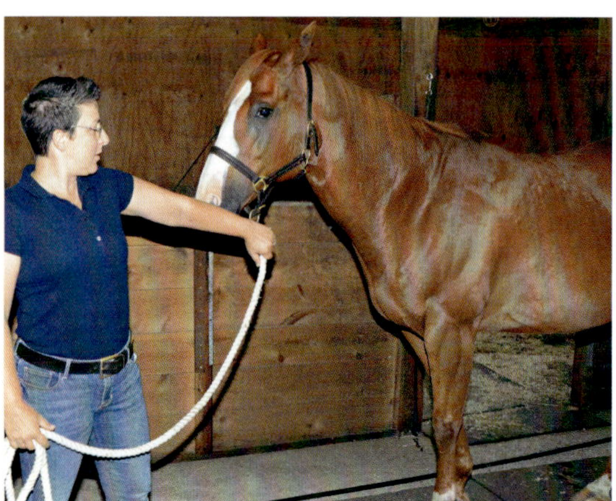

❺ Egal, wie Ihr Pferd reagiert, loben Sie es und gehen Sie wieder zu Neutral Null.

Wiederholen Sie *Am Seil gleiten* nach dem Aufhalftern so oft es nötig ist. Ihr Umgang mit dem Seil hat dadurch etwas Beruhigendes.

5.3 Üben Sie das Gleiten mit Ihrer dominanten Hand, um Ihre Hilfen am Führseil ebenso sensibel und leicht zu geben wie am Zügel.

UNSER ANSPRUCH AUF RAUM VOR DEM PFERD

Das *Therapeutische Rückwärts* ist unser nächstes, wichtiges Gespräch mit der Vorhand des Pferdes. Es geht darin um den Anspruch auf den Raum vor dem Pferd. Auf S. 72 haben wir bereits den Raum vor dem frei laufenden Pferd mit Hilfe unserer inneren Energie und des Rückwärts-Buttons beansprucht. Noch einmal: In Pferdisch beansprucht das Leittier den Raum vor einem anderen Pferd zuerst nur durch die Absicht und dann nacheinander über seine Augen, seinen Kopf und seinen Hals. Erst dann bewegt es seine Füße, um den anderen dazu zu bringen, rückwärts aus der Blase des persönlichen Raums zu gehen. Dieses Gespräch setzt voraus, dass rangniedrigere Herdenmitglieder stehen bleiben und schauen, wo die Blasen des persönlichen Raums sind und wo sie sich berühren. Sie müssen den Raum vor ihrem Kopf schnell frei geben. Wenn die Herde plötzlich flüchten muss, soll niemand über den Haufen gerannt werden. Daher wird jeden Tag ein wenig Raumbewusstsein trainiert, so dass es im Bedarfsfall auch abgerufen werden kann. Diese Übung zu lernen, ist für Jungpferde so wichtig, dass ich sogar beobachtet habe, wie ältere Pferde Hals und Schultern einsetzten, um ein unerfahrenes Jungpferd rückwärtszuschubsen.

Dieses wunderbare Gespräch ermöglicht es uns also, den Raum rund ums Pferd zu kontrollieren, wenn wir etwas mit dem Pferd machen oder es führen. Wenn uns der Raum vor dem Pferd „gehört", ist es leichter, die Bewegungen des Pferdes zu steuern, da Sie aus Pferdesicht nun das Recht dazu haben. Und das gilt auch fürs Reiten.

Gespräch: Therapeutisches Rückwärts

Mit Halfter und Führseil machen Sie eine Armbewegung aus dem Schulterblatt, die aus dem Tai-Chi stammt und das Pferd veranlasst, mit entspannter Rückenlinie, gelöster Hüfte und Hinterhand und gewölbtem Genick mit Hilfe seiner Kernmuskulatur rückwärtszugehen. Weil dies alles gleichzeitig und mühelos geschieht, ist es auch therapeutisch. Jede Bewegung eines Pferdes, die ihm Vergnügen bereitet, wird auch von ihm erinnert und es möchte sie wiederholen. Es wird Ihre Bitte außerdem auch mit der Fähigkeit eines Leittires, gute Ideen zu haben, in Verbindung bringen.

1. Schauen Sie von vorn-seitlich auf den Schweif Ihres Pferdes. Es ist egal, ob Sie die Bewegung von links oder von rechts beginnen. Wir haben gelernt, Pferde von links zu führen, und es ist in Ordnung, mit links zu beginnen (Bild 5.4 A).
2. Legen Sie die Hand an das Führseil, nah am Pferd, mit der Handfläche nach unten. Gleiten Sie dann auf den Haken des Führseils unter dem Kinn des Pferdes zu (Bild 5.4 B). Ihr kleiner Finger kann das Kinn fühlen und Ihr Ellbogen zeigt nach oben? Dann haben Sie es richtig gemacht.

❸ Ihre andere Hand, die die Schlaufe des Führseils halten sollte, bewegt sich nun auf das Buggelenk des Pferdes zu und deutet auf den Rückwärts-Button. Bitte nur deuten, nicht mehr als das.
❹ Die Hand, die am Haken des Führseils und am Halfterring liegt, dreht sich nun, so dass Ihr Daumen nach oben zeigt, während Ihr Ellbogen nach unten gerichtet ist. Setzen Sie diese Bewegung bis in die Schulter und den Rücken hinein fort (Bild 5.4 C). Die Drehung soll langsam und sanft sein, sie wirkt mit erstaunlicher Kraft.
❺ Ziehen Sie das Führseil leicht zur Pferdebrust, so dass Ihr Pferd Kopf und Hals etwas fallen lassen und in Richtung Brust wölben kann (Bild 5.4 D).
❻ Machen Sie am Ende einen deutlichen Schritt auf die Vorderhufe Ihres Pferdes zu. Üben Sie dabei angemessenen Druck aus, der zu dem Pferd, mit dem Sie arbeiten, passt. Ein sehr empfindsames Pferd wird bereits zurücktreten, wenn Ihr Arm rotiert (Schritt 4). Ein eher eigensinniges Pferd wird einen spürbareren Druck brauchen.
„Klebt" Ihr Pferd auf der Stelle, benutzen Sie den Zeigefinger und drücken Sie ihn in den Rückwärts-Button am Buggelenk des Pferdes. Sie möchten nur einen einzigen Rückwärtsschritt. Unsichere Pferde lehnen sich vielleicht nur nach hinten. Das reicht aus. Schauen Sie auf die Hinterhand Ihres Pferdes und nicht in sein Gesicht, auf seinen Hals oder seine Brust (Bilder 5.4 E & F).
❼ In dem Moment, in dem Ihr Pferd auch nur einen Hauch rückwärtsgeht, kehren Sie zu Ihrem Neutral Null zurück und loben es (und sich selbst!). Nehmen Sie die „O"-Haltung ein und laden Sie das Pferd ein, zurück zu Ihrer ausgestreckten Faust zu einem *Knöchelkontakt* und einem „Hallo" zu kommen.

Möchten Sie, dass das Pferd rückwärts heraus aus Ihrer Blase des persönlichen Raums geht, vermitteln Sie ihm auf diesem Weg nun gleichzeitig, dass es dabei all seine Sorgen, Spannungen und jeglichen Stress lösen soll. Sie tun das als Leittier, weil Sie Ihrem Pferd einen sicheren Raum in beiden Welten anbieten und es danach sofort einladen, bitte zurück zu Ihren Knöcheln zu kommen.
Sie benutzen die Buttons nun, um

- das Pferdegesicht wegzudrehen;
- die Vorhand des Pferdes wegzubewegen;
- das Pferd rückwärts aus Ihrer Blase zu bewegen.

Sie können außerdem auf Abstand zu Ihrem Pferd gehen und es mit Ihren Fingerknöcheln als Begrüßungspunkt zu Ihnen einladen und willkommen heißen.

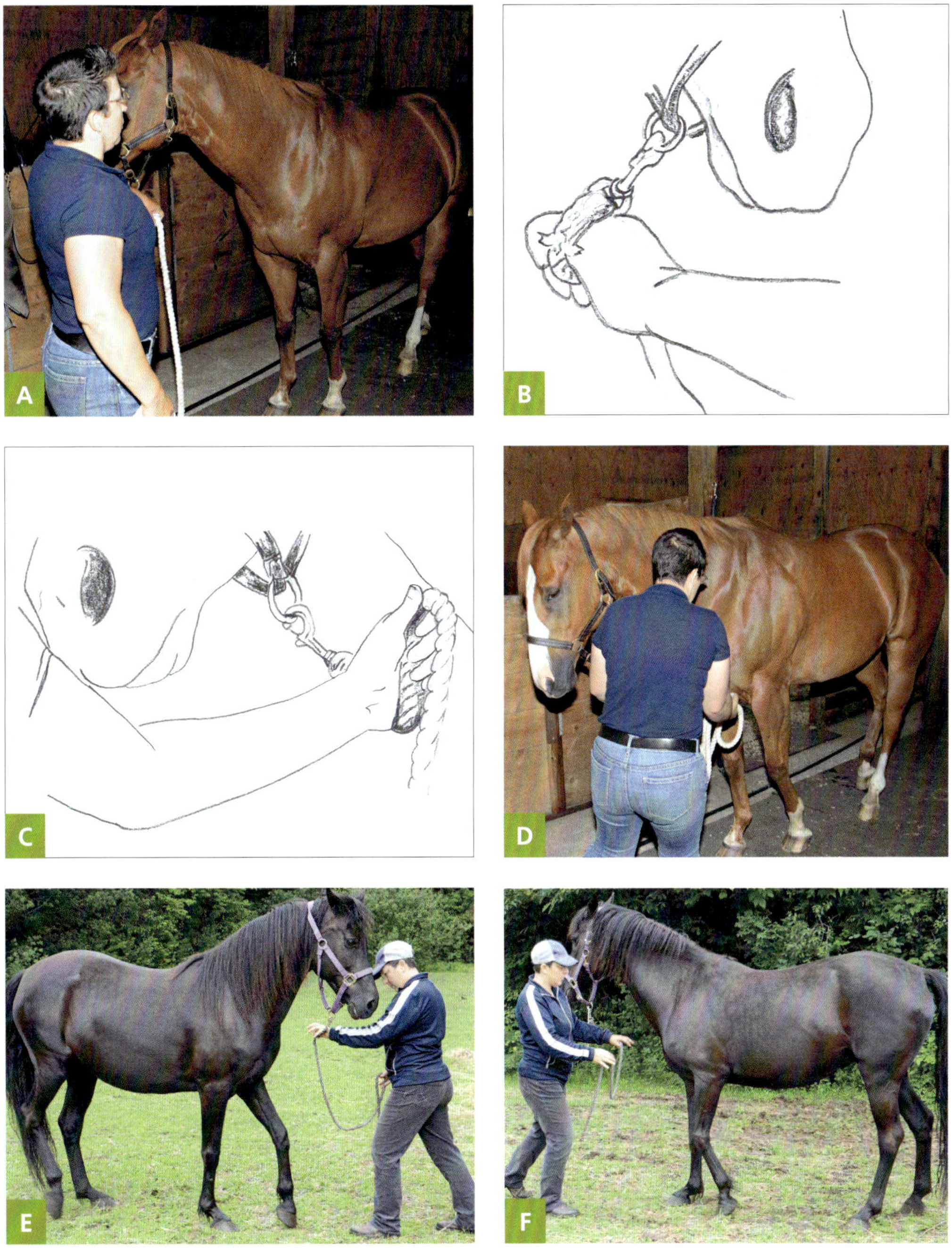

5.4 A–F Beginnen Sie das Therapeutische Rückwärts. Ihr gesamter Körper ist seitlich des Pferdes (A). Ihr kleiner Finger gleitet aufwärts in Richtung Pferdekinn (B). Drehen Sie Ihren gesamten Arm fließend und leicht, so dass Ihr Daumen nach oben zeigt (C). Ich bitte Clark, seinen Kopf fallen zu lassen und das Genick zu wölben. Indem ich mich übertrieben „hinsetze", rege ich ihn an, seine Hinterhand tiefer zu setzen (D). Mit zunehmender Übung wird Ihr Pferd wunderbar weich werden (E). Achten Sie auf das kleinste Entgegenkommen Ihres Pferdes. Ein einziger Schritt zurück ist schon genug (F).

IRGENDWOHIN GEHEN – TEIL DREI

GEMEINSAM VORWÄRTSBEWEGEN

Lassen Sie uns mit dem nächsten Schritt des Rituals *Irgendwohin Gehen* beginnen.

Bis jetzt können Sie Ihr Pferd *begrüßen*, Ihr *inneres Neutral Null* finden, eine *Wie merkwürdig*-Haltung ausstrahlen und Buttons benutzen, um die Vorhand Ihres Pferdes wegzubewegen. Sie können Ihr Pferd einladen, zu Ihnen zurückzukommen, indem Sie eine entspannte „O"-Haltung einnehmen. Sie haben Ihrem Pferd mitgeteilt, dass die Dinge, die Ihr Pferd angehen, auch Sie angehen, also Tiger, Löwen und Bären zum Beispiel. Sie wenden Pferdisch an, um diese Dinge anzusprechen, indem Sie *Den Horizont Absuchen*, das *Wächterschnauben* prusten und immer in Ihrem inneren Neutral Null bleiben.

Sie haben also nun gelernt, Ihrem Pferd in seiner Sprache zu vermitteln, dass alles in Ordnung ist, wenn Sie auftauchen und mit ihm Zeit verbringen– und spannend und fröhlich noch dazu.

Durch das Begrüßungsritual haben Sie Vertrauen aufgebaut, durch das Bewegen der Vorhand von Ihnen weg und durch Rückwärts und Vorwärts auf Sie zu haben Sie Respekt erarbeitet. Sie und Ihr Pferd kennen die Blase des persönlichen Raums des jeweils anderen.

Nun ist es an der Zeit, ausgehend von dieser gemeinsamen Basis einen Schritt weiter zu gehen.

Um sich zusammen vorwärtszubewegen, müssen Sie und Ihr Pferd in Ihrer kleinen Zweierherde die Rollen des Führenden und Folgenden verteilen. Das Leittier bewegt die Herde auf zwei Arten:

- Die Herdenmitglieder folgen dem Leittier;
- die Herdenmitglieder werden vom Leittier vorwärtsgetrieben.

Der dritte Teil des Rituals *Irgendwohin Gehen* dreht sich ausschließlich darum, dem Leittier zu folgen. Ein Fohlen klebt an der Flanke seiner Mutter und bleibt mit der Nase dicht an ihrer Gurtregion, so dass es ihr jederzeit in jede Richtung und überallhin folgen kann, ohne von ihr überrannt zu werden. Sollte die Stute in die Blase des Fohlens laufen, macht es schnell den Weg für sie frei.

Fohlen halten ihr Maul an diese Region der Stute, als sei sie ein Target, ein Zielpunkt. Sie horchen auf den Klang der Hufe ihrer Mütter, um mit ihnen Schritt und Richtung halten zu können. Aus diesem Grund können kleine Menschen große Pferde mit einem dünnen Strick führen. Es ist bereits Teil ihrer sozialen Beziehungen, sich an einem Leittier zu orientieren und dessen Schritten zu folgen. Auch zwischen den Schultern von zwei Pferden besteht solch eine Verbindung.

Sicher haben Sie schon Zweiergespanne gesehen, die im schönsten Gleichschritt gingen. Ich habe auch auf der Weide oder in Shows völlig unterschiedlich große Pferde im Gleichschritt gesehen. Sie sind energetisch an die Schulter des anderen „gebunden". Wenn Sie Ihre Schulter in eine Linie mit der Ihres Pferdes bringen, wird es seinem Instinkt folgen und sich Ihrer Geschwindigkeit und Schrittlänge anpassen.

Bevor Sie das Ritual *Irgendwohin Gehen* beginnen, sagen Sie mit einem *Knöchelkontakt* „Hallo", *Suchen Sie den Horizont ab* und prusten ein *Wächterschnauben*, um Ihrem Pferd zu sagen, dass alles sicher ist. Ihr Pferd trägt Halfter und Führseil und Sie wenden sich im Folgenden an seine Vorhand, um die Kunst des *Gehens* zu erlernen. Allerdings müssen Sie erst einmal nicht viel weiter als durch die Boxentür. Falls Ihr Pferd sich nicht gut führen lässt, nehmen Sie sich Zeit, in aller Ruhe im Stall nach Raum zu fragen, erst ohne Halfter, dann mit Halfter. Machen Sie es mit Ihrem Neutral Null vertraut, so dass es sein eigenes inneres Neutral Null findet. *Gleiten Sie am Führseil*, *Schaukeln Sie das Baby am Halfter*, machen Sie das *Therapeutische Rückwärts* (S. 59, 84 und 85). Bitten Sie es, mit der Vorhand zu weichen und rückwärtszugehen. Wiederholen Sie alle Gespräche noch einmal auf der Stallgasse.

5.5 Der Gleichschritt kann das Spiegeln beinhalten. Hier ist meine Kopfhaltung so tief wie die von Mama.

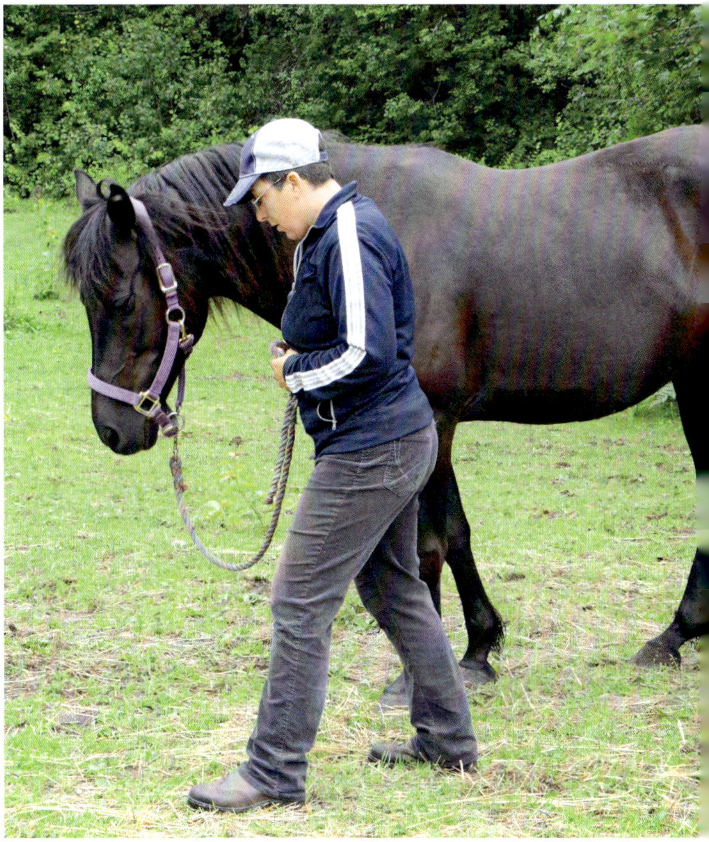

Führen Sie beim Verlassen des Stalls dieselben Gespräche über Weichen und Raum geben, beim Zugehen auf die Tür, an der Tür und auch außerhalb. Bitten Sie Ihr Pferd, rückwärtszugehen, wenn Sie Richtung Weide laufen. Versuchen Sie, sich seinem Schritt so gut wie möglich anzupassen. Dann wird es Ihre Füße besser wahrnehmen.

Gespräch: Der Gleichschritt

Immer, wenn Sie ein Pferd führen, können Sie seine Empfindsamkeit bezüglich Rhythmus und Platzierung der Beine nutzen. *Spiegeln* Sie Ihr Pferd, indem Sie Ihre Schritte an seine angleichen.

❶ Beginnen Sie damit, sich dem Rhythmus der Vorderbeine Ihres Pferdes anzupassen. Haben Sie Spaß dabei! Gehen Sie im Gleichschritt und machen Sie große, übertrieben deutliche Schritte aus dem Stall und über einige Bodenstangen. Da wir unsere Pferde ständig hin und her führen müssen, ergibt sich beim Gehen ein wunderbares Gespräch.

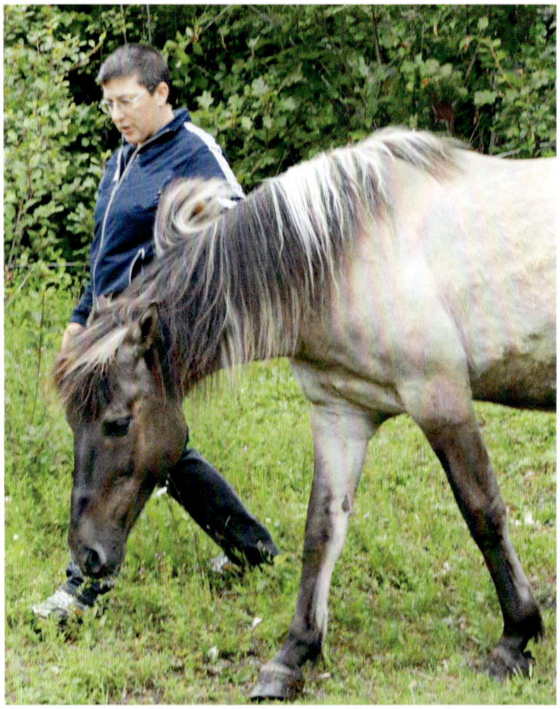

5.6 Rocky und ich im Gleichschritt. Ich kann ihn mühelos an einer Strähne seiner Mähne führen.

5.7 Meine Hand, die ich zu einem kurzen Hallo ausstrecke, wird zu einem Zielpunkt, dem Mama folgt.

Achten Sie auf die Tritte Ihres Pferdes. Bleiben Sie präsent und ganz in der Gegenwart. Senken Sie den Kopf etwas. Ihre Körperhaltung ist insgesamt entspannt, wie eine „laufende Null" (Bild 5.5).

❷ Sobald Sie im Gleichschritt mit Ihrem Pferd sind, bitten Sie es, sich nun an Sie anzupassen, wenn Sie den Rhythmus ändern. Stellen Sie sich vor, Sie marschieren gemeinsam in einer Musikkapelle. Stampfen Sie auf, um stehen zu bleiben, Ihr Pferd wird es Ihnen gleichtun. Ihr Ziel ist es nicht, durch mehr Druck der Arme oder Hände zu führen. Denken Sie daran, dass es für Pferde natürlich ist, sich *gegen* den Druck zu bewegen. Ziehen Sie also am Strick, wird Ihr Pferd in die andere Richtung ziehen wollen. Die meisten Leute gehen außerdem immer weiter, während sie führen. Stampfen Sie lieber gelegentlich, um zu stoppen, bitten Sie Ihr Pferd, rückwärtszugehen oder zur Seite zu weichen, indem Sie Buttons benutzen, die Sie von früheren Gesprächen bereits kennen. All dies nützt Ihrem Gleichschritt ebenso wie Ihrer Freundschaft.

Wenn Sie mit Ihren Füßen Pferdisch „sprechen", können Sie im Gehen die Geschwindigkeit abstufen. Sie können

- mit beiden Füßen aufstampfen: Das Pferd wird stehen bleiben;
- stolz schreiten: Das Pferd wird seine Tritte verlängern;
- sich ducken und wie auf dünnem Eis gehen, um zu sehen, wie Ihr Pferd Sie spiegelt;
- seitwärtsgehen und sehen, wie Ihr Pferd Ihnen ganz fokussiert folgt;
- die Beine kreuzen und beobachten, ob Ihr Pferd auch einen Fuß quer neben den anderen stellt.

Indem Sie auf die Füße Wert legen und Halfter und Führstrick weniger beachten, können Sie irgendwann mit Halsring oder sogar nur mit einer Strähne der Mähne führen (Bild 5.6).

DIE ZEIGE-HAND UND DAS VERSTÄNDNIS FÜR KREISE UND BÖGEN

Setzen Sie den Begrüßungs-*Knöchelkontakt* verlässlich ein, um „Hallo“ zu sagen, können Sie Ihre Knöchel auch als Zielpunkt nutzen, dem das Pferd leicht folgt. Ich glaube, Pferde lieben das. Sie scheinen dabei zu sagen: „Ach, DAS wolltest du die ganze Zeit?! Na ja, warum hast du das nicht gleich gesagt?“ Sie werden sehen, dass Sie das Führseil lockerer lassen können, wenn Sie Ihre Fingerknöchel etwas zur Seite halten, in die Nähe des Gesichts Ihres Pferdes, so dass es Ihrer Hand folgen kann, statt vom Führseil abzuhängen (Bild 5.7). Das Führseil wird überflüssig und ist nur als Erinnerung dafür da, dass man nicht weglaufen darf, oder zur Sicherheit für den Notfall.

Erinnern Sie sich, dass wir auf S. 32 besprochen haben, dass Pferde sich in Kreisen und Bögen bewegen? Ihr Verständnis für diese Kreise und Bögen wird wachsen, wenn Sie sich im Tandem mit Ihrem Pferd bewegen und Ihr Pferd Ihrer Zeige-Hand folgt. Vergewissern Sie sich, dass Sie im Gleichschritt sind, und bleiben Sie an Hals und Schulter Ihres Pferdes. Machen Sie dann einen kleinen Richtungswechsel (Bild 5.8). Falls Ihr Pferd nicht folgt, war Ihr Bogen zu spitz oder er kam zu plötzlich. Das ist nicht überraschend: Menschen bewegen sich eckiger, weniger rund.

Um bessere Bögen und Kreise hinzubekommen, können Sie Pylonen als Unterstützung aufstellen. So haben Ihre Augen eine Orientierungslinie für die Vorwärtsbewegung. Sobald Sie Ihr Pferd dazu angeregt haben, Ihrer Zeige-Hand flüssig zu folgen, können Sie nette Übungen ausprobieren, zum Beispiel über Bodenstangen gehen, sich um Hindernisse schlängeln oder ohne Halfter und Führseil üben (Bild 5.9).

Denken Sie daran: Wenn Sie um etwas bitten und Ihre Bitte erfüllt wurde, bedanken Sie sich, indem Sie eine Pause bei Neutral Null machen. Es geht um Übereinstimmung, nicht um Kontrolle, um Fortschritt, nicht um Perfektion.

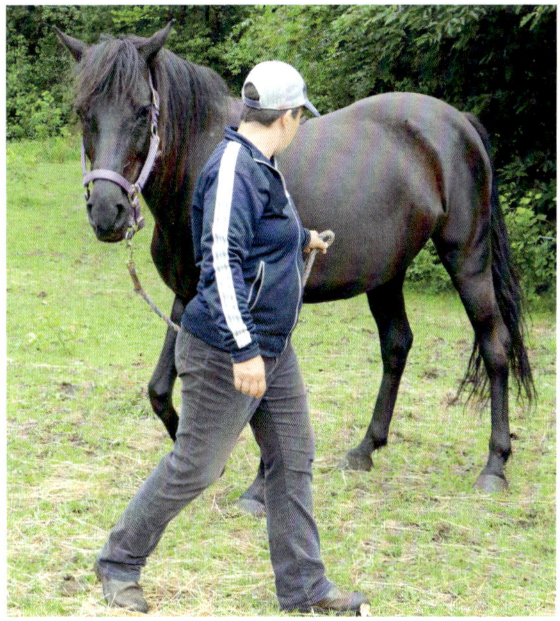

5.8 Während wir im Gleichschritt gehen, benutze ich meine Zeige-Hand, damit Mama mir beim Richtungswechsel in einem Bogen folgt.

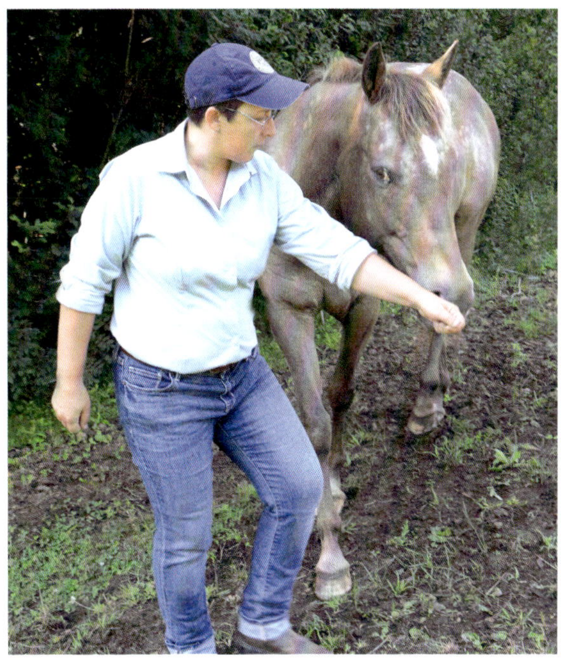

5.9 Sobald Sie Zeige-Hand und Gleichschritt gut genug können, sind Bögen und Kreise auch ohne Halfter und Führseil kein Problem.

WAS SONST NOCH SPASS MACHT

Inzwischen ist Ihr Verständnis für die Weltsicht Ihres Pferdes gewachsen und Ihr Pferd weiß, dass es Sie auf Pferdisch erreichen kann, wenn es Ihre Führung oder Aufmerksamkeit braucht – oder Ihr Ohr, weil es eine glänzende Idee hat. Sie können Ihr Pferd mit Hilfe Ihrer Zeige-Hand vorwärtsführen, Sie können es willkommen heißen, rückwärtsgehen lassen, seitwärtsbewegen, im Gleichschritt um oder über kleine Bodenhindernisse gehen. Sie sind auf dem besten Weg zu etwas, das ich *Fußvergnügen* nenne. Es geht dabei immer noch um die Arbeit mit der Vorhand des Pferdes und darum, das Vertrauen und den Respekt des Pferdes mit jedem unserer Gespräche weiter zu vertiefen.

Gespräch: Fußvergnügen

Bitten Sie Ihr Pferd um einen einzigen Schritt. Pferde regeln Ihren Raum untereinander, indem sie die Position ihrer Hufe immer wieder verändern. Und sie verstehen *Ihre* Raumansprüche, wenn Sie Ihre Füße klar und deutlich bewegen. Darum geht es beim Fußvergnügen.
Sie stehen an der Schulter des Pferdes oder vor dem Pferd und schauen es an.

❶ Machen Sie einen langsamen, bewussten großen Schritt zur Seite. Schauen Sie zu, wie Ihr Pferd Ihnen folgt (Bild 5.10 A).

❷ Kreuzen Sie Ihre Füße in einer übertriebenen Geste (Bild 5.10 B). Danach machen Sie wieder einen großen Schritt zur Seite. Lassen Sie Ihrem Pferd Zeit zu folgen. Wiederholen Sie das Ganze, falls es beim ersten Mal nicht geklappt hat.

❸ Schauen Sie Ihr Pferd an und gehen Sie von vorn einen übertriebenen Schritt auf die Vorderhufe Ihres Pferdes zu. Falls Sie das therapeutische Rückwärts bereits geübt haben (S. 85), dürfen Sie dabei ganz leicht am Seil zupfen, um zu verdeutlichen, was Sie wollen. Sind Sie schon viel im Gleichschritt gelaufen, ist Ihr Pferd so auf Ihre Schritte eingestellt, dass es einen Huf anheben und rückwärtstreten wird, wenn Sie vorwärtsgehen. Es soll sich wie ein Gleichschritt anfühlen!

❹ Probieren Sie einige Variationen aus. Gehen Sie mit der gleichen Fuß-Huf-Kombination erst vor und dann zurück. Oder gehen Sie drei Schritte vor und dann wieder drei zurück und lassen Sie Ihrem Pferd Zeit, Sie zu *spiegeln*.

❺ Besonders vergnüglich ist es, wenn Sie Ihren Fuß mitten im Schritt in der Luft anhalten und baumeln lassen. Ich habe schon beobachtet, wie Pferde beim *Spiegeln* dieser Bewegung mit Ohren und Lippen wackelten (Bild 5.10 C), was ich als Kichern auf Pferdisch (S. 20) bezeichne.

❻ *Stampfen Sie zum Stehen* und warten Sie ab, ob Ihr Pferd diese Bewegung spiegelt (Bild 5.10 D).

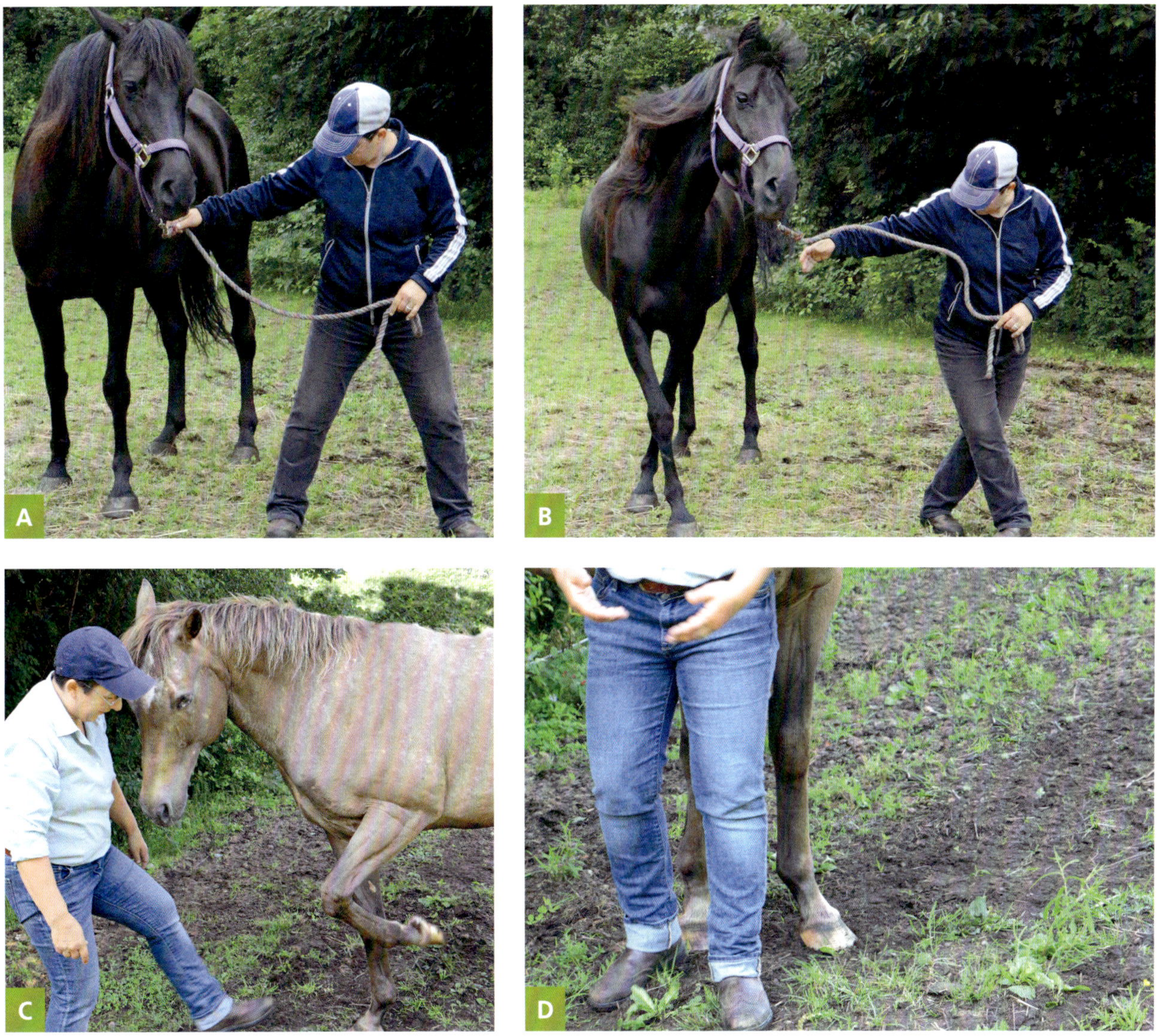

5.10 A–D Beginnen Sie das Fußvergnügen mit einem großen Schritt zur Seite (A). Vielleicht braucht es drei oder vier Anläufe (B), bis Sie das richtige Timing haben. „Wie lang kannst du auf einem Bein stehen" (C)? Ich stampfe zum Stehen und Dakota richtet ihre Hufe nach meinen Füßen aus (D).

Gehen Sie mit Ihrem Pferd im Gleichschritt vorwärts, drehen Sie sich zu ihm um, machen Sie einen Schritt auf seine Hufe zu und fragen Sie, ob es Lust auf Fußvergnügen hat. Das hält Ihr Pferd bei Laune. Es findet es spannend, mit Ihnen zusammen zu sein. Zusätzlich verbessern sich Gleichgewicht, Rhythmus und Harmonie und Sie bekommen ein besseres Gefühl für die natürlichen Bewegungen Ihres Pferdes. Beim Reiten werden Sie die Beine Ihres Pferdes besser wahrnehmen und Ihr gegenseitiges Körperbewusstsein vertiefen.

Gespräch: Hindernisparcours

Mit Bodenhindernissen können Sie weiter daran arbeiten, vergnügt zusammen zu gehen. Nutzen Sie alle Möglichkeiten, die Sie zur Verfügung haben, und sprechen Sie alle Buttons an, um vorwärts-, seitwärts- oder rückwärtszugehen und Ihr Pferd wieder willkommen zu heißen. Üben Sie Rückwärtsgehen auf unbekanntem Terrain oder begrüßen Sie Ihr Pferd, wenn es über eine Bodenstange oder durch eine Gasse mit Tonnen kommt. Stehen Sie zur Sicherheit immer in einem 45-Grad-Winkel leicht seitlich vor Ihrem Pferd, wenn Sie es in Bodenhindernissen willkommen heißen. Falls Ihr Pferd das Selbstvertrauen verliert und vorwärtsrasen muss, hat es genug Platz und wird Sie nicht über den Haufen rennen. Haben Sie, wie besprochen, den Raum vor ihm mit Hilfe des Therapeutischen Rückwärts beansprucht, wird Ihr Pferd alles tun, um zu vermeiden, dass es in Ihre Blase des persönlichen Raums tritt.

❶ Im Gleichschritt vorwärtszugehen macht Pferden richtig Spaß. Legen Sie Bodenstangen in ungewöhnlichen Winkeln zueinander aus (Bild 5.11). Das wird Ihnen helfen, wirklich im Gleichschritt zu gehen, wenn Sie aufeinander abstimmen, wie schnell Sie über die Stangen laufen können und wie hoch Sie dabei die Füße anheben.

❷ Verteilen Sie Bälle, hängen Sie irgendwelche Dinge in Ecken auf, klettern Sie Berge rauf und runter, schlendern Sie durch Tore, Türen und andere angsteinflößende Hindernisse. Es geht einfach darum, viele Gesprächsthemen zu haben. Finden Sie heraus, wie Sie den Humor Ihres Pferdes ansprechen können, Ihren eigenen natürlich auch.

Wann hat Ihr Pferd das Gefühl, dass es einen guten Job gemacht hat? Manche Pferde freuen sich, gekrault und gekratzt zu werden, andere mögen Spielzeug und wieder anderen geht ein Licht auf, wenn Leckerlis ins Spiel kommen.

5.11 Im Gleichschritt über Bodenstangen zu gehen ist ein schönes Gesprächsthema.

SCHRITT 6

Die Fellpflege – Verbundenheit finden

Nun, da wir das Ritual *Irgendwohin Gehen* auf verschiedenste Weise genießen können, ist es an der Zeit, uns um das dritte Ritual von Pferdisch zu kümmern: die Fellpflege, die wir auf S. 55 bereits angesprochen haben.

Fellpflege auf Pferdisch beinhaltet nicht unbedingt auch Berührung. Für Pferde bedeutet soziale Fellpflege einfach, gemeinsame freundschaftliche Energie auf verschiedenen Ebenen miteinander zu teilen. Da Pferde Raum mehr schätzen als Kontakt, wie wir es bereits besprochen haben, ist ihre liebste Form der Verbundenheit eine sehr einfache.

RAUM TEILEN UND PAUSIEREN

Raum teilen bedeutet, dass zwei Lebewesen beieinanderstehen, -sitzen oder nebeneinander fressen, während sie sich unerschütterlich im Neutral Null befinden. Für Pferde ist das wunderbar, uns Menschen dagegen kommt es vielleicht etwas langweilig vor. Daher ist es so unglaublich wichtig, dass wir bereits gelernt haben, wie man in der Sprache der Pferde eine *Pause* macht (S. 27). Denken Sie daran, viele Pausen zu machen, atmen Sie, entspannen Sie sich und bleiben Sie immer in Ihrem inneren Neutral Null. Stellen Sie sich Ihren Lieblingsplatz vor, Ihre Lieblingsmelodie oder etwas anderes besonders Schönes und genießen Sie dieses Gedankenspiel.

Vielleicht ist eine Pause nicht das exakte Pendant zu den langen Stunden, die Pferde dösend zusammen im Sonnenschein verbringen. Aber es passt zu uns Menschen, wir können uns das gut merken und sind geduldig, während wir Raum teilen.

Schlüssel zur Verständigung

Raum teilen S. 95
Die Kontaktaufnahme S. 96
Ihren Bauchnabel-Button benutzen S. 99
Hocken zum Halten S. 102

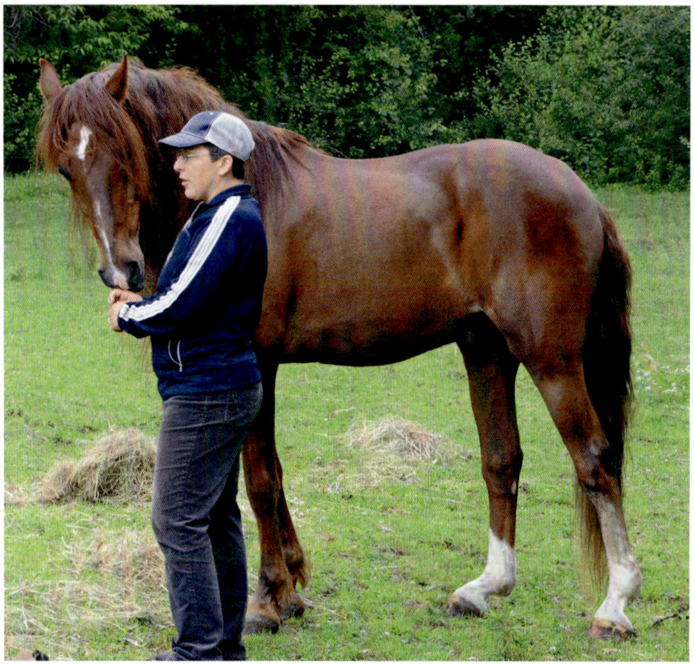

6.1 Zeke sagt „Hallo", ich lade ihn in meiner „O"-Haltung ein, Raum zu teilen.

Gespräch: Der gemeinsame Raum

❶ Machen Sie eine *Pause*: Das lädt zu einem Gespräch über den Tag ein.

❷ Wackeln Sie mit den Lippen und machen Sie einige *Upsies*, atmen Sie tief oder nehmen Sie eine „O"-Haltung ein. Das bedeutet, dass Sie sich gerade gut fühlen und dass Sie den Moment genießen. Pferde *lieben* ruhige Momente. Ihr Pferd wird vermutlich den Kopf senken, den Boden „abschnüffeln" (die Pferdeversion von *Upsie*), seine Ohren zur Seite sinken lassen (Teil der Pferdeversion der „O"-Haltung), mit den Lippen wackeln und tief atmen (Bild 6.1).

❸ Für viele Pferde bedeutet diese bewusste Pause ein wohltuendes Gespräch über gemeinsamen Raum. In Pferdisch ist es Teil der sozialen Fellpflege. Dauert diese Pause lang genug, wird Ihr Pferd Ihnen ein zartes Begrüßungsritual anbieten und Ihre Knöchel beknabbern. Dies ist auch eine Einladung zu mehr Berührung und gegenseitiger Fellpflege.

DIE KONTAKTAUFNAHME

Ich beginne immer am Hals oder am Widerrist, ein Pferd zu berühren – so wie ein anderes Pferd es auch tun würde. Auf Pferdisch drücke ich damit aus, dass ich mir diese Form der Nähe wünsche. Ich halte meine Knöchel in Richtung seiner Lippen, so dass es einen Platz hat, um meine Berührung zu erwidern. In seltenen Fällen beknabbert ein Pferd meinen Handrücken etwas zu sehr oder wird etwas zu heftig. Sollte das passieren, benutze ich den Geh-weg-Button im Gesicht, um Raum in meiner Blase des persönlichen Raums zu fordern, und ich mache *Upsies*, während ich weiter den Hals oder Widerrist kraule (Bild 6.2 A & B).

Ist ein Pferd zu „energetisch" für ruhige Fellpflege, klopfe ich das Pferd vielleicht mit der gewölbten Hand ab (Bild 6.3), wie ich es in „Joe, Das Gespräch beginnt" (S. 80) beschrieben habe. Ich wölbe die Hand und klopfe die ganze Oberlinie des Pferdes rhythmisch ab. Das entspannt die Faszien, die die Muskeln verbinden, stabilisieren, umschließen oder trennen. Es setzt Endorphine frei, die Entspannung fördern. Reiki und Tellington TTouch® sind zwei weitere wunderbare Methoden der Körperarbeit, die den Kontakt zum Pferd vertiefen. Nach der ersten Berührung an Hals und Widerrist gehe ich zu der Art von Fellpflege über, die ich

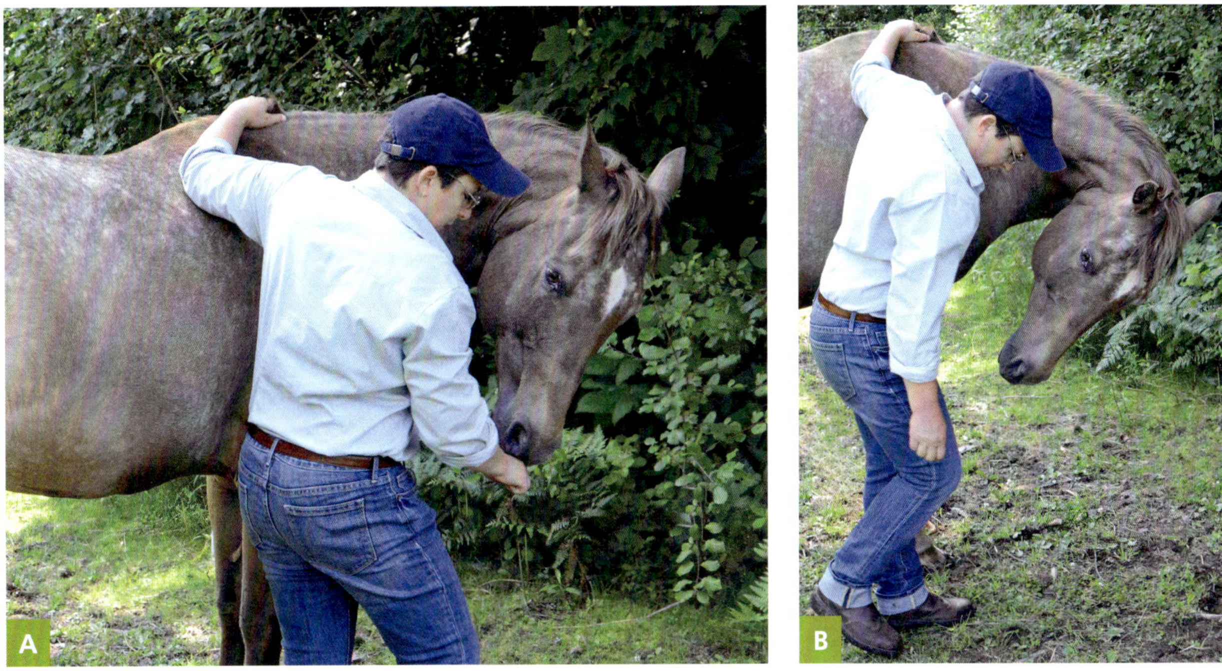

6.2 A & B Pferde beginnen die Fellpflege am Widerrist oder Hals, also mache ich das auch (A). Ich sage „Upsie“ und Dakota senkt den Kopf (B).

mir in diesem Moment wünsche oder die ansteht. Ob ich mein Pferd einfach liebevoll kraulen und streicheln möchte, Schmutz entfernen oder das Winterfell herausbürsten möchte – ich habe herausgefunden, dass Pferde es mögen, erst einmal auf Pferdisch angesprochen zu werden. Sie tolerieren das anschließende, eher technische Putzen nicht nur besser, sondern genießen es geradezu.

Bei Pferden, die es sowieso mögen, gebürstet zu werden, ermöglicht die Pause im Gemeinsamen Raum ein innigeres Zusammensein. Viele Pferde mögen es aber nicht besonders, wenn man sie bürstet oder berührt, sie stehen angespannt am Anbindeplatz oder zappeln herum. Gemeinsamer Raum macht Ihnen verständlich, dass Sie gern die Blasen Ihres persönlichen Raums miteinander verbinden würden, und fragt, ob sie das auch möchten.

6.3 Ein angespanntes Pferd mit gewölbter Hand abzuklopfen, unterstützt das Pferd wirkungsvoll dabei, sich zu entspannen.

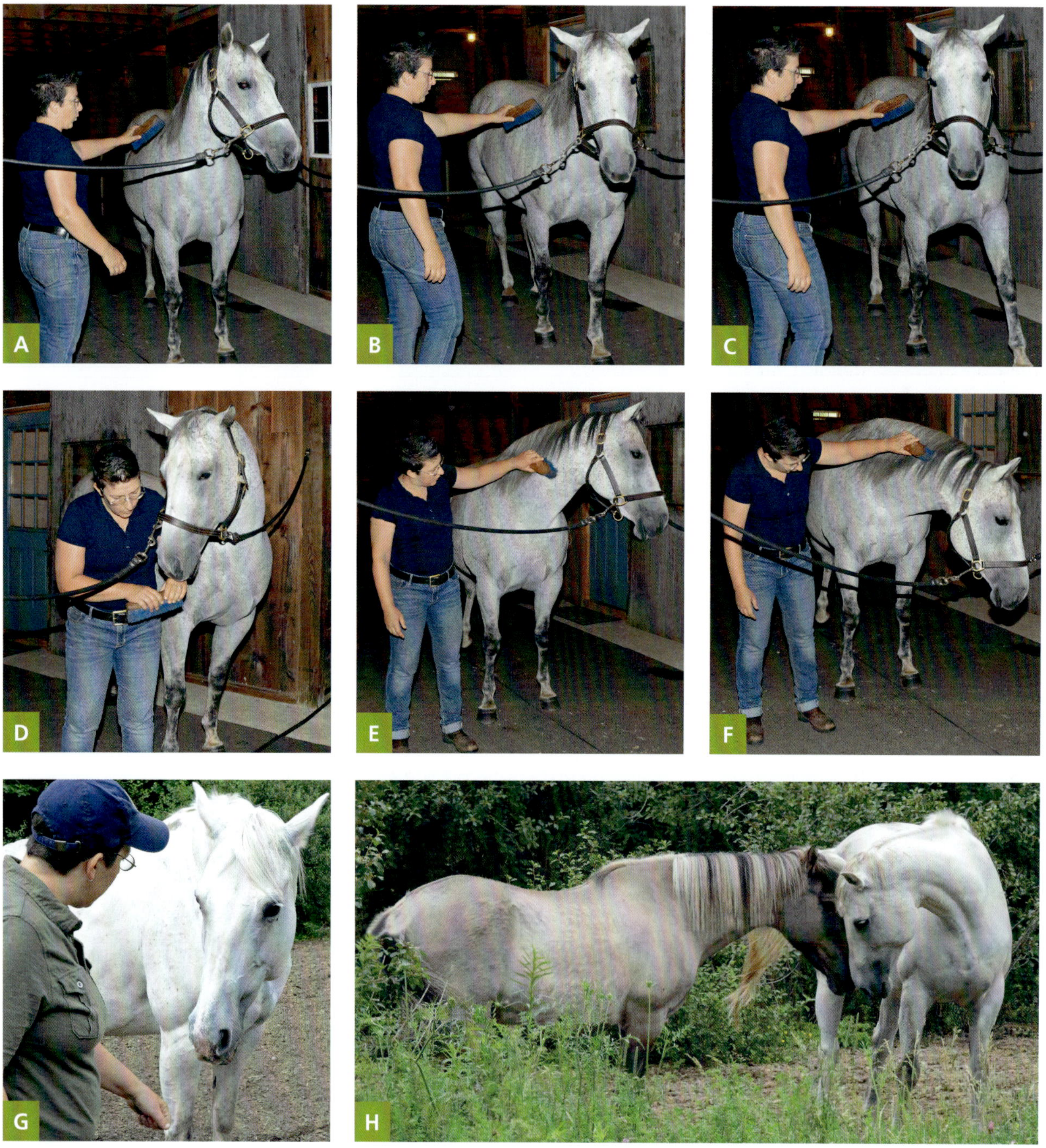

6.4 A–H Ich sehe Image an und sie dreht ihren Kopf von mir weg (A). Durch meine unbeabsichtigte „X"-Haltung sende ich widersprüchliche Botschaften (B). Sie versucht auszuweichen, um dem Druck zu entkommen, den sie wahrnimmt (C). Ich wechsle zu einer „O"-Haltung und Image sagt „Hallo" (D). Ich drehe meinen Bauchnabel und dadurch auch meine innere Energie weg von ihr, behalte die „O"-Haltung bei und unterstütze sie dabei, sich zu entspannen (E). Sie gibt mit dem Kopf Raum und senkt ihn auch, als ihre Nervosität nachlässt (F). Ich stehe in einem 45-Grad-Winkel zum Pferd, so dass sie leicht weggehen kann und sich nicht eingesperrt fühlt (G). Pferde benutzen diesen 45-Grad-Winkel häufig untereinander, damit kein Druck entsteht (H).

DENKEN SIE AN IHR „X" UND „O"

Behalten Sie im Hinterkopf, dass Pferde Ihre Körpersprache immer lesen, auch wenn Sie diese noch gar nicht gut sprechen. Für ein Pferd ist es verwirrend, angebunden zu sein und direkt von Ihnen angesehen zu werden. Auf S. 72 habe ich die Kraft Ihrer inneren Energie erklärt und dass Sie auf Pferdisch „Geh weg" sagen, wenn Sie ein Pferd in „X"-Haltung direkt ansehen und dabei die Hände anheben. Ist das Pferd aber angebunden, sagen Sie: „Geh weg ..., aber das kannst du nicht."

Um Missverständnisse zu vermeiden, müssen Sie Ihre Haltung überprüfen und Ihre Bewegungen kontrollieren. Unbeabsichtigte menschliche Körpersprache könnte auch in diesem Fall der Grund für Unbehagen beim Pferd sein.

Gespräch: Der Umgang mit Ihrem Bauchnabel

Beim Bürsten nehmen Sie häufig die Arme hoch und stehen vielleicht breitbeinig. Ihr Bauchnabel zeigt dabei aufs Pferd. Sie haben also gerade eine „X"-Haltung angenommen, obwohl Sie das gar nicht wollten (Bild 6.4 A–C).

Was können Sie dagegen tun? Die Antwort ist ganz einfach: Richten Sie Ihren Bauchnabel *weg vom Pferd*.

❶ Stellen Sie sich in einem 45-Grad-Winkel im Neutral Null und betrachten Sie Augen, Lippen, Kinn und Ohren Ihres Pferdes (Bild 6.4 D–F). Achten Sie auf Zeichen, die Ihnen verraten, ob Ihr Pferd entspannt ist.

❷ Achten Sie auf Ihre eigene Atmung und auf die Ihres Pferdes. Manche Pferde halten den Atem an, wenn Sie Ihren Bauchnabel auf sie richten. Vielleicht halten Sie sogar ebenfalls den Atem an?

❸ Bleiben Sie in Ihrem inneren Neutral Null. Das wird Ihnen dabei helfen, wahrzunehmen, wann Sie sich unabsichtlich verspannen.

Egal, was Sie tun: Achten Sie bei einem angebundenen Pferd immer darauf, was Sie mit Ihrem Bauchnabel machen, denn häufig ist er die Erklärung für eine Menge mysteriöser Missverständnisse. Behalten Sie den 45-Grad-Winkel bei (6.4 G–H).

❹ Wechseln Sie sofort zu einer „O"-Haltung, wenn Ihnen klar wird, dass Sie in der „X"-Haltung Ihre innere Energie falsch benutzt haben. Gewöhnen Sie sich an, das „O" zu formen, wann immer Sie oder Ihr Pferd sich aus irgendeinem Grund angespannt fühlen. Ihr äußeres Neutral Null wird auch Ihr inneres Neutral Null beruhigen. Denken Sie immer daran, entspannt zu atmen.

Diese Gespräche über „X" und „O" sind so wichtige Schlüsselelemente in Pferdisch! Ihr Pferd wird mit Sicherheit Wege finden, mit Ihnen auch darüber zu sprechen.

Raum teilen

IN DER PRAXIS

Um Fotos für dieses Buch aufzunehmen, ließ ich meine Stute Mama mit meinem älteren, souveränen Wallach Zeke auf die Wiese.

Mama ist eher nervös, missvergnügt und reagiert schnell. Ich wollte ein Pferdegespräch aus dem wirklichen Leben in allen bildlichen Einzelheiten festhalten. Was wir bekamen, war ein eindeutiges Beispiel für ein Pferdegespräch und den natürlichen Ablauf beim Thema „Raum teilen" (Bild 6.5 A–U).

Mama und Zeke heißen einander willkommen (A).

Obwohl sie sich auch sonst immer über den Zaun hinweg sehen können, müssen sie nun, wo sie allein miteinander sind, umgehend herausfinden, wie ihre kleine „Herde" funktioniert und wer das Sagen hat. Bei ihrer Annäherung haben sie den Kopf gesenkt (B).

Da ich Zeke kenne, würde ich sagen, er hat die Führung übernommen und Mama spiegelt ihn. Ich weiß, dass es typisch für Mama ist, bei allem, was sie tut, eine hohe Kopfhaltung zu haben. Zeke muss ihr also sagen, dass sie bitte ruhig bleiben soll, während sie sich annähern. Ihre erste offizielle Begrüßung findet über einem Heuhaufen statt (C).

Zeke fordert Mama auf, sich zu entspannen und ein bisschen was zu essen. Das erste offizielle *Spiegeln* wird mit tiefer Kopfhaltung gemacht. Aber Mama folgt Zekes Führung nur bedingt. Sie schaut in die andere Richtung und testet ihn damit bereits (D).

Zeke wird geschäftig und hebt den Kopf, um Mama beim zweiten Kontakt förmlicher zu begrüßen. Sie schlägt mit dem Schweif und sagt ihm, dass sie ihn frech findet (E).

Zeke hat trotzdem Erfolg, denn sie spiegelt ihn zur gleichen Seite (F).

Bevor es zum dritten Kontakt kommt, beschließt Zeke, dass er kleine Zirkel laufen und alles noch einmal überdenken möchte. Seine Kopfhaltung ist tief. Das bedeutet, dass es kein wirkliches Problem gibt, aber er schlägt mit dem Schweif, um Mama zu sagen, dass sie ihm nicht folgen soll (G).

Dann kommt er zurück und betritt Mamas Blase des persönlichen Raums. Er möchte den dritten Kontakt anbieten, um Verbindung mit ihr aufzunehmen und sie zu beruhigen. Doch sie dreht den Kopf übertrieben zur Seite, sucht den Horizont ab und schlägt mit dem Schweif. Das bedeutet, dass sie sich nicht sicher fühlt und keine Verbindung aufnehmen möchte (H).

Bevor Zeke Zeit hat, darauf zu reagieren, galoppiert sie in Windeseile davon (I). Mama ist eine Drama-Queen und Zeke ist überrascht und genervt, dass sie so überreagiert.

A

B

C

E

F

H

J

K

L

M

N

O

Er nimmt die Ohren nach hinten, sieht irritiert aus und schlägt verärgert mit dem Schweif. Dann schließt er zu ihr auf und fordert Mama auf, um ihn herumzukreisen, indem er ihren Schulter-, Mittelhals und Geh-weg-Gesichts-Button benutzt (J).

Sein Vorderbein zeigt auf ihre Schulter und er übertreibt seine Schritte, um sie dazu zu bewegen, mit ihm im Gleichschritt zu gehen und langsamer zu werden. Er ist jetzt offensichtlich wirklich wütend, seine Ohren sind flach angelegt und sein Schweif schlägt wie verrückt.

Mama ignoriert seine Anweisungen und wird panisch. Sie rennt noch schneller. Zeke, der zum Zeitpunkt der Aufnahmen 26 Jahre alt ist, ist nicht in der Stimmung, Mama zu jagen. Er geht nun einfach in die Mitte der Wiese und in sein inneres Neutral Null (K). Er sagt, dass er hier stehen bleibt und wartet, bis Mama sich beruhigt, damit sie dann sprechen können.

Ich beschließe einzugreifen. Zunächst gehe ich in meinem inneren Neutral Null und in „O"-Haltung auf Zeke zu, um Mama zu zeigen, dass Zeke und ich als Leittiere verbunden sind. Zeke heißt mich willkommen und hofft zweifelsohne, dass ich ihm mit dieser verrückten Stute zu Hilfe komme. Als ich dicht bei Zeke stehe, wirft Mama mir einen Blick zu, bremst aber nicht ab (L).

Ich bleibe nahe der Wiesenmitte und bei Zeke und beginne, in der „O"-Haltung mit Mama im Gleichschritt zu laufen. Dabei nicke ich mit dem Kopf, um ihr zu sagen, dass sie jederzeit zu mir kommen kann (M). Nach ein paar Schritten verändere ich meine Haltung, als ob ich mich hinsetzen wollte (N). Ich nenne das *Hocken zum Halten*. So vermittle ich Mama, dass ich möchte, dass sie anhält.

P

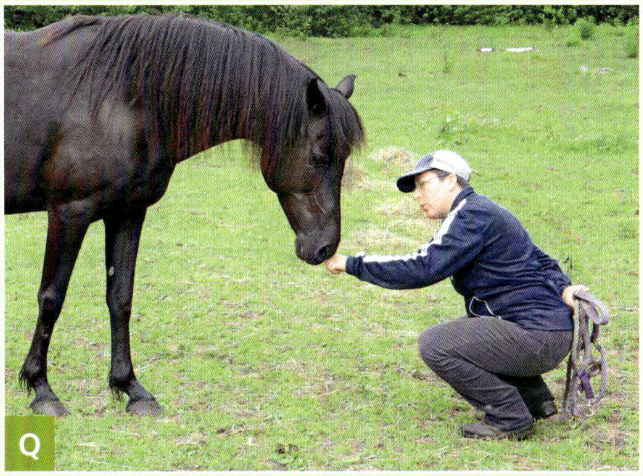
Q

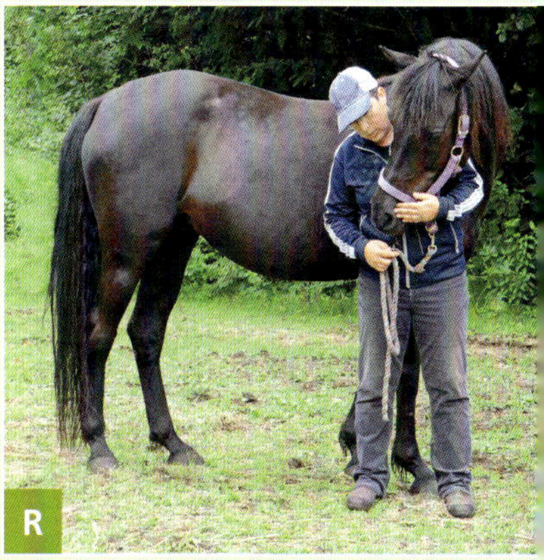
R

S

T

U

Da wir im Gleichschritt waren und sie mit mir verbunden ist, versucht sie, dieser Aufforderung nachzukommen. Ich bitte sie, zu mir zu kommen, genau wie Zeke es anfangs getan hat, mit gesenktem Kopf und geringer Intensität. Ich runde meine Schultern nach vorn und schaue nach unten, um klar auszudrücken, dass ich möchte, dass sie sich beruhigt (O).
Ich hebe ihr Halfter vom Boden auf. Bevor ich es ihr anziehe, suche ich den Horizont übertrieben ab, da sie sich darüber als Erstes aufgeregt hat (P). Ich sage „Hallo" und gehe in die Hocke, um sie aufzufordern, wirklich im Neutral Null mit mir zu sein. Ich strecke ihr meine Knöchel hin (Q). Beim Anziehen des Halfters lehne ich meinen Rücken an ihre Schulter, um allen Druck aus meinem Bauchnabel zu nehmen und meine innere Energie von ihr wegzurichten. Ich lade sie damit in eine „Umarmung" ein (R).
Pferde, die sanft miteinander umgehen, stehen häufig in diesem Winkel zueinander. Wir teilen Gemeinsamen Raum. Ich bin in meinem inneren Neutral Null, in „O"-Haltung, mit einer Hüfte abgesenkt. Wir atmen tief. Zeke geht weg. Nun, wo sich alles beruhigt hat, möchte er etwas anderes machen (S), überlegt es sich dann aber und kommt zurück, um zu sehen, ob auch wirklich alles in Ordnung ist. Ich senke den Kopf, um zu sagen, dass beide entspannt bei mir bleiben sollen (T).
Ich deute bei beiden Pferden auf den Geh-weg-Gesichts-Button. Damit beanspruche ich Raum und mache mich zum Leittier. Meine Kopfhaltung bleibt tief, weil ich keine große Sache daraus machen möchte. Ich will ein Gespräch auf Neutral Null (U). Zeke weiß jetzt, dass er sich entspannen kann und dass ich die Verantwortung übernehme.

SCHRITT 7

Die fünf Stufen der Intensität

Anfangs bin ich bereits kurz darauf eingegangen, dass ich Nummern für die verschiedenen Ebenen der Intensität (oder „Lautstärke“) von Körperbewegungen eingeführt habe, die in Gesprächen mit Pferden benutzt werden (S. 13). Sie wirken als „Lautstärkeregler“ und gehen von 0 bis 4. Mit steigender Zahl steigt auch das Ausmaß oder der Nachdruck Ihrer Bewegung (Bilder 7.1, A–F).

DIE EBENEN VERSTEHEN

Nun, wo Sie etwas Erfahrung mit den Grundlagen von Pferdisch haben, werden Sie lernen, die Intensität Ihrer Sprache der Situation angemessen zu gestalten. Sie können das Alphabet und die ersten Sätze, jetzt lernen Sie flüssig und grammatikalisch richtig sprechen und lesen.

Schlüssel zur Verständigung

ÄUSSERES NEUTRAL NULL UND „O“-HALTUNG

Alles beginnt mit der vollkommenen Ruhe von Körper und Geist – das ist Neutral Null. Wir haben das innere und äußere Neutral Null im Detail besprochen (S. 11). Hier wiederholen wir es nur kurz, damit wir einen Startpunkt haben, um die Ebenen der Intensität zu besprechen.

Die „O“-Haltung ist eine Willkommensgeste, und ein leicht nach vorn gebeugter Körper lädt Ihr Pferd zum Näherkommen ein, während Sie sich in Ihrem inneren Neutral Null befinden (Bild 7.1 B).

7.1 A–F Inneres und äußeres Neutral Null plus Upsies bedeuten null Druck (A). Die „O"-Haltung ist ein Willkommensgruß des Körpers. Das innere Neutral Null sorgt für Ruhe (B). Intensitätsebene eins zeigt eine Absicht (C). Ebene zwei bittet darum (D). Ebene drei befiehlt (E). Ebene vier besteht darauf (F).

EBENE EINS

Das Wort „Absicht" scheint normalerweise mehr einen Gedanken zu bezeichnen als eine Bewegung. Körper und Geist sind im Falle einer „Absicht" aber nicht wirklich getrennt voneinander. Wenn Sie also eine Absicht haben und etwas Bestimmtes tun oder auf eine bestimmte Art handeln möchten, verändert sich Ihre Körperhaltung unmerklich. Und natürlich kann Ihr Pferd jede mikroskopisch kleine Veränderung der Körperhaltung lesen.

Die Neigung Ihres Kinns, der Winkel Ihrer Schulter, der Grad der Beugung Ihrer Knie bleiben ihm nicht verborgen. Die Intensitätsebene eins wird durch Ihre Haltung ausgedrückt. Haben Sie eine Absicht, stehen Sie aufrechter als im inneren und äußeren Neutral Null (Bild 7.1 C). Ihre Kopfhaltung ist höher und Ihre Schultern gerader und nicht gerundet wie in der „O“-Haltung.

Empfindsame Pferde reagieren bereits gut auf diese Ebene eins. Sie bemerken es vielleicht kaum, wie sie ihr Gewicht verlagern und Ihnen Platz machen, wenn sie sich umdrehen und Sie anschauen. Nicht so sensible Pferde reagieren vielleicht weniger auf Ihre Energie, die ja aus einer aufrechten Haltung kommt. Sie brauchen etwas Zeit, um zu verstehen, was Sie meinen. Oft sind diese Pferde verschlossen, weil sie mit widersprüchlichen Anweisungen umgehen lernen mussten.

Schulpferde sind meist ziemlich stoisch, da sie jahrelang mit unausbalancierten Reitern und widersprüchlichen Anweisungen zu tun hatten. Zunächst einmal brauchen sie etwas höhere Intensitätsebenen. Ich habe aber erlebt, dass sie – sobald sie das Gefühl haben, sich in Gesprächen mit Menschen öffnen zu können – genauso empfindsam sind wie jedes andere Pferd auch.

Gespräch: Haltungstraining

Überprüfen Sie von Zeit zu Zeit Ihre Haltung, wenn Sie bei Ihrem Pferd sind. Nehmen wir an, Sie sind zum Beispiel auf dem Weg zum Paddock und Ihr Pferd beobachtet Sie, während Sie näher kommen:

❶ Ihre Gefühle sind in Ihrem inneren Neutral Null, Ihre Schultern zeigen zu Ihrem Pferd.

❷ Konzentrieren Sie sich auf seinen seitlichen Hals und stellen Sie sich vor, dass es sich wegdreht. Wie reagiert es?

❸ Gehen Sie mit Ihrem Körper zurück zu Ihrem äußeren Neutral Null und/oder drehen Sie sich völlig weg von Ihrem Pferd.

Ich habe schon einige Male Pferde stoppen können, die auf mich zugaloppierten, indem ich meine innere Energie aktivierte, mit etwas gebeugten Knien stand und meinen Atem in den Boden fließen ließ. Spielen Sie anfangs nur ein wenig mit diesen Elementen.

Intensitätsebene eins kann bereits sehr wirkungsvoll sein, obwohl Sie weder Arme noch Beine bewegen, um eine Nachricht zu übermitteln. Sie formulieren einfach im Geist eine Absicht, schauen auf einen Button Ihres Pferdes und richten sich auf, so dass Sie eine „X“-Haltung einnehmen (S. 72, noch ausführlicher auf S. 109). Das Wichtige ist, dass Sie anschließend sobald wie möglich wieder in die entspannte Haltung des Neutral Null zurückkehren.

EBENE ZWEI

Kombinieren Sie die Absicht von Ebene eins mit Bewegung. Ebene zwei *fragt höflich an* und bleibt auf der Intensität von Ebene eins. Das sieht so aus: Ihr Geist ist entspannt im Neutral Null und Sie haben eine klare Absicht, was Sie von Ihrem Pferd möchten. Sie stehen sehr aufrecht und konzentrieren sich auf die Buttons, die Ihrer Anweisung entsprechen. Bewegt Ihr Pferd sich nicht, zeigen Sie *zusätzlich* mit dem Finger auf die Buttons oder wedeln mit der Hand. Sie können den indirekten Druck auch erhöhen, indem Sie mit einem Seil, einem Taschentuch oder mit einer Plastiktüte, die an einem Stock befestigt wurde, schlenkern. Man kann ein Pferd aus seinem Raum bewegen, indem man mit den Händen sanft in der Luft herumwedelt. Ich beginne gern mit einer Art „Kitzelbewegung" der Finger in Richtung eines Buttons. Dadurch bleibe ich humorvoll und die Pferde mögen diese Geste scheinbar auch.

Ebene zwei kann ein Wendepunkt sein, wenn es darum geht, herauszufinden, ob man stärkeren Druck machen muss oder ob man mit etwas „weniger Lautstärke" auskommt. Es ist nicht ungewöhnlich, dass ein Pferd plötzlich weniger bereitwillig mitarbeitet. Pferde testen untereinander die Ebenen der Intensität durch, um sich auf *allen* Ebenen kennenzulernen. Neigt ein Pferd dazu, gewaltbereit zu sein und auf der Skala rasant nach oben zu schnellen, weiß das andere Pferd, dass es besser keine allzu großen Wellen schlagen sollte. Pferde möchten daher auch wissen, wie *Ihre* Intensitätsebenen aussehen.

EBENE DREI

Möchten Sie die Intensität eine Stufe weiter „aufdrehen", werden Sie noch etwas aktiver und zusätzlich zur Bewegung Ihrer Hände gehen Sie nun einen Schritt *auf das Pferd zu* (Bild 7.1 E). Man könnte sagen, dass Sie nun „lauter sprechen" und Ihre Ansage entspricht nun einem Befehl statt einer Bitte. Auf der Gefühlsebene bleiben Sie Neutral Null. Ihre Absicht wird allein durch Ihre Körperhaltung und den Schritt *vorwärts* aufs Pferd und einen Button zu ausgedrückt. Gehen Sie in die Blase des persönlichen Raums des Pferdes. Oft fühlt das Pferd, dass Ihre Blase sich der seinen nähert, und es ahnt Ihre Absicht, es zu berühren, bevor Sie überhaupt nah genug herankommen.

Intensitätsebenen
IN DER PRAXIS

Die Intensitätsebenen einzelner Pferde können sehr unterschiedlich aussehen. Daher ist es wichtig, die Ebenen ganz allmählich zu steigern, bis das Pferd reagiert, und dann zurück zu der Ebene zu gehen, auf der man gerade noch Gehör beim Pferd findet. Wenn Sie auf ein sehr empfindsames Pferd gleich mit einer Intensitätsebene zugehen, von der Sie denken, es sei Ebene drei, kann das fürs Pferd schon Ebene vier sein. Halten Sie nach einer Gewichtsverlagerung, einem Zucken oder anderen kaum sichtbaren Reaktionen Ausschau, um herauszufinden, wie gut Sie gehört wurden. *Jede* Antwort Ihres Pferdes ist willkommen und bedeutet, dass Sie zu Neutral Null zurückkehren. Ihr Pferd soll Ihre unterschiedlichen Zeichen verstehen.

Hört oder versteht Ihr Pferd Ihre Absichten nicht, reagiert es nicht auf die zusätzliche Bewegung, fügen Sie Ihrer Nachricht nun eine achtsame Berührung hinzu. Diese Berührung soll gerade deutlich genug sein, dann kehren Sie sofort wieder zurück zu Neutral Null. Bleiben Sie achtsam, und Ihr Pferd wird auch achtsam sein.

Pferde vermeiden es meist, zu beißen oder zu schlagen – das Pendant zu heftiger Berührung oder zu lautem Sprechen. Ebene drei birgt das Risiko, dass man Widerstand erzeugt. Wenn Pferde ständig Widerstand in anderen Pferden erzeugen, ist die Harmonie in der Herde dahin, und wir wissen, dass Pferde Harmonie sehr schätzen. Daher ist es wichtig, dass Sie nur *gerade genug* Intensität einsetzen, um Ihre Nachricht übermitteln zu können. Andererseits müssen Sie die Intensitätsebene so lange halten, bis das Pferd wenigstens anerkennend zuckt. Je flüssiger Sie Pferdisch sprechen, desto feiner werden auch Ihre Gespräche mit Ihrem Pferd.

EBENE VIER

Nun wird es Zeit zu fordern, aber Sie „schreien" immer noch nicht. Egal, wie Ihre körperliche Geste ausfällt, *innerlich* bleiben Sie Neutral Null. Sie stehen in der „X"-Haltung mit breiten Beinen und erhobenen Armen. Ebene vier kann alle vorherigen Elemente beinhalten: klare Absicht, Konzentration, Bewegung und Berührung (Bild 7.1 F).

In Ebene vier nehmen Sie zusätzlich den Hampelmann hinzu, um Ihren Standpunkt zu verdeutlichen. Sie machen kraftvolle, energische Bewegungen, was nicht bedeutet, dass Sie das Pferd schlagen. Sie berühren das Pferd oft überhaupt *nicht*. Außerdem haben Sie die vorherigen Schritte dieses Buches ja bereits durchgearbeitet und sich dadurch Respekt und Vertrauen Ihres Pferdes erarbeitet. Daher wird Ebene vier sowieso eher die Ausnahme als die Regel Ihrer Gespräche sein.

Ebene vier ist übertrieben deutliche Bewegung. Sie machen große Bewegungen, so wie ein Pferd es tun würde, um den höchsten Grad der Intensität zu zeigen, weil ein anderes Pferd einfach nicht reagiert. Manchmal befinden Sie sich vielleicht in einer gefährlichen Situation mit einem Pferd und in solch einem seltenen Fall, in dem es um Ihre Sicherheit geht, ist Intensitätsebene vier angebracht, um die Aufmerksamkeit eines Pferdes zu erlangen.

Die Gespräche, die Sie bisher gelernt haben, sind nicht für Extremsituationen gedacht, in denen ein Pferd panisch oder aggressiv ist. Die Gespräche, die Sie führen, sollten es Ihnen ermöglichen, Ihre Intensitätsebene allmählich zu steigern, bis das Pferd antwortet. Steigert eine Person ihre Intensität bis zur vier, also bis sie zum Beispiel mit der Peitsche auf den Boden schlägt und die Peitsche dabei knallt, ist es häufig schwierig, sofort zum inneren Neutral Null zurückzukehren. Das stresst das Pferd. Der Druck in Ihrem Körper bleibt erhalten und das Pferd fühlt das auch.

DER UNTERSCHIED ZWISCHEN BESTIMMTHEIT UND AGGRESSION

Menschen neigen häufig dazu, über Momente nachzudenken, in denen sie keine Freude mit ihrem Pferd hatten. „Dieses Pferd wird sich nie ändern!“, „Das gibt's doch nicht! Ich fühle mich verraten!“, „Warum zahle ich auch noch für so etwas?“ oder „Es wird mich niemals verstehen!“. Solche Geschichten, die in Ihrem Kopf immer wieder kreisen, sorgen dafür, dass Sie nicht im Hier und Jetzt sind. Sie erleben einen innerlichen Druck, den Ihr Pferd spürt.

Eine andere Art von Druck strahlen Sie aus, wenn Sie glauben, dass Sie sich in einem Willenswettstreit mit Ihrem Pferd befinden und immer gewinnen müssen. Ich denke im Gegenteil, dass es darum geht, niemals mit einem Pferd zu kämpfen. Unsere Raubtierinstinkte könnten dazu führen, dass wir uns unangemessen verhalten und unsere ganze zukünftige Zusammenarbeit mit einem bestimmten Pferd gefährden. Pferde wehren sich außerdem sehr kraftvoll gegen Raubtiere, indem sie schlagen und beißen. Wollen wir diese Raubtierrolle spielen?

In einem Gespräch möchten wir weder bei uns noch beim Pferd einen erhöhten Adrenalinspiegel. Adrenalin ist ein Stresshormon. Es führt dazu, dass Mensch oder Pferd nicht mehr denken, sondern nur noch instinktiv reagieren können. Mutter Natur übernimmt. Nach dem Anstieg des Adrenalinspiegels brauchen Mensch und Pferd mindestens zwanzig Minuten, um wieder herunterzufahren.

7.2 A–C Üben Sie Intensitätsebene vier an einem Gymnastikball. Lassen Sie kraftvolle Energie in einer einzigen flüssigen Bewegung heraus. Sobald Sie fertig sind, ist es vorbei.

Übung: Bestimmtheitstraining

Um den Unterschied zwischen Bestimmtheit und Aggression zu fühlen, versuchen Sie es mit dieser Übung, in der Sie äußerlich Intensitätsebene vier trainieren, während Sie innerlich Neutral Null bleiben.

❶ Suchen Sie sich einen Platz im Freien, ohne Pferde rundherum. Schlagen Sie mit aller Kraft mit der Gerte auf einen Gymnastikball ein (Bilder 7.2 A & B).

❷ Gehen Sie nun zurück zu Ihrem äußeren Neutral Null (Bild 7.2 C).

❸ Beobachten Sie währenddessen Ihre Gefühle. Wenn Sie von Null zur Ebene eins gehen (eine Absicht haben) und weiter zu Ebene zwei (höflich anfragen), zu Ebene drei (auffordern, vielleicht berühren) bis zu Ebene vier (übertriebene Bewegung), sollten Ihre Gefühle sich *nicht* verändern. Es ist schwierig, den Ball zu schlagen und sofort danach wieder zu Neutral Null zurückzugehen. Lassen Sie Ihren Körper die Bewegung machen, während Ihr Inneres ruhig bleibt, wie bei einem Samurai.

EMOTIONALE AUSGEGLICHENHEIT

Es braucht etwas Übung, große Bewegungen zu machen und innerlich trotzdem ausgeglichen zu bleiben. Das ist aber die Voraussetzung, um diese Bewegungen in Gesprächen einzusetzen, wenn sie notwendig sind. *Ausgeglichenheit* bedeutet, dass man seine Gefühle erkennt und regelt, während man mit dem Pferd zusammen ist.

Fortschritte mit Ihrem Pferd erzielen Sie nicht, wenn Sie mit der Gerte wedeln, das Pferd berühren oder riesige Bewegungen machen. Sie machen Fortschritte, wenn der Druck *aufhört*. Druck ist der schnellste Weg, um ein *einfühlsames* Gespräch in ein *abstumpfendes* Gespräch zu verwandeln. Kein Pferd hält ein anderes einfach fest. Um etwas zu erreichen, sollten Sie nach Pferdeart verfahren: Arbeiten Sie sich auf den Intensitätsebenen hoch, bis Sie Gehör finden, und gehen Sie dann sofort zurück zu Neutral Null.

7.3 Jag und Luna buckeln spielerisch und zeigen eine hohe Intensität. Roxy bleibt Neutral Null.

Zwischen Pferden werden Sie selten Gespräche sehen, die über Ebene zwei hinausgehen. Sie können erkennen, wie sie von Neutral Null zu Ebene zwei und sofort wieder zurück zu eins oder Null gehen. Ihr Ziel ist ein Leben in Neutral Null. Pferde untereinander nutzen Ebene drei und vier selten (Bild 7.3). Im Vergleich dazu putzen wir unser Pferd vielleicht auf Ebene eins oder zwei, und wenn wir Bodenarbeit machen, sind wir auf Ebene drei oder vier.

FEINABSTIMMUNG DER „X"- UND „O"-HALTUNG

Im Folgenden verfeinern wir Ihr bisher gelerntes Pferdisch noch ein wenig. Die zwischenmenschliche Körpersprache ist gar nicht so anders. Wenn ein Fremder Sie anstarrt (Geh-weg-Botschaft, S. 37), fühlen Sie sich wahrscheinlich unwohl. Schaut Ihr Liebster Ihnen in die Augen (Willkommensbotschaft, S. 37), schmelzen Sie dahin. Steht jemand zu dicht oder direkt vor Ihnen, fühlt sich das anders an, als wenn er leicht seitlich vor Ihnen steht. Greift jemand einfach so an Ihre Schulter, sind Sie verwirrt oder ärgerlich. Wirbelt ein Tanzpartner Sie dagegen sanft mit einer Hand auf Ihrem Arm herum, lassen Sie sich gern führen.

Die Haltung Ihres Oberkörpers hat genau wie die Haltung oder Bewegung Ihrer Arme, Beine oder Ihres Kopfes eine große Bedeutung für das Pferd. Das „X" Ihres Körpers ist eine kraftvolle Geh-weg-Botschaft für das Pferd. Es gibt viele Variationen der „X"-Haltung. Ein winziges Anheben des Brustbeins bedeutet genauso ein „X" wie das Anheben des Kopfes. Jede Position, die Ihren Rumpf größer macht, ist ein „X". Das Anheben eines Arms, um Druck auf einen Button auszuüben, ist eine Geh-weg-Botschaft und ein „X". Eine extreme Form des „X" ist es, breitbeinig mit hocherhobenen Armen dazustehen, ähnlich wie ein Hampelmann.

Instinktiv gehen wir bei unseren Pferden manchmal in eine „X"-Haltung. Weniger instinktiv laden wir ein Pferd mit der „O"-Haltung zu uns ein. In der „O"-Haltung formen Ihre Arme tief vor Ihrem Oberkörper einen Kreis. Sie stehen etwas gebeugt mit angewinkelten Knien und gesenktem Kopf. Die „O"-Haltung ist so unwiderstehlich für ein Pferd wie jemand, der Sie mit offenen Armen und einem breiten Lächeln willkommen heißt.

Manche Menschen neigen dazu, Pferde in ihre Blase des persönlichen Raums einzuladen. Ihre Körperhaltung ist von Natur aus etwas „O"-artig, mit gerundeten Schultern, abgesenktem Brustbein, entspannten Knien, leicht gebeugtem Nacken. Anderen gelingt es nicht, ein Pferd einzufangen, weil sie immer etwas zu sehr ins „X" gehen, ihre Brust ist immer ein wenig angehoben, ihre Schultern zeigen nach hinten. Auch wenn sie nur unbewusst ins „X" oder „O" gehen und die Arme gar nicht mit einbeziehen, reagieren Pferde auf die Willkommens- oder Abschiedsbotschaften, die diese Menschen aussenden, und verhalten sich entsprechend. Da es ja nun um die „Lautstärke" unserer Intensität geht, ist es sinnvoll, die Intensitätsebenen zu nutzen, um an der Feinabstimmung unserer „X"- und „O"-Haltung zu arbeiten.

Von „X" zu „O" und zurück

IN DER PRAXIS

Eine meiner Schülerinnen hat eine eigensinnige Stute, die eines Tages im Winter aus der Weide ausbrach und aufgeregt herumrannte. Um sie sicher auf einen Paddock zu bekommen, musste meine Schülerin die Stute vor sich hertreiben. Sie erzählte mir, dass sie Geh-weg-Botschaften der Intensitätsebene drei benutzte und ein Seil Richtung Hüfthöcker der Stute schwang, um ihr klarzumachen, was sie wollte.
Sobald die Stute sich auf einem Weg zwischen den Paddocks befand, wurde der eine „Ausgang" blockiert. Meine Schülerin öffnete das Tor eines Paddocks und stellte sich im Neutral Null und einer „Wie merkwürdig"-Haltung ans offene Ende des Weges, um die Stute zu sich und dem offenen Paddock zu locken. Sie benutzte die Intensitätsebene vier und klatschte das Seil auf den Boden, als es aussah, als wolle die Stute sie überrennen. Da die Stute aber die offene Paddocktür wahrnehmen musste, kehrte sie immer sofort zu Neutral Null und der „O"-Haltung zurück. Raste die Stute doch heran, benutzte meine Schülerin eine extreme „X"-Haltung der Ebene vier, damit sie umkehrte. Die abwechselnden Willkommens- und Geh-weg-Botschaften veranlassten die Stute am Ende, den offenen Paddock zu registrieren und freiwillig hineinzugehen.
Pferdisch schaffte es, dass die Stute begann nachzudenken, anstatt nur zu reagieren.

DIE FEINABSTIMMUNG UNSERER INNEREN ENERGIE

Ihre Haltung beeinflusst die Wirkung Ihrer Körpermitte auf das Pferd. In der „X"-Haltung stehen Sie aufrecht, Ihr Bauchnabel ist exponiert. Ihre innere Energie strömt zu dem Punkt hin, auf den Ihr Bauchnabel gerichtet ist.

In der „O"-Haltung ist Ihr Bauchnabel hinter Ihren Unterarmen nach innen gezogen. Die „O"-Haltung ist eine Willkommensgeste.
Der Bauchnabel ist ein kraftvolles Kommunikationsmittel, denn dahinter ist das Zentrum Ihrer inneren Energie (S. 72). Daher wirken die „X"- und die „O"-Haltung wahrscheinlich so gut.

Gespräch: Der Umgang mit Ihrer inneren Energie

❶ Ihr Pferd ist frei auf der Weide oder in seiner Box, Sie stehen außerhalb der Umzäunung. Nehmen Sie eine „X"-Haltung mit geringer Intensität ein und stellen Sie sich einen Lichtstrahl vor, der aus Ihrem Bauchnabel zu irgendeinem Punkt auf dem Pferdekörper strömt. Zählen Sie bis zehn.
Ihr Pferd reagiert vielleicht sofort oder auch gar nicht. Es gibt aber keine falsche Antwort, denn sie sammeln lediglich Informationen.
❷ Drehen Sie nun Ihren Körper so, als würden Sie einen Scheinwerfer dorthin richten, wohin Ihr Pferd schaut. Schauen Sie ebenfalls in diese Richtung, Ihr Pferd behalten Sie im Augenwinkel. Zählen Sie bis zehn.
❸ Richten Sie Ihre innere Energie zurück auf den Punkt, auf den Sie sich zuerst konzentriert hatten. Beobachten Sie, ob Ihr Pferd irgendeine Reaktion zeigt, eine Veränderung der Atmung, der Ohrenstellung, der Kopfhaltung oder eine Gewichtsverlagerung.
❹ Gehen Sie diese Abfolge drei Mal durch und denken Sie zwischen den einzelnen Versuchen an die *Upsies*, bei denen Sie tief ausatmen.

Sie können dem Pferd buchstäblich die Tür öffnen, auf die es zugehen soll, oder es zum Stillstehen bringen, indem Sie Ihren Bauchnabel und Ihre innere Energie auf Ihr Pferd richten und die Intensitätsebenen einsetzen (Bilder 7.4 A–C). Geht Ihr Pferd auf eine Wand oder einen Zaun zu und Sie richten Ihre Augen und Ihre innere Energie auf diese Wand gerade vor ihm, ist das, als ob Sie eine Tür schließen würden. Sie können die Tür wieder öffnen, wenn Ihre innere Energie parallel zu Ihrem Pferd und seinen Bewegungen verläuft. Verengen Sie seinen Weg, indem Sie Ihre innere Energie diagonal oder in einem 45-Grad-Winkel vor die Pferdebrust richten. Pferde können auch lernen, rückwärtszugehen, wenn Sie Ihre innere Energie auf die Pferdebrust richten.
Es ist nicht nur wichtig, sich der Kraft Ihres Bauchnabels bewusst zu sein, sondern auch zu lernen, wie man diesen Einfluss dosieren kann, indem man die Intensitätsstufen benutzt (Bilder 7.5 A–C).

Normalerweise zielen wir mit unserem Bauchnabel unbeabsichtigt und ohne darüber nachzudenken auf alle möglichen Punkte des Pferdekörpers. Da dies die unterschiedlichen Formen von Stress und Druck erhöht, sind die meisten Pferde von unserer Kommunikation mit ihnen verwirrt. Sie wissen, dass wir irgendetwas von ihnen wollen, aber was genau könnte das sein?

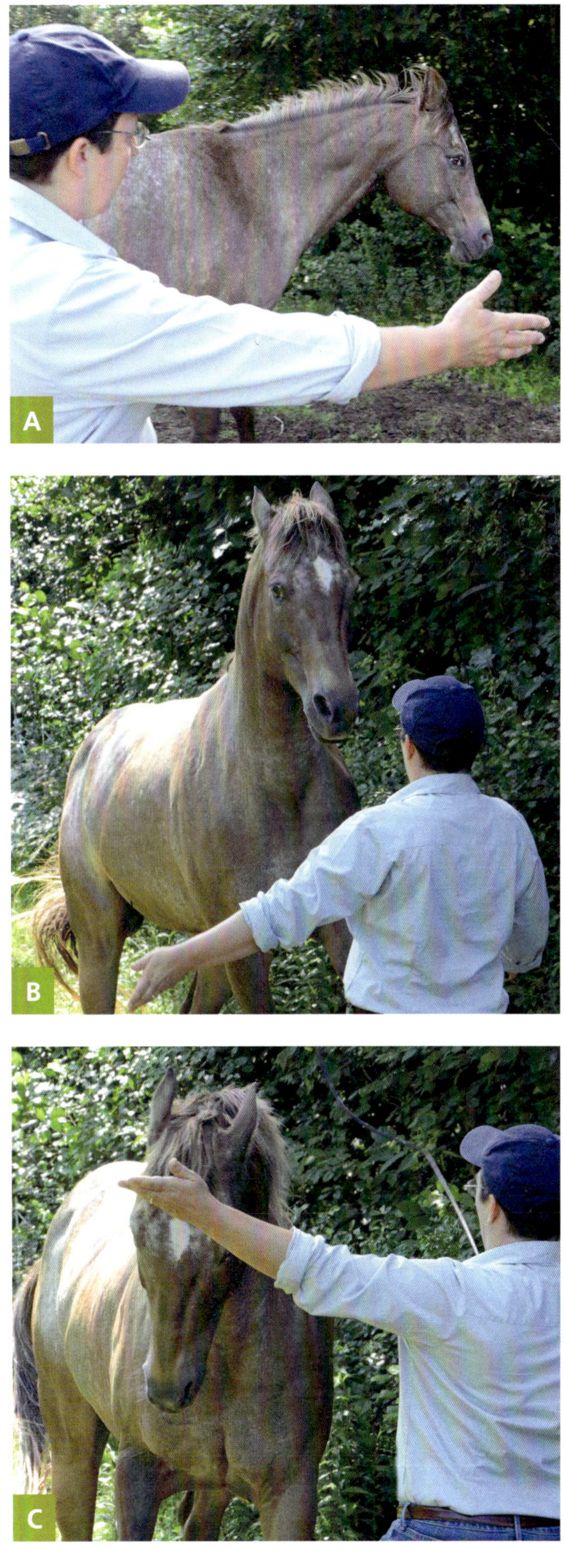

7.4 A–C Wenn Sie Ihre „X"- und „O"-Haltung und Ihre innere Energie einsetzen und bewusst mit Ihren Intensitätsebenen umgehen, kann das eine Tür für Ihr Pferd öffnen, durch die Sie es gehen lassen (A). Es kann ihm den Weg erklären, auf den Sie es schicken möchten (B). Ich hebe meinen Arm höher an, so dass ich auf Dakotas Geh-weg-Gesichts-Button deuten und sie mit einem deutlichen „X" auf den Weg schicken kann.

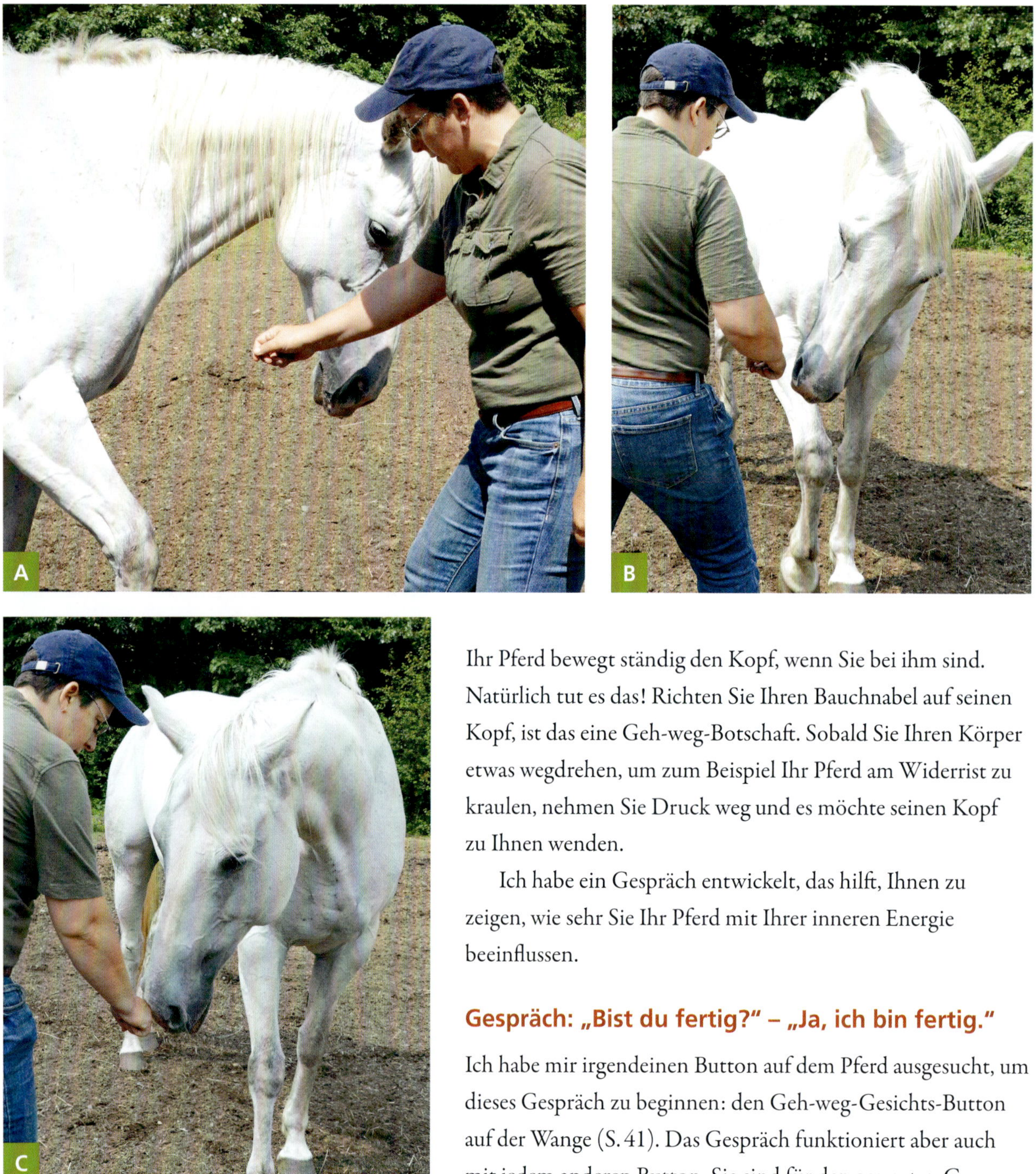

7.5 A–C Es ist wichtig, dass Sie Ihre Bewegungen und Ihre innere Energie fein abstimmen. Ich bitte Vati nur, einen Schritt zurückzugehen (A). Auf meine Willkommensbotschaft hin kommt sie zu mir (B & C).

Ihr Pferd bewegt ständig den Kopf, wenn Sie bei ihm sind. Natürlich tut es das! Richten Sie Ihren Bauchnabel auf seinen Kopf, ist das eine Geh-weg-Botschaft. Sobald Sie Ihren Körper etwas wegdrehen, um zum Beispiel Ihr Pferd am Widerrist zu kraulen, nehmen Sie Druck weg und es möchte seinen Kopf zu Ihnen wenden.

Ich habe ein Gespräch entwickelt, das hilft, Ihnen zu zeigen, wie sehr Sie Ihr Pferd mit Ihrer inneren Energie beeinflussen.

Gespräch: „Bist du fertig?" – „Ja, ich bin fertig."

Ich habe mir irgendeinen Button auf dem Pferd ausgesucht, um dieses Gespräch zu beginnen: den Geh-weg-Gesichts-Button auf der Wange (S. 41). Das Gespräch funktioniert aber auch mit jedem anderen Button. Sie sind für den gesamten Gesprächsverlauf verantwortlich. Es ist völlig egal, was das Pferd antwortet. Sie beobachten einfach seine Antworten, egal, wie diese ausfallen.

❶ Sie nicken, gehen einen Schritt auf Ihr Pferd zu und halten ihm Ihre Fingerknöchel hin, um „Hallo" zu sagen. Das Begrüßen haben Sie ja schon geübt und Ihr Pferd sollte sofort interessiert und neugierig sein.
❷ Gehen Sie nun einen guten Meter zurück. Stellen Sie sich in einem 45-Grad-Winkel seitlich vor das Pferd, so dass Sie einen der Geh-weg-Gesichts-Buttons sehen können (Bild 7.6 A). Vielleicht möchten Sie etwas mit dem Fuß scharren, um Ihren Ausgangspunkt zu markieren, bevor Sie anfangen.
❸ Stellen Sie nun Ihre Version des *äußeren Neutral Null* dar (S. 13). Lassen Sie eine Hüfte absinken oder beugen Sie die Knie. Schauen Sie nicht direkt zum Pferd, sondern stattdessen vielleicht zu einer Decke, die an der Außenseite der Stalltür hängt, oder zu einem Baum hinter dem Pferd. Ihre Arme hängen locker an der Seite herunter oder Sie haben die Hände in den Taschen. Denken Sie einen Moment lang an Ihr Bild, Lieblingslied oder Ihre Erinnerung, die Ihnen hilft, Ihr Neutral Null zu finden (S. 12).
❹ Nun, ohne Emotion im Inneren, stellen Sie sich gerade hin und verändern Ihr Äußeres von Null zu „X". Schauen Sie auf den Geh-weg-Gesichts-Button mit Intensitätsebene eins. Vielleicht hebt Ihr Pferd den Kopf, spannt das Maul an oder bewegt die Ohren.
❺ Egal wie flüchtig die Reaktion Ihres Pferdes ausfällt, in dem Moment, in dem es auf Sie reagiert, kehren Sie übertrieben ins äußere und innere Neutral Null zurück. Schauen Sie zu Boden, atmen Sie kräftig aus. Spielen Sie damit und beobachten Sie nur, wie ruhig Sie werden können.
❻ Nun aktivieren Sie Ihre innere Energie und schauen wieder auf den Button. Sobald das Pferd reagiert, blicken Sie schnell auf den Boden, lassen eine Hüfte sinken, atmen kräftig aus und finden Ihr inneres und äußeres Neutral Null.
❼ Schauen Sie auf, richten Sie Ihren Fokus auf Ihr Pferd und nehmen Sie seine Reaktion wahr. Schauen Sie nach unten, entspannen Sie sich und spähen Sie zu Ihrem Pferd. Oft ist die Reaktion größer, wenn man den Druck wegnimmt, als wenn man ihn ausübt.

Übersetzt man dieses Gespräch, so besagt es: „Bist du fertig?" – Ja, bin fertig." – „Gut, ich gehe zurück zu Null." – „Okay, ich gehe auch zurück zu Null."

Ich sehe oft, dass Pferde ihren Kopf heben, wenn ich aufstehe, und dass sie sich genauso schnell wieder entspannen, wenn ich entspanne, fast wie in einem Comic.

In diesem Gespräch gehen Sie von Null zu Ebene eins und wieder zurück. Sie arbeiten an der Feinabstimmung Ihres Ausdrucks, während Sie einen Button ansehen. Ebene zwei beinhaltet, dass Sie auf den Button deuten, mit dem Finger oder indirekt mit einem Seil oder einem Stück Kleidung.

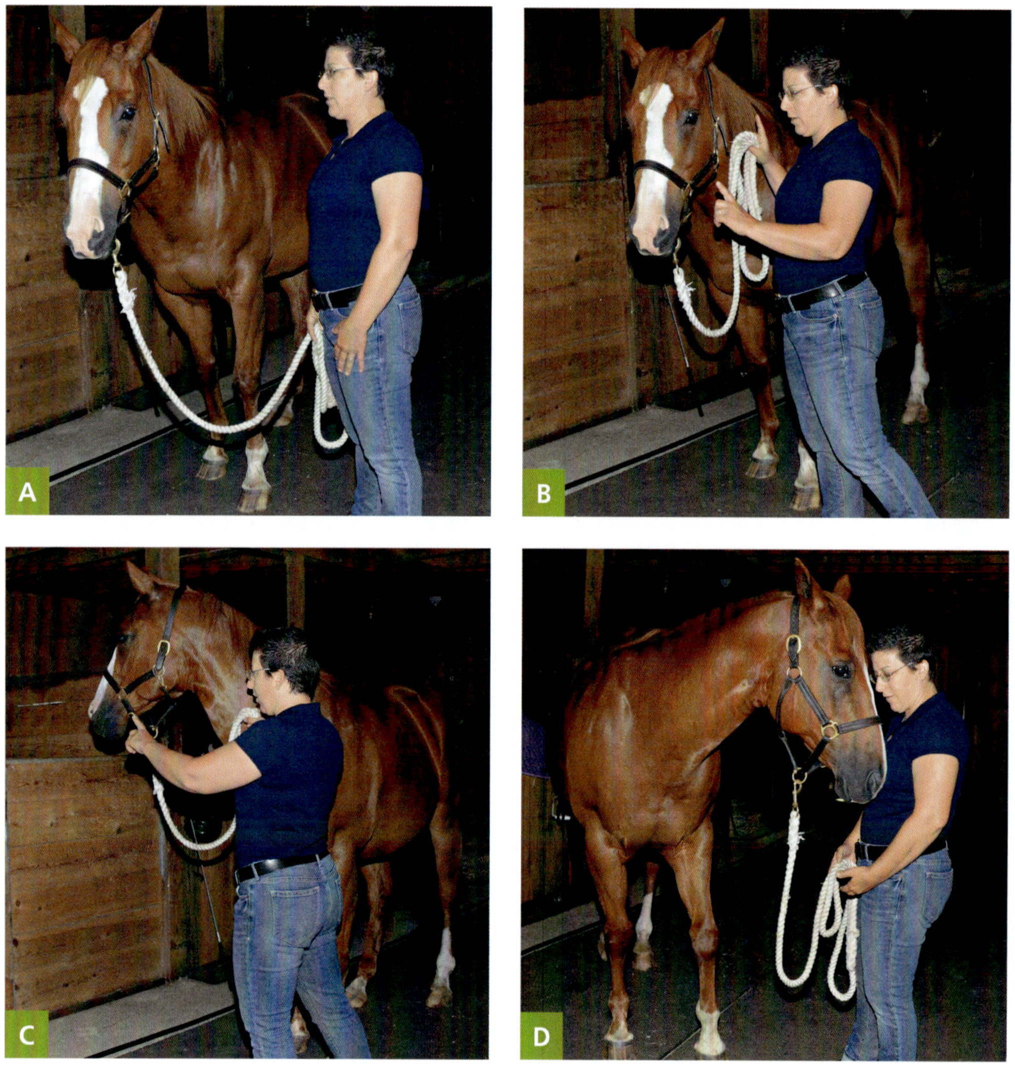

7.6 A–D Ich übe das Dosieren meiner Intensitätsebenen mit Clark. Er ist ein wenig introvertiert und stoisch. Ich stehe aufrecht und konzentriere mich auf den Geh-weg-Gesichts-Button (A). Clark sieht aus, als wisse er genau, dass ich irgendetwas von ihm möchte, doch er ist unsicher, was er tun soll (B). Intensitätsebene drei macht meine Bitte deutlicher (C). Gut gemacht, Clark! Mit meiner „O"-Haltung lade ich ihn ein, zurückzukommen (D).

Zu Ebene drei gehören die charakteristischen Merkmale der Ebenen eins und zwei *und* ein zusätzlicher Schritt auf das Pferd zu und vielleicht auch eine Berührung. Vier beinhaltet alle anderen Punkte, nun aber in gesteigerter Form und eventuell zusammen mit einer Berührung des Fingers oder der Gerte und einen weiteren Schritt auf das Pferd zu, so dass Sie stärkeren Druck ausüben können, unter Umständen zusammen mit irgendwelchen Geräuschen.

Gehen Sie alle Intensitätsebenen mindestens drei Mal durch, um sie auseinanderhalten zu können. Dreht Ihr Pferd sich weg, locken Sie es mit einem *Knöchelkontakt* zur Begrüßung zurück. Das sollte spannend genug sein! Die Testläufe der einzelnen Intensitätsebenen werden Ihre Verwirrung in Luft auflösen.

Wiederholen Sie nacheinander die einzelnen Gesprächsschritte, wie sie in der Unterhaltung auf S. 115 beschrieben sind. Beginnen Sie wieder in Ihrem inneren und äußeren Neutral Null. Aktivieren Sie dann Ihre innere Energie und konzentrieren Sie sich auf den Geh-weg-Gesichts-Button. Sobald Sie eine Reaktion Ihres Pferdes erkennen, kehren Sie zurück zu Neutral Null. Steigern Sie aber den Druck Ihres „X", so dass Ihr Gespräch nun auf Ebene zwei stattfindet.

Sie: „Dürfte ich dich bitten, deinen Kopf abzuwenden?"
Ihr Pferd: „Ich sehe, du bittest mich um etwas."
Sie: „Gut, das war alles, was ich wollte. Ich gehe zurück zu Neutral Null.
Ihr Pferd: „Ich gehe auch zurück zu Null."
Anschließend *fordern* Sie es auf, dann *befehlen* Sie ihm (Bilder 7.6 A–D).

Bewegen Sie nicht den Kopf Ihres Pferdes oder stumpfen Sie es gegenüber Ihrer Forderung ab. Das Entscheidende ist: Lernen Sie stattdessen, wie ein Pferd zu sein. Es geht nicht um ein Gespräch darüber, wer wem Platz macht. Sie trainieren nur die Dosierung Ihrer Intensitätsebenen. Und, wichtiger noch, Sie zeigen Ihrem Pferd, wie Sie aussehen, wenn Sie den Level hoch- und runterfahren. Die Herausforderung für Sie ist, immer schneller zu Null zurückzukehren (S. 36), sobald Sie ein Zucken oder eine Spannung bei Ihrem Pferd erkennen.

Gespräch: Der Walzer

Der Walzer ist eine sehr gute Idee, wenn Sie den Stall verlassen oder zum Stall zurückgehen.
❶ Sie stehen seitlich vom Kopf Ihres Pferdes und schauen es an.
❷ Konzentrieren Sie sich auf einen seiner Vorderhufe mit Intensitätsebene eins.
❸ Machen Sie mit dem Fuß, der diesem Huf gegenübersteht, einen Schritt zurück.
❹ Ende. Egal wie Ihr Pferd reagiert hat, gehen Sie zurück zu Null und loben Sie Ihr Pferd.
❺ Falls Ihr Pferd seinen Huf nach vorn bewegt hat, konzentrieren Sie sich mit Intensitätsebene eins auf den anderen Huf und machen Sie einen großen Schritt zurück. (Falls es den Huf nicht bewegt hat, versuchen Sie es noch einmal.)
❻ Beenden Sie wieder und gehen Sie zu Neutral Null.
❼ Wiederholen Sie das Ganze und sagen Sie laut „Ein Schritt", um Ihre eigenen Mikrobewegungen zu koordinieren. Lassen Sie Ihr Pferd schrittweise vorwärtsgehen, während Sie mit dem gleichseitigen Fuß rückwärtsgehen.
❽ Unterbrechen Sie die Bewegung während eines Schrittes. Zögert auch Ihr Pferd oder behält es vielleicht den Huf in der Luft?

❾ Das ist der Beginn eines Tanzes mit Ihrem Pferd. Schauen Sie nun zu dem Vorderfuß, der Ihnen am nächsten ist. Heben Sie den Fuß, der diesem Huf gegenübersteht, und bewegen Sie ihn mit Intensitätsebene eins auf das Pferd zu. Mit etwas Übung wird Ihr Pferd Ihre Idee verstehen und genau in dem Moment mit dem Huf zurücktreten, in dem Sie vorwärtsgehen. Und wenn Sie Ihren Fuß wieder zurück zum Ausgangspunkt bringen, wird Ihr Pferd einen Schritt nach vorn machen. Wie bei einem Walzer.

❿ Belohnen Sie Ihr Pferd mit einem tiefen Atemzug und gehen Sie zurück zu Neutral Null. Falls Ihr Pferd dabei Ihren Fuß ansieht– es will nur herausfinden, was Sie jetzt wollen.

7.7 Eine kleine Verbeugung zusätzlich zum Fußvergnügen macht einfach Spaß.

Einige Pferde sind sensibler als andere. Führt man dieses Gespräch mit einem weniger empfindsamen Pferd, muss man vielleicht zusätzlich mit der Gerte auf den Huf zeigen, auf den man sich konzentriert. Halten Sie die Gerte in der Hand, die auf derselben Seite ist wie der Huf, der sich bewegen soll. Stellen Sie sich vorn-seitlich, aber mit etwas mehr Abstand zum Pferd auf. Müssen Sie die Intensitätsebene noch steigern, tippen Sie den Huf mit dem Ende der Gerte an.

Sobald Ihr Pferd seinen Huf bewegt, atmen Sie tief und gehen auf Neutral Null. Dann aktivieren Sie Ihre innere Energie und gehen mit dem Fuß, den Sie bewegt haben, bewusst zu Ihrem Ausgangspunkt zurück. Sie können mit dem Tanz beginnen, indem Sie mit dem eigenen Fuß zurückgehen, so dass Ihr Pferd vorwärtsgeht, oder indem Sie vorwärtsgehen, so dass Ihr Pferd zurückgeht. Jede Richtung macht Spaß.

Sobald Ihr Pferd das verstanden hat und es genauso sehr wie Sie genießt, üben Sie den Ablauf von seiner Schulter aus. Dabei schauen Sie in die gleiche Richtung wie Ihr Pferd. Bewegen Sie Ihren linken Fuß als Einsatzzeichen für den linken Huf Ihres Pferdes und den rechten Fuß als Einsatzzeichen für den rechten Huf Ihres Pferdes. Sie können vor- und zurückgehen oder einige Schritte rückwärts und dann vorwärts, ganz wie Sie wollen, Ihr Pferd wird Ihnen folgen. Mit der Zeit können Sie die Füße kreuzen, und Ihr Pferd wird sie ebenfalls kreuzen, so dass Sie sich zusammen seitwärtsbewegen.

Später bei der Freiarbeit gibt es weitere Vorschläge für Gespräche über *Fußvergnügen* (S. 166). Mit Ihrem Pferd zu spielen, ermöglicht es Ihnen, unbeschwerter zu sein. Sie werden beide davon profitieren, wenn Sie diese fröhliche Einstellung in Ihr Reiten und Ihre Arbeit mit dem Pferd integrieren (Bild 7.7).

HERUNTERFAHREN

Es ist eine Achtsamkeitsübung, vor einem Pferd körperlich und geistig im inneren und äußeren Neutral Null zu sein. Die Übungen in diesem Kapitel machen Ihnen bewusst, wann Sie die Intensitätsebenen unbeabsichtigt gesteigert haben, ohne dass Sie überhaupt etwas fordern wollten. So können Sie sich wieder auf Neutral Null begeben.

Auch wenn ich Pferde gut verstehe, so bin ich doch immer noch ein Mensch und weiß, wie ein Mensch funktioniert. Die meisten Menschen werden es interessant finden, wie man die Intensität steigern und seine Bewegungen damit in Einklang bringen kann. Denkt man auf der anderen Seite wie ein Pferd, so ist man viel mehr daran interessiert, wie man die Intensität herunterfährt. Pferde suchen immer nach einer Möglichkeit, herunterzufahren und Ruhe und Frieden zu haben. Wie vielen von uns wurde erzählt, dass wir immer, wenn wir mit unserem Pferd zusammen sind, aufrecht dastehen und konzentriert bleiben müssen, um unsere Dominanz zu demonstrieren? Die Pferdewelt funktioniert genau andersherum. Das Alphapferd hat so viel

Macht, dass es ein paar Pferde auf einmal nur mit einem Blick bewegt. Dennoch erhält es den Druck nicht weiter aufrecht, wenn seine Forderung erfüllt wurde. Es kehrt sofort zurück zu Neutral Null.

Den Druck aufrechtzuerhalten, und sei es unbeabsichtigt, ist der schnellste Weg, um Widerstand zu erzeugen. Nimmt man ihn *weg*, erzeugt man Respekt. Eine erfreuliche Verbindung zum Pferd erfordert eine Menge Selbstbeobachtung. Jeder Widerstand des Pferdes gibt Auskunft darüber, wie das Pferd sein Verhältnis zu Ihnen empfindet. Bewegt es sich zu schnell als Antwort, wenn Sie etwas von ihm fordern, dann hört es nicht richtig zu. Es versucht auszuweichen oder gibt eine schnelle Antwort aus Angst, einen Fehler zu machen. Bewegt es sich zu langsam, ist es stoisch, stur oder verstockt. In diesem Fall müssen Sie mehr loben, bis es verstanden hat. Egal, welchem Ende der Skala Ihr Pferd sich befindet: Nehmen Sie den Druck weg und fahren Sie herunter, um ihm zu zeigen, dass Sie genauso fair und besonnen sind, wie ein Pferd es wäre.

Ist Ihr Körper daran gewöhnt, die Intensität hoch- und, wichtiger noch, wieder runterzuregeln, werden Sie feiner werden. Vielleicht sieht es nicht so aus, als würden Sie gerade viel erreichen in Ihren Gesprächen, aber Ihr Pferd wird mit der Zeit Ihr Neutral Null erkennen. Es wird wissen, wie Sie aussehen, wenn Sie keinen Druck machen. Es wird wissen, wie Ihr Körper aussieht, wenn Sie es um etwas bitten. Es wird sich in Ihrer Gegenwart besser entspannen können, weil es Sie einschätzen und Ihre Bewegungen vorhersehen kann.

DIE FEINABSTIMMUNG VON ANNÄHERUNG UND RÜCKZUG

In Schritt 1 (S. 36) ging es um *Annäherung und Rückzug* und seinen Gebrauch in Pferdisch. Nun geht es um die Feinabstimmung dieser Technik.

EIN ANGSTEINFLÖSSENDES OBJEKT

Es ist normal für Pferde, sich angsteinflößenden Objekten anzunähern und wieder wegzugehen. Wir können dieses Gespräch dazu benutzen, um die Idee eines Pferdes von einer Sache, vor der es Angst hat, zu verändern. Angenommen, es hat Angst vor Fliegenspray. Null Intensität bedeutet, Sie halten das Spray im inneren und äußeren Neutral Null dicht an das Pferd. Reagiert es, nehmen Sie es sofort weg. Sie üben mit Ihrem Körper keinen zusätzlichen Druck aus, das Spray genügt. Nach den vorangegangenen Übungen weiß Ihr Pferd, wie Sie bei Neutral Null aussehen. Es wird sich nun auch bereitwilliger mit dem Druck auseinandersetzen, den die Flasche mit dem Fliegenspray verkörpert. Wiederholen Sie *Annäherung und Rückzug* mit der Flasche, berühren Sie Ihr Pferd damit, sprühen Sie in die Luft oder vielleicht sogar auf das Pferd (Bilder 7.8 A–C). Das Wichtigste ist nach wie vor, dass Sie den Druck wegnehmen, sobald das Pferd reagiert. So bauen Sie Vertrauen auf. Das Pferd sieht, dass Sie auf seine Antworten achten. Vielleicht müssen Sie dieses Gespräch wiederholen, aber Ihr Pferd wird bald keinen Gedanken mehr an Fliegensprayflaschen verschwenden.

VERLETZUNGEN

Das gleiche Muster kann bei einem verletzten, ängstlichen Pferd angewendet werden. Das kann zum Beispiel so aussehen: Sie schauen sich die Wunde an, atmen aus und schauen dann weg. Schauen Sie zu Boden, bevor Sie wieder zur Wunde hinsehen. Gehen Sie in den persönlichen Raum Ihres Pferdes und streichen Sie seinen Körper ober- oder unterhalb der Wunde ab. Schauen Sie wieder weg (das ist Ihr Rückzug). Atmen Sie wieder und nähern Sie sich sanft und ganz allmählich der Wunde. Schließlich können Sie die Wunde säubern, behandeln und verbinden, während Sie weiter das Gespräch über *Annäherung und Rückzug* führen.

EINFANGEN

Annäherung und Rückzug ist eine sehr wirkungsvolle Methode, um ein Pferd einzufangen. Nähern Sie sich und schauen Sie in dem Moment, in dem Ihr Pferd Sie anschaut, sofort auf den Boden, im Neutral Null. Zeigen Sie ein *Upsie*, vielleicht sagen Sie sogar laut: „Ich will dich nicht." Ihr Rückzug macht das Pferd neugierig. Ich habe schon viele „Wegläufer" auf diese Weise magisch angezogen. Ihr äußeres Neutral Null und Ihr Wissen, wie Sie Ihre Körperintensität regulieren, tragen dazu bei, Pferde, die sich nicht einfangen lassen wollen, zu verändern.

7.8 A–C Ich frage Vati: „Darf ich zu dir kommen mit dem Fliegenspray?" Sie sieht mich an, das bedeutet „Ja" (A). Ich ziehe mich zurück, das bedeutet „Danke" (B). Und dann wiederhole ich Annäherung und Rückzug einige Male, bis ich sie einsprühen kann (C).

DIE FEINABSTIMMUNG VON GEH WEG UND KOMM ZURÜCK

Erinnern Sie sich, wie wir in Schritt 1 den Unterschied zwischen *Annäherung und Rückzug* und *Geh weg und Komm zurück* lernten? *Annäherung und Rückzug* ist die Weise, wie Sie den Raum eines anderen betreten. Bei *Geh Weg und Komm zurück* schicken Sie jemanden aus dem eigenen Raum heraus oder bitten ihn zurück. Geh weg und Komm zurück ist wahrscheinlich das allererste Gespräch, das ein Fohlen mit seiner Mutter führt. Es ist aber auch ein Gespräch, in das alle Pferde in ihrer Herde den ganzen Tag über verwickelt sind, weil sie sich ständig wegschicken und wieder einladen.

Meine Idee hinter den Gesprächen ist, dass Sie verstehen, wie klein eine Abschieds- (Geh weg) oder Willkommensbotschaft ausfallen muss, damit ein Pferd reagiert. Eine winzige Gewichtsverlagerung oder Drehung genügt häufig. Sie haben geübt, ihre Intensität zu steuern, nun können Sie probieren, wie fein Sie sein können.

Gespräch: Das Heu ist für dich

Dieses wunderbare Gespräch findet über einem Heuhaufen statt. Heu ist ein wirkungsvoller Gesprächsstoff. Seien Sie aber vorsichtig und achten Sie bei futterneidischen Pferden auf Ihre Sicherheit!

❶ Legen Sie etwas Heu in einen Paddock und stellen Sie sich darauf.
❷ Laden Sie Ihr Pferd zu sich ein, egal, wo es gerade ist, vermutlich in der Nähe des Heus (Bild 7.9 A & B).
❸ Sobald Ihr Pferd zu Ihnen schaut, gehen Sie auf Neutral Null, verlassen seinen Raum, lassen es fressen (Bild 7.9 C).
❹ Gehen Sie in „X"-Haltung zum Heu zurück und schicken Sie Ihr Pferd weg. Achten Sie auf das leiseste Anzeichen Ihres Pferdes, wegzugehen, etwa ein Ohrenzucken. Ihr Pferd muss nicht wirklich weggehen.
❺ Wiederholen Sie diesen Schritt und zeigen Sie dabei ein völlig übertriebenes inneres und äußeres Neutral Null, geben Sie vor, Heu zu essen, atmen Sie tief und in Zeitlupe.

Die Feinabstimmung von *Geh weg und Komm zurück* macht klar, wie Ihr Pferd auf Ihr Bedürfnis nach Raum oder Ihre Einladung zum Näherkommen reagiert. Manche Pferde kommen ganz sacht zurück, andere überrennen Sie fast. Vielleicht ist Ihrem Pferd gar nicht klar, welche Intensitätsebene es in Ihrer Gegenwart haben soll. Auch darum geht es in unserer Arbeit. Wenn Sie Pferdisch in einem Gespräch anwenden, das auf Pferderegeln basiert, sind die meisten Pferde offen dafür, einige Schritte weggeschickt und zurückgebeten zu werden. Sie müssen nur annehmen, was sie anbieten.

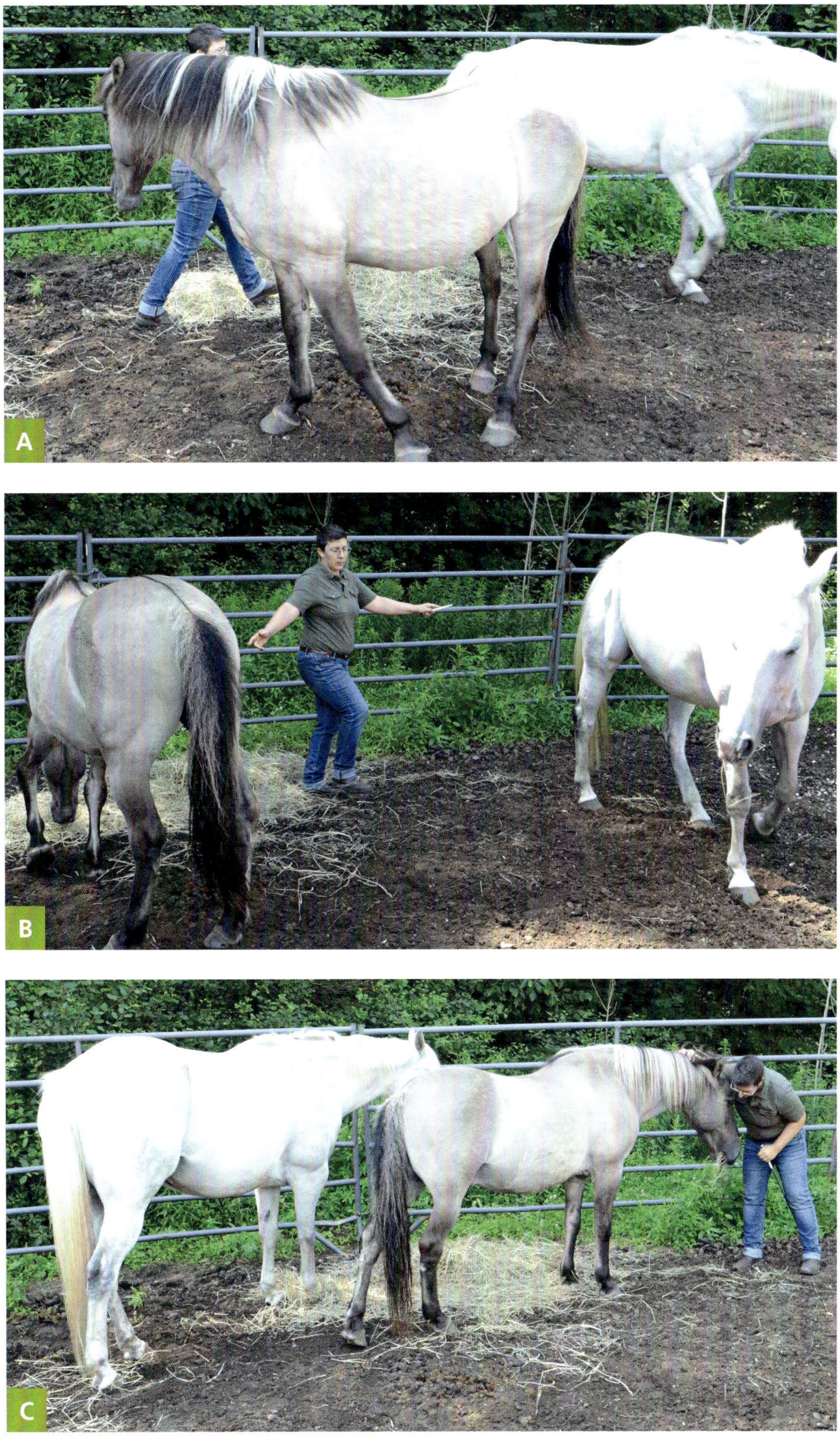

7.9 A–C Ich setze meine „X"-Haltung ein, um beide Pferde höflich vom Heu wegzudirigieren (A). Man kann die natürlichen Bögen und Kreise, die Pferde machen, gut erkennen (B). Ich lade sie wieder ein und sie sagen mir zuerst kurz „Hallo", bevor sie weiterfressen (C).

Gespräch: Geh zurück, komm vorwärts

❶ Sie stehen seitlich vor Ihrem Pferd und schauen auf seinen Schweif.
❷ Bitten Sie Ihr Pferd, rückwärtszugehen. Nutzen Sie Intensitätsebene eins und konzentrieren Sie sich auf den Rückwärts-Button (S. 43).
❸ Werden Sie etwas aktiver, zeigen Sie auf den Rückwärts-Button oder berühren Sie ihn sogar, bis Ihr Pferd irgendeine Reaktion oder eine Form des Entgegenkommens zeigt.
❹ Selbst wenn Ihr Pferd nur das Gewicht etwas nach hinten verlagert, gehen Sie auf Neutral Null. Erkennen Sie seinen Versuch immer an.
❺ Treten Sie nun zurück und nehmen Sie eine Willkommenshaltung an, indem Sie sich etwas nach vorn beugen und mit Ihren gerundeten Armen ein „O“ formen. Beugen Sie die Knie an und sagen Sie fröhlich: „Komm her.“
❻ Sobald Ihr Pferd sein Gewicht zu Ihnen verlagert oder auf Sie zukommt, gehen Sie auf Neutral Null. Belohnen Sie es mit *Upsies* oder einem riesigen erleichterten Seufzer.
❼ Wiederholen Sie das Ganze drei Mal und achten Sie auf Unterschiede in der Reaktion Ihres Pferdes, nun, da es weiß, was Sie von ihm wollen.

Sobald Sie sich mit den einzelnen Schritten wohlfühlen, können Sie das Gespräch auch in der Box Ihres Pferdes führen, mit oder ohne Halfter und Führstrick. Gespräche im Stall rufen weniger Widerstand beim Pferd hervor und sind eine gute Vorbereitung auf andere Übungsplätze, die jeweils andere Assoziationen in Ihnen beiden wecken. Üben Sie auch auf dem Futtergang, der Auffahrt und dem Reitplatz mit Bodenhindernissen (S. 66).

Gespräch: Willkommen, schließe dich mir an

❶ Ihr Pferd ist frei. Üben Sie mit der Handfläche auf seinem Oberhals für eine oder zwei Sekunden leichten, aber deutlichen Druck auf den Folge-mir-Button aus (S. 41).

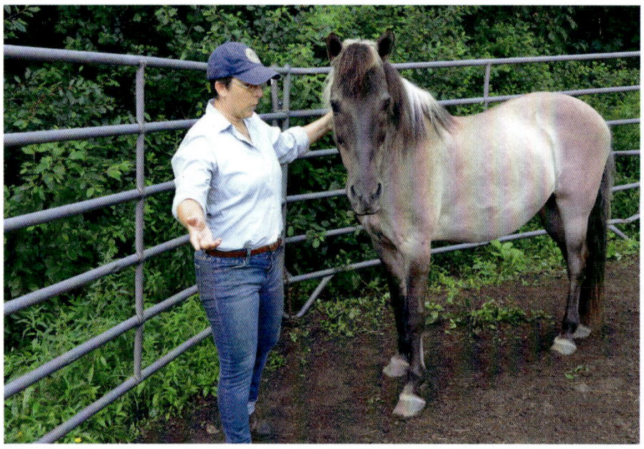

7.10 Indem Sie den Folge-mir-Button drücken, bitten Sie Ihr Pferd in seiner Sprache darum, Ihnen zu folgen.

Drehen Sie sich dann weg und gehen Sie langsam weg. In der Pferdesprache haben Sie Ihr Pferd gerade gebeten, Ihnen zu folgen. Es ist vielleicht überrascht, dass Sie wissen, wie man das macht. Seine Mutter hat auf diese Weise Vertrauen und eine Verbindung aufgebaut. Folgt es Ihnen nicht, kehren Sie zurück und versuchen es noch einmal. Es folgt sicher zumindest Ihrer Hand und dreht den Hals zu Ihnen, wenn Sie den Druck wegnehmen.

Hält Ihr Pferd seinen Kopf tief, mit den Ohren seitlich abgestellt, heißt es gerade ein anderes Pferd willkommen. Es ist das Pferde-Pendant zu Ihrem „O" und außerdem eine Entschuldigungsgeste einem anderen Pferd gegenüber. Vertreibt ein Pferd zum Beispiel ein anderes vom Heu und übertreibt dabei in seinen Gesten, entschuldigt es sich hinterher häufig, indem es die Ohren seitwärts stellt, den Kopf tief hält und ein weiches Gesicht macht. Dann nimmt es die Ohren mehr nach vorn und streckt den Hals vielleicht lang nach unten aus. Auch das ist seine Version Ihrer „O"-Haltung.

Mit dieser Geste lädt Ihr Pferd auch Sie zu sich ein. Schnuppert es dabei deutlich in Ihre Richtung, fühlen Sie vielleicht ein leichtes Flattern in Ihrer Körpermitte oder ein Kribbeln im Magen oder im Herz. Ihr autonomes Nervensystem antwortet körperlich auf die Willkommensbotschaft. Wann immer Sie mit einem Tier zusammen sind, tritt dieses Phänomen auf und wirkt auf Sie.

Einige Pferde werden Ihnen sofort folgen, wenn Sie sie dazu auffordern. Andere möchten gern folgen, trauen sich aber nicht. Vielleicht wurden sie dafür bestraft, dass sie einem Menschen gefolgt sind, der sie unbeabsichtigt in der Pferdesprache zu sich eingeladen hatte. Sie werden dann beobachten, dass Ihr Pferd „festhängt". Tiefe Kopfhaltung, entspannte Ohren, ein sehnsüchtiger Blick, als ob es um ein Leckerli betteln würde, aber keine Bewegung auf Sie zu. So wie Sie selbst gelernt haben, sich auf niedrige Intensitätsebenen einzustimmen, stimmen Sie sich nun auf Ihr Pferd ein. Es zeigt seinen Wunsch, Ihnen zu folgen, mit einer winzigen Gewichtsverlagerung, für die Sie es überschwänglich loben – und sich selbst loben Sie dafür, seine Bemühung erkannt zu haben. Vorsicht: Behalten Sie Leittiere gut im Auge und verändern Sie Ihre Haltung zum „X", wenn Ihr Pferd Sie mit angelegten Ohren vorwärtstreibt, weil es glaubt, von Ihnen eine Einladung dazu erhalten zu haben.

Gespräch: Die Pferdeumarmung

Eine weitere Willkommensbotschaft kann in einer Umarmung enden. Ein Pferd lehnt seinen Hals an oder über ein anderes und zeigt damit seine tiefe Freundschaft.

❶ Beginnen Sie mit der Pferdeumarmung, indem Sie mit dem Rücken zu einem der Schulter-Buttons stehen (S. 42). Mit Ihrer Körperposition zeigen Sie dem Pferd, dass Sie ihm vertrauen.

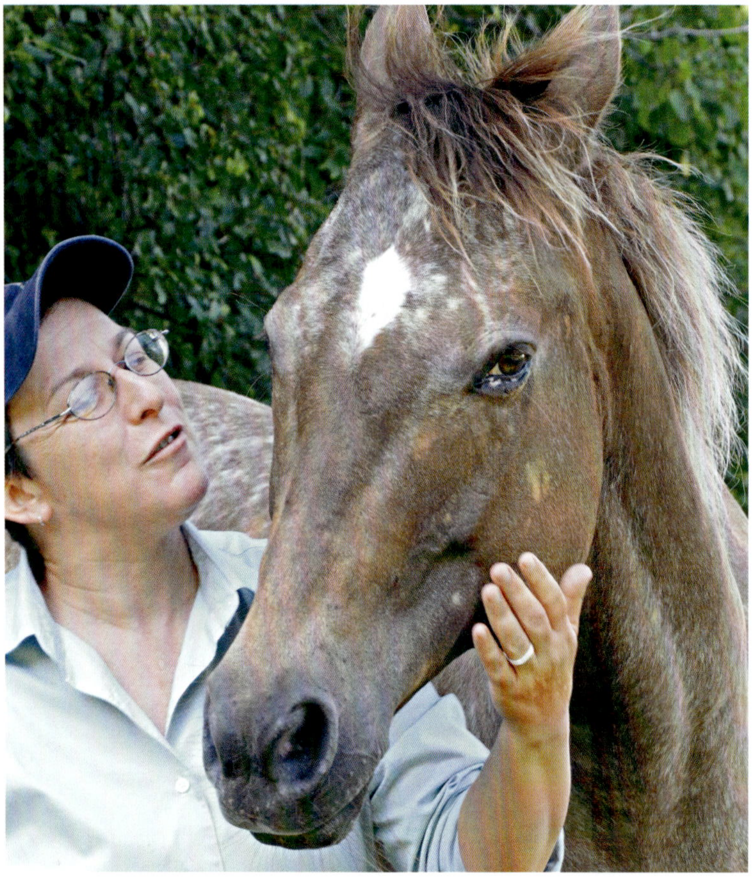

7.1 Um eine Pferdeumarmung zu beginnen, nehmen Sie eine Hand unter den Kiefer des Pferdes und legen sie dann sanft auf der gegenüberliegenden Pferdewange ab. Das kann ein Pferd nervös machen. Bleiben Sie selbst also auf Neutral Null.

❷ Strecken Sie eine Hand zur Pferdewange auf der anderen Seite aus (Bild 7.10).
❸ Mit Ihrer freien Hand kratzen Sie das Pferd unter dem Kieferknochen, kitzeln sein Kinn oder streichen sacht an seinem Kehlgang entlang.
❹ Während Sie das tun, laden Sie Ihr Pferd mit der Hand, die an seiner Wange liegt, dazu ein, seinen Kopf zu Ihnen und vor Ihren Körper zu bringen. Vielleicht zieht es seinen Kopf weg, weil seine Kehle auch der Angriffspunkt eines Raubtiers wäre. Bleiben Sie bei einer *Wie merkwürdig*-Haltung und nehmen Sie wahr, ob sich Ihr Pferd bei Ihrer Aufforderung verspannt. Machen Sie nicht zu viel Druck, geben Sie aber auch nicht vorschnell auf.
❺ Fordern Sie Ihr Pferd mindestens drei Mal von jeder Seite aus auf. Beeilen Sie sich nicht. Genießen Sie das Zusammensein mit Ihrem Pferd, und wenn es seinen Kopf das leiseste bisschen in Ihre Richtung wendet, geben Sie sofort nach und loben es.
❻ Wenn Ihr Pferd Sie richtig umarmt, strecken Sie eine Hand zu seinem Freundschafts-Button unterhalb des Schopfs (S. 41) und rubbeln diesen ganz sanft. Denken Sie immer daran: Sie üben gerade keinen Trick oder wollen Ihr Pferd zu nichts Speziellem zwingen. Sie laden es nur ein, auf Ihre Bitte zu hören. Ich habe es bei diesem Gespräch schon erlebt, dass mir Pferde in die Hand gähnten.
❼ Manchmal kann man Pferde dabei beobachten, wie sie am Hals des anderen tief einatmen. Das ist ein gefühlvolles Willkommensgespräch, das Sie ebenfalls anfügen könnten. Wenn Sie am Hals Ihres Pferdes schnuppern, sagen Sie ihm, dass Sie es wirklich mögen. Vielleicht lässt es seine Ohren entspannt zur Seite kippen, wenn Sie seinen Halsgeruch andächtig einatmen. Erlaubt es Ihnen, seinen Hals zu umarmen und seinen Geruch einzuatmen, wird sich Ihre Freundschaft vertiefen. Ich lasse meine Schüler manchmal am Hals ihrer Pferde schnuppern, bevor sie aufsitzen.

SCHRITT 8

Verwundbarkeit und Verteidigung

DIE VERLETZLICHEN BEREICHE DES PFERDES KENNEN

Rücken und Bauch sind die verwundbarsten Teile des Pferdekörpers. Sie können schlecht beschützt werden, weder durch Beißen noch durch Tritte mit den Vorder- oder Hinterbeinen.

Pferde drücken Freundschaft und Verbundenheit aus, indem sie anderen Pferden Zugang zu diesen schutzlosen Körperbereichen gewähren. Schauen Sie sich befreundete Pferde an, die längs nebeneinanderstehen und einen Moment der Ruhe und Geborgenheit miteinander teilen. Oder Pferde, die sich parallel bewegen, manchmal im Gleichschritt. Pferde reiben ihren Kopf am Bauch des anderen. Das Fohlen saugt am Euter unter dem Bauch der Mutter. Hengste beriechen den Unterbauch anderer Pferde. All das ist ein Ausdruck der Vertrautheit.

Wir erstreben beim Reiten eine Einheit mit dem Pferd, Rücken und Bauch ziehen uns magisch an. Lässt Ihr Pferd Sie nicht an diese Körperbereiche, fühlt es sich nicht sicher mit Ihnen. Die meisten Hauspferde haben gelernt, sich bürsten, gurten, satteln und reiten zu lassen. Hat ein Pferd aber einen „harten" Gesichtsausdruck oder hält es die Luft an, während wir uns mit seinem Rücken oder Bauch beschäftigen, dann drückt dies Spannung und Unbehagen aus. Vor allem, wenn das Pferd am Anbindeplatz „gefangen" ist und sich ängstlich oder unwohl fühlt, kann es sein, dass es ausschlägt, ausweicht, zappelt oder erstarrt in dem Bemühen, seine verletzlichsten Körperregionen zu beschützen.

Schlüssel zur Verständigung

Um sich mit dem Bauch eines Pferdes „anzufreunden", sollte man in kleinen, beständigen Schritten vorgehen. Reagiert Ihr Pferd besorgt, wenn Sie seinen Bauch oder Rücken berühren, beginnen Sie das Gespräch darüber im Stall. Ihr Pferd trägt ein Halfter und Sie haben den Führstrick in der Hand. Berühren Sie Ihr Pferd sanft, drehen Sie sich weg, dann berühren Sie es wieder drei Mal in einer *Begrüßung* mit *Annäherung und Rückzug*. Kratzen Sie es anfangs sacht mit den Fingerkuppen oder berühren Sie seinen Bauch mit einer weichen Bürste fürs Gesicht. Achten Sie auf jede Form von Unbehagen. Ein Schweifschlagen, das Aufstampfen eines Hufes oder eine Gewichtsverlagerung zeigen Ihnen, dass es an der Zeit ist, wieder dorthin zurückzugehen, wo Ihr Pferd sich wohlfühlte. Ihre nächste Annäherung sollte weniger intensiv ausfallen.

Den Unterbauch zu berühren ist kein Test, ob Ihr Pferd Sie akzeptiert oder ob nicht, sondern es ist ein Gespräch, das dazu führt, Verbundenheit aufzubauen und zu bewahren.

DER GURT-BUTTON

Etwas hinter- und unterhalb der Gurtlage Ihres Pferdes liegt ein sehr sensibler Bereich (Bild 8.1). Pferde treiben einander vorwärts, seitwärts und rückwärts, indem sie lediglich mit dem Maul auf diesen Punkt zeigen. Das ist der Gurt-Button. Er hat große Bedeutung, wenn es darum geht, Raum zu beanspruchen. In Pferdegesprächen kann er die allerletzte Maßnahme sein, um seitlich Raum zu fordern.

Pferde verhandeln regelmäßig über den seitlichen Zwischenraum, der sich parallel zwischen ihren Gurtlagen befindet. Dieser Raum ist heikel. Pferde, die nicht miteinander befreundet sind, stellen sich nicht Seite an Seite. Vielleicht haben Sie dies bereits erlebt, wenn Sie bei einem Ausritt oder auf dem Platz neben einem anderen Pferd herreiten wollten. Rennen Pferde in einer Herde, trägt diese Gurtregion meiner Meinung nach dazu bei, dass die Pferde den Abstand zwischen sich besser erfassen können. Pferde lenken einander mit einer feinen Gestik von Kopf und Hals oder durch Zeichen, die Schweif und Rumpf aussenden. Das Ergebnis dieser Gesten lässt sich auch am Abstand der Gurtlagen zueinander ablesen.

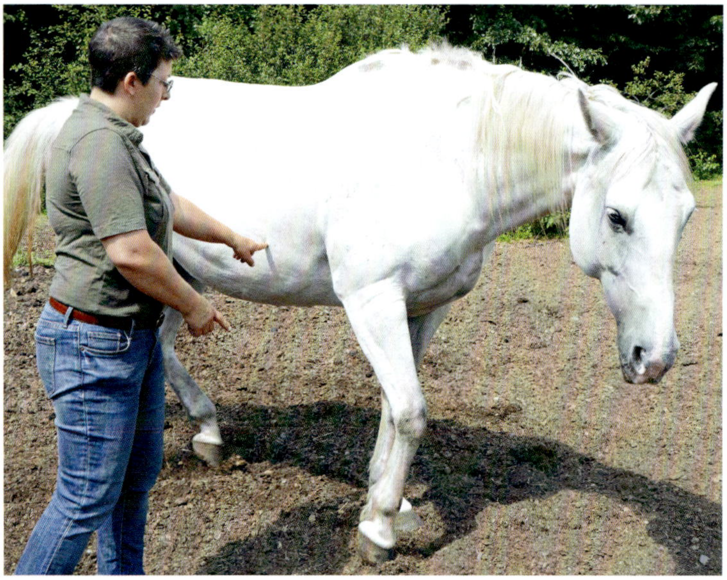

8.1 Der Gurt-Button fordert das Pferd zu einer Seitwärts- oder Vorwärtsbewegung auf.

Der Gurt-Button ist der „Gleichgewichts-Button" und gleichzeitig der Drehpunkt des ganzen Körpers. Er deckt sich weitgehend mit dem Zwerchfell des Pferdes. Pferde können sich daher wie im Würgegriff fühlen, der ihnen den Atem nimmt, wenn sie gegurtet werden. Es gibt viele Techniken, die Pferden helfen, das Anziehen des Gurtes besser zu verkraften. Meine Lieblingsmethode ist der Einsatz meines Atems.

Gespräch: Den Gurt veratmen

❶ Nach dem Satteln und dem losen Verschnallen des Gurtes stehen Sie neben Ihrem Pferd im inneren und äußeren Neutral Null.

❷ Atmen Sie mehrmals tief ein und hörbar aus. Nehmen Sie sich Zeit, Ihr Pferd auf diese Weise zu bitten, sich so gut es geht zu entspannen.

❸ Atmen Sie weiter tief, während Sie nach und nach fester angurten. Achtung: Auch wenn Ihr Pferd dies zunächst erlaubt, kann seine Erlaubnis jederzeit enden.

8.2 Etwas weiter unten am Rumpf, unterhalb des Gurt-Buttons, liegt der Spring-auf-Button. Er veranlasst das Pferd vorwärtszuspringen oder auch, sich schneller zu bewegen.

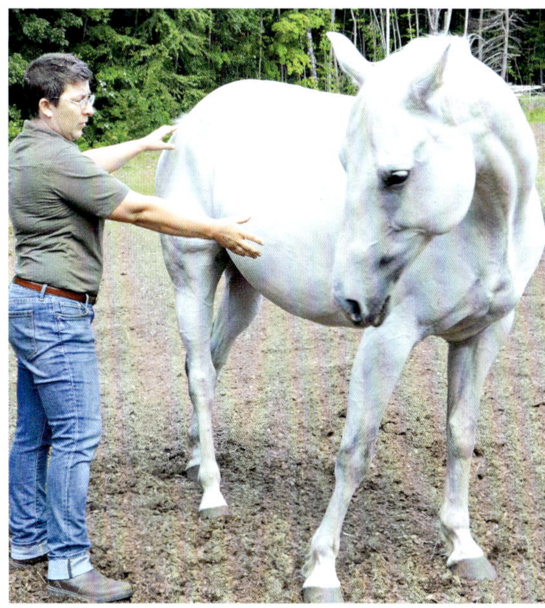

DER SPRING-AUF-BUTTON

Ein Stück hinter der Gurtlinie, am Bauch entlang unterhalb der Rippen auf beiden Seiten des Rumpfes, sind Buttons, die dem Pferd sagen, dass es „aufspringen" muss. Greift ein Raubtier vom Boden aus an, versucht es vielleicht, das Ende des Rippenbogens zwischen die Zähne zu bekommen. Pferde reagieren auf jeden Kontakt in diesem Körperbereich äußerst empfindlich, selbst die Berührung einer Bürste oder Gerte kann das Pferd veranlassen, vorwärtszuspringen, um zu „fliehen". Beim Reiten kann Ihr Absatz den Spring-auf-Button berühren. Sporen gleichen den scharfen Zähnen eines Raubtiers und regen dadurch den Fluchtreflex an. Ich trage niemals Sporen, weil diese Körperregion des Pferdes so sensibel ist.

GUT FREUND MIT DER HINTERHAND

Gehe ich auf die Hinterhand eines Pferdes zu, begrüße ich diesen Körperteil mit drei Berührungen (S. 131). Ich *Schaukle das Baby* (S. 59) am Rumpf oder an der Schweifwurzel und bitte mit dem Mach-Platz-Button um kleine Gewichtsverlagerungen zur Seite (S. 138). Ich behalte im Auge, was das Pferd mir mit seiner Mimik oder dem Schweif mitteilt, und achte auf die Atmung. Ich „befreunde" mich mit der Hinterhand, *ehe* ich die Hinterhufe aufhebe.

Gespräch: „Gut Freund" mit der Hinterhand

Genauso, wie Sie am Anfang dieses Buches geübt haben, sich dem Gesicht des Pferdes sehr langsam anzunähern und sich zurückzuziehen, gehen Sie nun mit der Hinterhand vor.

❶ Während Sie auf die Hinterhand zugehen, achten Sie auf ein Zucken des Schweifs oder eine Gewichtsverlagerung Ihres Pferdes.

❷ Am Ende der Blase des persönlichen Raums halten Sie an, machen *Upsies*, nicken und gehen dann weiter. Machen Sie eine *Pause*, wenn Ihr Pferd reagiert, seien Sie aufmerksam.

❸ Berühren Sie die Hose des Pferdes und fahren Sie drei Mal am Bein entlang nach unten bis zum Huf (Bild 8.3). Zwischen den Berührungen machen Sie *Upsies* oder atmen Sie tief aus. Die Hose ist der hervortretende Muskel an der Außenseite des Hinterbeins (oberhalb des Sprunggelenks). Hier finden sich Akupunkturpunkte für Magen und Verdauung. Ich konnte bereits milde Koliken abklingen lassen, indem ich diese Stelle intensiv massierte.

Schaden vermeiden

IN DER PRAXIS

Es gehört zum Sozialverhalten von Pferden, dass sie Intensitätsebene vier nutzen und nach einem anderen Pferd ausschlagen, wenn es nötig ist. Ist es nicht interessant, dass die meisten Pferde uns Menschen nie mit der gleichen Bestimmtheit behandeln, nicht einmal im größten Stress? Selbst wenn ich früher einmal gebissen oder getreten wurde, geschah das niemals mit der gleichen Kraft, die ein Pferd völlig selbstverständlich bei einem anderen Pferd anwendet. Daher bin ich überzeugt, dass etwas ganz furchtbar falsch gelaufen ist, wenn ein Pferd einen Menschen mit der Absicht angreift, ihn zu verletzen.

Warum verletzen uns Pferde nicht Tag für Tag, wo sie es doch tun könnten? Warum ziehen sie sich eher zurück oder versuchen, uns zu meiden, selbst wenn sie misshandelt, missbraucht oder vernachlässigt wurden, wie so viele der Tierschutzpferde, mit denen ich gearbeitet habe? Ihren letzten Ausweg sehen sie höchstens darin, uns zu verjagen. Ich glaube, dass Pferde in ihrem Sozialverhalten uns gegenüber eine „Klausel" zur Schadensvermeidung haben. Das muss so sein, oder wir hätten nicht Tausende von Jahren mit ihnen überleben können.

Manche Leute finden, dass es in Ordnung sei, Pferde zu schlagen, da sie sich erstens auch untereinander schlagen und wir zweitens niemals so hart zuschlagen, wie es ein anderes Pferd tun würde. Ich habe in diesem Buch versucht klarzustellen, dass Pferde zunächst alle Möglichkeiten der subtilen Körpersprache nutzen, ehe sie einander beißen oder ausschlagen. Vor dem Tritt kommt ein Gespräch: ein Schweifschlagen, um Ärger zu zeigen, eine kleine Gewichtsverlagerung, so dass ein Bein kein Gewicht trägt, oder das Anheben eines Hufes als deutlicheres Zeichen. Dies sind *frühe Warnungen vor dem Schlag*, der mit chirurgischer Präzision gesetzt wird. Der Punkt ist: Es gibt keinen Grund dafür, ein Pferd zu schlagen. Wenn Sie Pferdisch lernen, können Sie ruhig bleiben. Es lehrt Sie zu „hören", was Ihr Pferd sagt. Dadurch sind Sie am Ende auch sicherer.

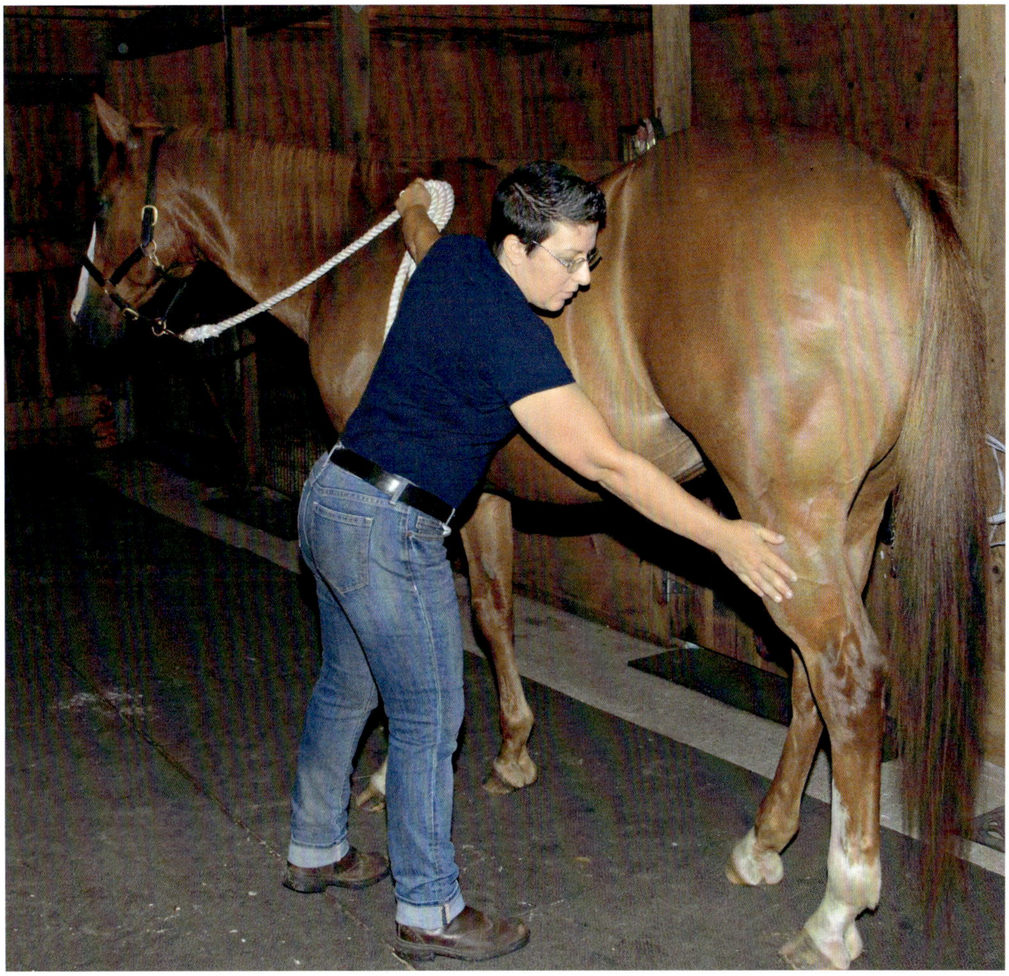

8.3 Eine Hand habe ich zur Beruhigung auf seinem Widerrist liegen, mit der anderen massiere ich die Hose des Pferdes, ehe ich mich um die Hinterhufe kümmere.

DIE ZEICHENSETZUNG

Wagen Sie sich in die Nähe der Hinterhand, sollten Sie (selbst bei der anfänglichen Begrüßung, wie sie ab S. 130 beschrieben ist) auf den Schweif achten. Schweifbewegungen und die Stellung der Hinterhand unterstreichen meist die Botschaft, die die Mimik bereits ausgedrückt hat. Falls Sie also nicht auf den Gesichtsausdruck Ihres Pferdes geachtet haben, bekommen Sie eine weitere Chance, die Meinung Ihres Pferdes zu hören, die durch Hinterhand und Schweif vielleicht sogar noch deutlicher ausgedrückt wird.

Befürchte ich, dass ein Pferd ausschlägt, beobachte ich sein Gesicht besonders sorgfältig. Hinterhand und Kopf sind in vielerlei Hinsicht miteinander verbunden und sprechen häufig „übereinander". Lässt ein Pferd sich zum Beispiel ungern am Kopf berühren, kann das ein Hinweis auf Schmerzen in der Hinterhand sein. So können Sie möglicherweise über einen alternativen Zugang zur Wurzel des Problems vordringen.

Sobald Sie erkennen, wie sich Pferdisch im Schweif ausdrückt, werden Sie sich wundern, warum Ihnen das nicht schon viel früher aufgefallen ist. Achtung: Ein Pferd, das wenig Schweifkontrolle hat oder dessen Schweif schlaff oder ausdruckslos ist, könnte eine Wirbelsäulenverletzung haben.

- Ein angehobener, leicht gewölbter Schweif drückt Selbstbewusstsein aus (Bild 8.4).
- Ein aufgestellter Schweif, der nach oben gehalten wird und dessen Haare sich wie eine Flagge im Wind auffächern, kann Angst oder freudige Aufregung zeigen (Bild 8.5). Ich habe auch junge Stuten beobachtet, die ihren Schweif hissten, wenn sie von anderen Pferden gejagt wurden, und so „Ich bin doch nur ein Mädchen, tut mir nichts" sagten.
- Ein angespannter, eingezogener Schweif drückt Angst, Spannung, sogar Ärger aus. Pferde klemmen wie Hunde den Schweif ein, wenn sie sich bedroht fühlen oder Schmerzen im Rumpf haben oder kurz bevor sie ausschlagen (Bild 8.6).
- Pferde können Ihren Schweif im Schmerz oder Stress verwringen. Der Schweif reibt über den Körper und bewegt sich dabei in scheibenwischerartigen Bewegungen oder kreisend vor und zurück. Dies kann ein früher Hinweis auf eine Kolik sein, noch bevor sich andere Symptome zeigen.
- Pferde „wedeln" mit dem Schweif, wenn sie glücklich und zufrieden sind, zum Beispiel, wenn zwei Pferde zusammenstehen und dösen. Auch wenn keine Fliegen um sie herum sind, schwingen ihre Schweife entspannt zur Seite.
- Ein einzelnes kleines „Schweifwischen" drückt Konzentration, Frustration oder Ärger aus (Bild 8.7).

8.4 Ein selbstbewusster, angehobener Schweif

8.5 Ein „gehisster", aufgeregter Schweif

- Turnierpferde heben den Schweif mitunter hoch an und schlagen ihn scharf nach unten, nachdem sie über ein Hindernis gesprungen sind. Dabei atmen sie oft schnaubend aus. Ich sehe dann ein Ausrufezeichen in der Luft, das besagt: „ So! Den habe ich weggenagelt!"
- Pferde scheinen mit ihrem Schweif beim Reiten auch Rhythmus auszudrücken. Es ist, als ob sie so ihre Bewegung mit dem Takt synchronisieren, ähnlich, wie wenn wir klatschen oder mit den Fingern zur Musik schnipsen.

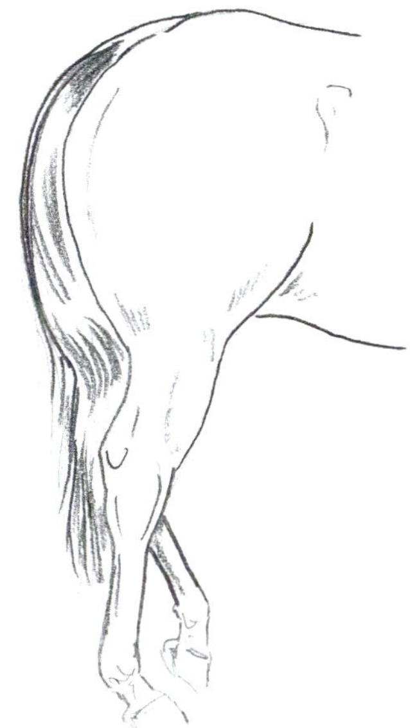

AUF UND DAVON

Der Schweif bringt uns zum vierten Ritual von Pferdisch: *Auf und Davon*. Tatsächlich ist das im Sinne von „Das ist für mich erledigt" die für uns am leichtesten erkennbare und vielleicht wichtigste Botschaft des Schweifs. Dieses große, kräftige Schweifschlagen ist eine betonte Form der konzentriert-frustrierten Schweifbewegung von Bild 8.7. Es zielt auf ein anderes Pferd ab oder auf Sie und sagt uns: „Ich bin damit und mit dir wirklich fertig!"

8.6 Pferde mit einem eingeklemmten Schweif sind in Abwehrhaltung.

8.7 Mama (links) „wischt" einmal mit ihrem Schweif, während sie durch Jags Blase des persönlichen Raums geht. Jag antwortet ebenfalls mit einem Schweif „wischen".

8.8 Rocky übt Druck auf Vati aus, indem er sie ansieht. Vati protestiert mit einem scharfen Schweifschlagen und ist „Auf und Davon".

Auf und Davon ist der Schlusspunkt des Pferdes am Satzende, auch sein *Nein* (Bild 8.8). Achten Sie auf das „Nein" Ihres Pferdes. Erkennen Sie, dass Ihr Pferd *Auf und Davon*, raus aus dem Gespräch möchte, können Sie sanftere Botschaften aus der Pferdesprache übermitteln. Prüfen Sie Ihre Intensität, gehen Sie auf Neutral Null, nehmen Sie Ihre innere Energie weg und *Scannen Sie* zum Beispiel *den Horizont*. *Auf und Davon* ist das Stichwort, mehr auf das zu hören, was das Pferd gerade zu sagen hat. Wünschen wir uns richtige Pferdegespräche, brauchen auch wir eine Möglichkeit, *Auf und Davon* auszudrücken.

Auf und Davon
IN DER PRAXIS

An einem kalten, regnerischen Tag ging eine meiner Schülerinnen in den Stall, um ihrem Pferd eine Regendecke anzuziehen. Das Wetter war monatelang schön gewesen, eine Decke nie nötig. Jetzt sah meine Schülerin, wie ihre Stute „Nein" mit dem Schweif sagte und sich wegdrehte. Meine Schülerin machte eine Pause, lehnte sich gegen die Boxentür, schaute nach draußen, streckte ihre Fingerknöchel zur Begrüßung aus und atmete tief. Sie sagte ruhig: „Du kannst heute nicht ohne deine Jacke auf die Weide gehen", und fühlte einen Moment später das Maul ihrer Stute auf ihren Knöcheln. Die beiden führten das Begrüßungsritual zu Ende durch. Dann ließ sich die Stute in Ruhe eindecken.

Das „Nein" eines Pferdes zu beachten kann alles verändern! Meine Schülerin wurde weder ärgerlich, noch deckte sie die Stute mit Gewalt ein. Sie besaß all das notwendige Wissen, um die Gefühle ihrer Stute zu verstehen und sich mit ihr freundlich auszusprechen.

Gespräch: Schweifbewegung

Spiegeln Sie die *Auf und Davon*-Bewegung des Schweifes. Schwingen Sie dazu Ihren Arm mitsamt der Hand in einer abrupten Bewegung einmal über Ihren Rücken oder über Ihren Oberschenkel, als ob Sie eine Fliege verscheuchen wollten.

Vielleicht brauchen Sie diese Bewegung hin und wieder, um Ihrem Pferd zu zeigen, dass das Gespräch nun beendet ist. So können Sie ausdrücken, dass etwas erledigt ist und es Zeit wird, weiterzumachen.

GEH-WEG-BOTSCHAFTEN MIT DER HINTERHAND

Wechseln Pferde innerhalb der Herde ihre Position, so wird dies häufig erreicht durch eine Reihe subtiler Geh-weg-Botschaften. Diese werden ihnen von einem oder auch von mehreren Pferden übermittelt. Das ist auch der Fall, wenn Pferde einander folgen.

Die „Kutscher" in der Herde, die Pferde, die die anderen treiben, sind meist ranghöher. Dies bedeutet auch, dass sie verantwortlich für die Sicherheit der Pferde sind, die sie vor sich hertreiben. In Dokumentarfilmen über wild lebende Pferde sieht man häufig den Leithengst hinter der Herde gehen und ein schwächeres Herdenmitglied, einen Junghengst oder eine ältere Stute vorwärtstreiben. Er muss nicht nur die Herde zusammenhalten, er muss sie auch vor Raubtieren schützen. Pferde, die treiben, sagen dem Getriebenen damit immer auch, dass sie für seine Sicherheit sorgen. Das gilt selbst, wenn die Herde nur aus zwei Pferden besteht.

Es gehört zu den tiefen sozialen Bedürfnissen von Pferden, zu folgen oder von hinten getrieben zu werden. In unserem Umgang mit Pferden bedienen wir diese Instinkte. Einige sehr talentierte Trainer arbeiten intuitiv mit dem Bedürfnis des Pferdes, getrieben zu werden. Wenn wir ein Pferd vorwärtsschicken, indem wir Druck auf die Hinterhand ausüben, so wie es in manchen Formen des Roundpen-Trainings oder beim Longieren geschieht, sollten wir uns darüber im Klaren sein, dass eine Geh-weg-Botschaft immer auch mit Schutz und Verantwortung verknüpft ist, also damit, dass das Pferd sich sicher fühlt.

DER HÜFT-KUTSCHIER-BUTTON

Der Hüft-Kutschier-Button auf dem Pferd ist einer der empfindlichsten Buttons. Pferde schicken ständig Geh-weg-Druck zur Hinterhand anderer Pferde, um diese vor- oder seitwärtszubewegen. Diese Botschaften sind auf den höchsten Punkt der Hüfte gerichtet.

Der Hüft-Kutschier-Button ist aber auch ein psychologisch ansprechbarer Button und mit der Sicherheit und dem Gruppengefühl der Herde verbunden. Viele Pferde weichen bereits, sobald ein anderes Pferd nichts weiter tut, als lediglich diesen Button anzuschauen. Pferde reagieren auf Druck in diesem Bereich prompt.

Hauspferde müssen sich zwar keine Gedanken über Raubtiere machen oder weite Wege auf der Suche nach Futter zurücklegen. Doch die grundlegenden Gespräche über Führen und Folgen haben Bestand, wenn es um Heu, Wasser oder den schönsten Schattenplatz geht. Sobald Sie Ihre Verbindung zu Ihrem Pferd weiterentwickelt haben, werden Sie es mit einem einzigen Blick auf den Hüft-Kutschier-Button beeinflussen können. Es ist eine kraftvolle Art, ein Pferd zu bewegen!

Dieser Button wird am häufigsten von Menschen missbraucht. Menschen scheuchen Pferde mit Hilfe des Buttons genauso herum, wie es rüpelhafte Pferde tun. Ein Mensch, der diesen Button überstrapaziert, schikaniert das Pferd und benimmt sich fast wie ein Raubtier. Das Pferd unterwirft sich innerlich, es bekommt glasige Augen und verschließt sich. Vielleicht sieht das Pferd äußerlich gut geschult aus, doch im Innern hat es aufgegeben und verhält sich rein mechanisch, wie ein Roboter. Im entscheidenden Augenblick wird es für seine eigene Sicherheit sorgen und nicht für die des Reiters.

Viele Menschen möchten heute nicht auf diese Weise mit Pferden arbeiten und den Hüft-Kutschier-Button so missbrauchen. Trotzdem wissen sie oft nicht, wie sie das Bedürfnis ihres Pferdes erfüllen können, das sich beschützt fühlen möchte, wenn es getrieben wird.

Sie können mit diesem Button sanfte, kreative Gespräche führen, die fair und achtsam sind. Wir können unsere Pferde ohne Aggression wegschicken, ohne sie zu jagen. Stattdessen sagen wir: „Ich beschütze deinen Rücken, du kannst dich entspannen." Das macht den Unterschied zwischen wahrer Annahme und Unterwürfigkeit.

Viele Menschen können ihr Pferd nur treiben, indem sie es jagen. Ich habe das im Roundpen zuerst auch so gemacht. Als ich aber verstand, wie ich ein Gespräch mit dem Hüft-Kutschier-Button führen kann, ohne mein Pferd zu jagen, habe ich mich geschämt.

8.9 A–C In der Freiarbeit beginne ich bei Vatis Schulter-Button und arbeite mich zum Hüft-Kutschier-Button vor (A). Alles, was ich tun muss, ist, mit einem Finger auf den Mach-Platz-Button, der in der Nähe des Sprunggelenks liegt, zu deuten, ein anderer Finger zeigt auf den Hüft-Kutschier-Button. Vati antwortet darauf mit Bewegung (B). Wie immer benutze ich nun ein „O" und gehe auf Neutral Null, damit Vati zurückkommt und wir kurz „Hallo" sagen können (C).

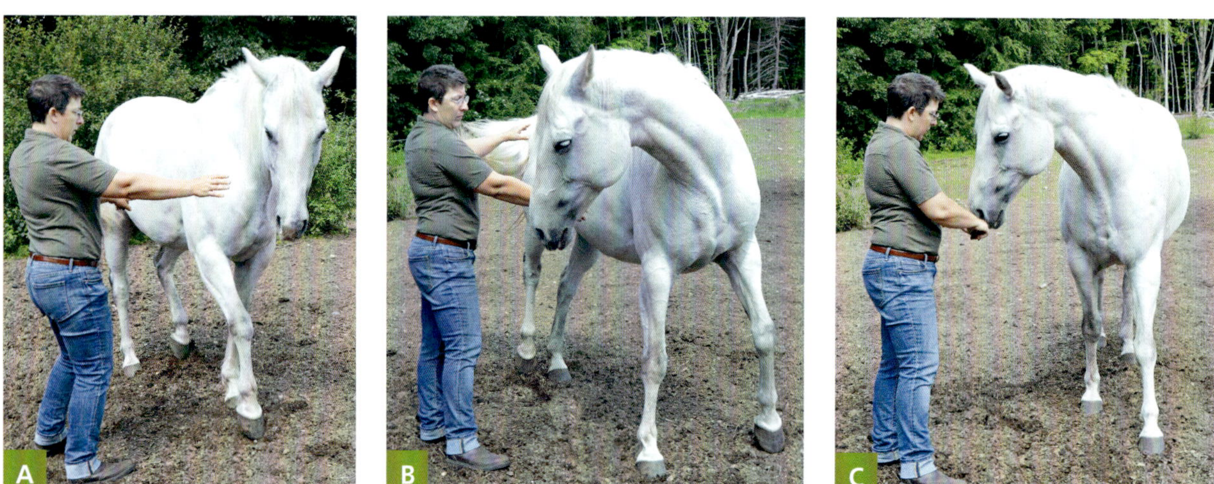

Ich lag vorher so falsch! Nun, wo ich den Button auf neue Art sehe, sind die Pferde mir gegenüber offener und ich kann ihnen auf eine achtsamere Art entgegenkommen. Ich habe mit Pferdisch einen besseren Weg gefunden, Gespräche über den Hüft-Kutschier-Button zu führen, am Führseil oder an der Longe, auf Distanz, in der Box oder frei. Gespräche ohne Aggression, ohne Schikane, ohne Jäger und Gejagte.

Gespräch: Geh weg

❶ Halten Sie Ihr Pferd mit Hilfe Ihrer inneren Energie an seinem Platz und gehen Sie in die Nähe des Hüft-Kutschier-Buttons an der höchsten Stelle der Hinterhand (Bild 8.9 A).
❷ Richten Sie Ihre innere Energie auf den Hüft-Kutschier-Button oder zeigen Sie falls notwendig mit dem Finger darauf, um Ihr Pferd zu bewegen (Bild 8.9 B).
❸ Beenden Sie das Gespräch, indem Sie Ihr Pferd mit der „O“-Haltung einladen, zurückzukommen (Bild 8.9 C).

Sie können ein Pferd über den Hüft-Kutschier-Button einladen, sich zu Ihnen umzudrehen, wie wenn man ein Kanu im Wasser wendet, indem man auf das hintere Ende drückt und das vordere Ende schwingt herum. So lehrt die Mutterstute es auch ihr Fohlen. Wenn es sie ansieht, hat sie seine Aufmerksamkeit. Nun kann sie weggehen und ihre Flanke als Zielpunkt, als Target für das Fohlen nutzen.

Gespräch: Das Kanu Wenden

❶ Ihr Pferd schaut von Ihnen weg. Richten Sie Ihre innere Energie auf den Hüft-Kutschier-Button (Bild 8.10 A).
❷ Benutzen Sie nun Ihre „O“-Haltung, um die Vorhand des Pferdes willkommen zu heißen (Bild 8.10 B).
❸ Beenden Sie das Gespräch mit *Knöchelkontakt* und innerem Neutral Null (8.10 C).

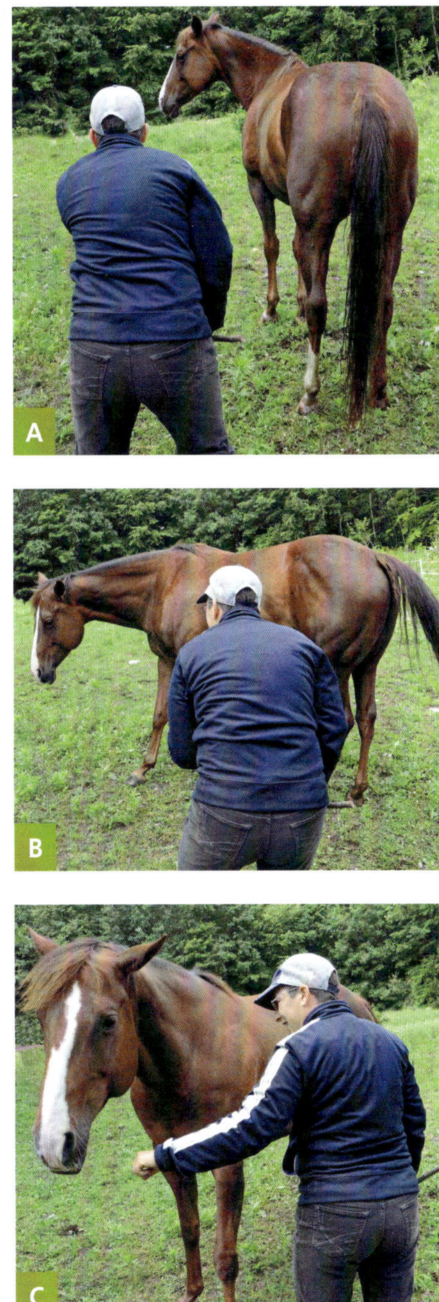

8.10 A–C Ich möchte, dass Jag sich zu mir umdreht. Ich richte meinen Bauchnabel auf ihren Hüft-Kutschier-Button (A). Mein „O“ lädt Jag zu mir ein und man kann ihren Wendepunkt im Zentrum ihres Körpers gut erkennen (B). Ich nenne das „Das Kanu Wenden“. Sobald ich mich aufrichte, aber im inneren Neutral Null bleibe, heißt das für Jag, dass sie stehen bleibt. Ich halte ihr meine Fingerknöchel zur Begrüßung hin (C).

Mit dem Hüft-Kutschier-Button bittet man: „Mach Platz und nimm deine Hufe mit hinüber." Egal welche Intensitätsebene Sie benutzen, die Botschaft ist an die Hinterhand gerichtet und besagt, dass Sie die Reichweite der Hinterhand außerhalb der Blase Ihres persönlichen Raums haben möchten. Je häufiger Sie die einzelnen Buttons ansprechen, damit diese Platz für Sie machen, desto höher steigen Sie in der Rangfolge der Herde.

DER MACH-PLATZ-BUTTON

Ob Sie möchten, dass das Pferd folgt, oder ob Sie es vorwärtstreiben möchten, das Wegschicken mit dem Hüft-Kutschier-Button tut Ihrer Beziehung und dem gegenseitigen Verständnis gut. Mit leichtem Seitwärts-Weichen haben Sie außerdem eine wundervolle Möglichkeit, Ihr Pferd geistig, körperlich und emotional ins Gleichgewicht zu bringen. Bleibt ein Pferd „stecken", ist es erstarrt oder verwirrt, bitte ich es mit Hilfe des Mach-Platz-Buttons in der Vertiefung oberhalb des Sprunggelenks um eine Seitwärts-Bewegung.

Gespräch: Geh rüber und balanciere dich aus

1. Bitten Sie Ihr Pferd mit Hilfe Ihrer inneren Energie zu weichen, bis es sein Gewicht verlagert oder mit einem Hinterbein unter den Schwerpunkt tritt. Dadurch balanciert es den ganzen Körper neu aus (Bild 8.11).
2. Gehen Sie zurück auf Neutral Null und nehmen Sie den Druck weg.

Vom Sattel aus wird aus diesem kleinen Gespräch eine Hinterhandwendung.

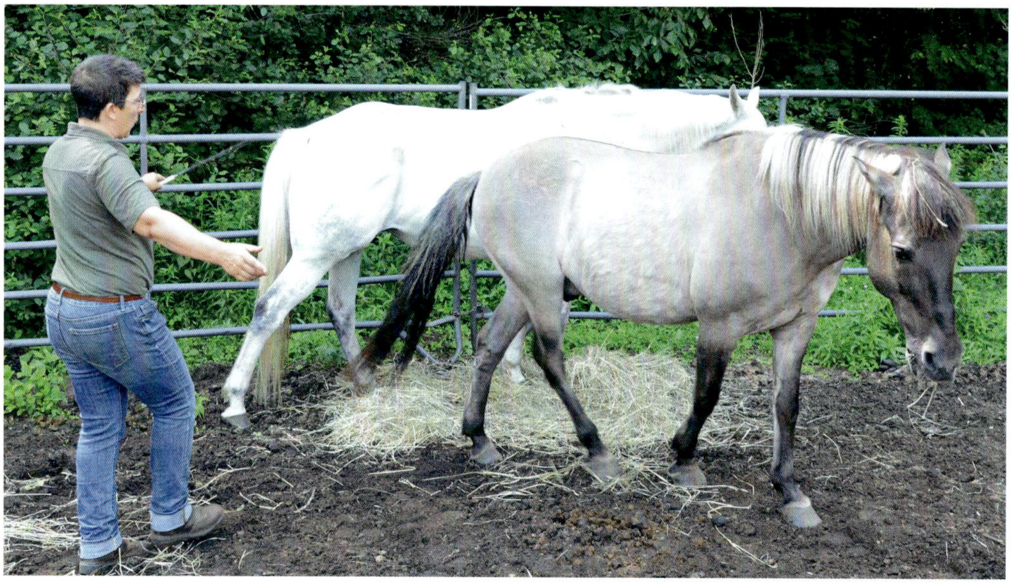

8.11 Ich habe gerade genug Intensität eingesetzt, um Rockys Hinterhand zum Weichen aufzufordern. Achten Sie darauf, wie sein rechtes Hinterbein untertritt, während er seinen Kopf tief hält und sein Gesichtsausdruck gelassen bleibt.

Joe

AN DER HAND

In Joes früherem Training ging es um seine *körperlichen* Bewegungen. Das war, bevor wir uns trafen. Unsere bisherigen Gespräche machten deutlich, was er nicht versteht und wo er überreagiert. Nun wollte ich mit Joes Verhalten beim Führen und bei der Bodenarbeit weitermachen. Joes Besitzer Mike und Liz sagten mir, dass ihr Verhältnis zu Joe sich inzwischen sehr verbessert hat und dass er sich lebhaft in alles einbringt, was sie mit ihm unternehmen. Ihr Verständnis für seine Bedürfnisse, Wünsche und Ideen ist gewachsen.

Schon beim Betreten von Joes Stall kann ich sehen, wie sehr sich seine Gesichtszüge verändert haben. Seine Augen sind heller, und obwohl seine Kopfhaltung noch immer hoch ist, schaut er sofort zu mir. Er beginnt gleich damit, meinen Geruch zu erschnuppern, und ich erschnuppere seinen Geruch, indem ich drei Mal in seine Richtung einwärtsschnaube. Dann pruste ich die Luft durch die Nase aus. Das ist der *Nährende Atem*, eine Art Lufteinziehen, als ob man die Nase nach innen frei schnauben möchte (S. 29). Befreundete Pferde machen untereinander eine Reihe solcher Schnupper-, Schnaub- und Prustgeräusche, bevor sie sich einander nähern. Indem ich das nachahme, sage ich Joe, dass ich auch froh bin, ihn zu sehen.

Joes hohe Kopfhaltung, seine weiten Augen und die eifrige Ausstrahlung erinnern mich an ein Kind, das sich über meinen Besuch freut. Er nickt mit dem Kopf, heißt mich in seiner Blase des persönlichen Raums willkommen und streckt schon die Nase nach mir aus. Seine gesamte Körpersprache drückt Freude über mein Näherkommen aus – ganz anders als bei unserem ersten Treffen. Wir durchlaufen das Begrüßungsritual und er mag das *Spiegelspiel*. Er zeigt mir, dass er mir folgen möchte. Beim dritten *Knöchelkontakt* wölbt er sanft den Hals und leckt meine Hand und meinen Arm langsam und sacht ab, das heißt: „Ich möchte dein Fell pflegen." Ich muss lächeln. Er ist so süß! Ich strecke meine Hand nach seinem Hals und Widerrist aus und kratze ihn genüsslich. Die andere Hand halte ich vor ihn hin und er leckt sie sanft.

Mit dem Halfter in der Hand betrete ich seine Box. Ich fordere ihn auf, zurückzutreten und mir Raum zu überlassen. Dann fordere ich ihn auf, zur Wand zu treten, indem ich den Geh-weg-Gesichts-Button und den Schulter-Button nur mit meinen Fingerspitzen berühre. Er tritt leicht und sanft zur Seite, aus meinem Raum hinaus, und hält den Kopf dabei tief und gerade. Er sagt: „Ich möchte in jedem Fall tun, was du willst. Siehst du, wie ich sehr, sehr still halte? Ich bin ein guter Junge." Ich imitiere seine Stimme für seine Besitzer und sie lachen und antworten ihm, dass er wirklich ein guter Junge ist. Joe versteht den Humor scheinbar, weil er zu seinen Besitzern schaut und die Ohren zur Seite stellt und gähnt. Er teilt unsere gute Stimmung.

Nun drehe ich mich um und drücke meinen Rücken gegen seine Schulter. Ich frage ihn, ob er in die *Pferdeumarmung* kommen mag, damit ich ihm sein Halfter anziehen kann (S. 103).

Die meisten Menschen schauen das Pferd an, wenn sie es aufhalftern. Das ist nicht falsch. Aber in Joes Fall weiß ich, dass ihn das Halfter etwas verspannt. Mit der *Pferdeumarmung* kann ich ihm vielleicht eine neue Einstellung zum Halfter ermöglichen. Joe senkt fast sofort und nur mit einem kleinen Zögern seinen Kopf hinunter zu meiner Brust. Ich streichle sein Gesicht, lasse ihn dann in Ruhe und wiederhole die *Pferdeumarmung* einige Male. Ich streichle seinen Hals, die Mähne hinauf bis zum Genick, während ich weiter an seiner Schulter stehe. Dann streichle ich seine Ohren und streiche zwischen den Ohren zu seinem Schopf.

Wenn man all diese Körperpartien streichelt oder abstreicht, während man hinter dem Kopf steht, entspannt sich das Pferd. Pferde reiben ihre Hälse an diesen Stellen aneinander und Fohlen rubbeln ihren Hals oft an ihrer Mutter.

Joe verspannt sich, als ich ihm das Halfter anziehe. Ich ziehe es mehrmals an und wieder aus, bis er lockerer ist. Ich erkläre den Besitzern, dass er später bei unserem Spaziergang umso ruhiger sein wird, je mehr Spannung er nun verliert. Ich setze *inneres Neutral Null*, tiefe Atmung und die Vorstellung eines inneren Lächelns ein. Ich möchte, dass auch Joe sein inneres Neutral Null findet.

Ein Durchbruch passiert meist bei Neutral Null. Es gibt natürlich viele Techniken, Tipps und Tricks, die alle ihren Sinn haben. Um zu heilen, muss ein Pferd aber sein eigenes inneres Neutral Null an unserer Seite finden. Andernfalls verdecken die Trainingstechniken nur die Probleme darunter. Die Probleme sind noch da, man kann sie bloß nicht mehr sehen. Auf lange Sicht funktioniert es nicht, wenn man die Schwachstellen eines Pferdes mit Trainingstechniken überlagert. Man kann ein Pferd nicht zur Entspannung zwingen, aber man kann Neutral Null sein und diesen Raum für das Pferd offen halten. Ich möchte eine innere Ruhe ausstrahlen und Joe damit „anstecken", bevor wir den sicheren Stall verlassen. Ich gehe in der „O"-Willkommenshaltung einige Schritte rückwärts und lade Joe in meinen Raum ein. Joe folgt mir auf einem Kreis in seiner Box und ich setze die Füße bewusst und verankere jeden Fuß mit der Erde, bevor ich den nächsten Schritt mache. Ich bitte ihn zum *Gleichschritt*. Dadurch wird klarer, was meine Füße tun (S. 89). Pferde folgen dem Schrittgeräusch der anderen Pferde. Unsicheren Pferden tut es gut, wenn ein friedliches Herdenmitglied sich langsam und klar bewegt.

Joe folgt mir und senkt seinen Kopf, als ob er jeden Schritt, den ich mache, genau studieren würde. Er ahmt meine Schrittlänge nach, wie hoch ich die Knie anhebe und meine genaue Geschwindigkeit. Bevor ich anhalte, drehe ich mich und bringe dann beide Füße nebeneinander und *Stampfe zum Halten* (S. 90). Er stellt seine Vorderhufe direkt hinter meine und hält auch an. Ich habe das Ganze so arrangiert, dass mein Rücken nun zu ihm zeigt und ich dicht an seiner Schulter stehe. So kann ich seinen Kopf leicht über meine Schulter zu einer *Pferdeumarmung* einladen. Ich möchte, dass Joe mit mir ein vollkommen anderes Gespräch über das Gehen führt, als er es jemals mit Menschen geführt hat. Wir verlassen seine Box und gehen auf die Stallgasse. Es überrascht mich nicht, dass Joes Aufmerksamkeit sich nun nach außen verlagert, aber ich möchte dieses Muster sofort unterbrechen. Ich halte mit beiden Füßen an und mache einen überdeutlichen Schritt in seinen Raum hinein, so dass er rückwärtsgehen muss. Er ist verwirrt, geht aber im Gleichschritt mit mir. Als wir wieder weiter vorwärtsgehen, achtet er besser auf mich, meine Füße und meine Bewegungen.

Damit wir es schön und spannend miteinander haben, halte ich mitten im Schritt an und lasse meinen Fuß in der Luft baumeln. Er weiß nicht genau, was er tun soll, und nachdem er den Huf langsam abgesetzt hat, hebt er ihn wieder an und schwingt ihn vor und zurück. Ich setze meinen Fuß lachend und bedächtig ab. Jetzt versteht Joe, dass das ein Spiel sein könnte, und er mag Spiele. Ich gehe rückwärts, er auch. Ich gehe drei Schritte vorwärts und kreuze dann die Füße, er auch. Ich lasse meinen Fuß ein paarmal baumeln und er versucht das Gleiche.

Joes Besitzer lachen über unsere Späße. Dieses Riesenpferd hat noch nie so sehr auf die Füße eines Menschen geachtet. Wir haben *Fußvergnügen* (S. 102).

Als wir auf die Stalltür nach draußen zugehen, wird Joe eiliger. Sein Kopf geht nach oben, seine Augen starren auf das, was hinter der Tür liegt. Ich beginne ein Gespräch über *Annäherung und Rückzug* und die Stalltür. Dann beschäftigen wir uns mit dem *Gleichschritt* und nicht damit, wohin wir als Nächstes gehen. So hat es auch Joes Mutter gemacht. Sie ist nur in die Welt gegangen, wenn sie wusste, dass er ihren Hufen folgte. Jungpferde rennen herum und entdecken all die interessanten Dinge, die die Welt zu bieten hat, und dann rennen sie wieder zu ihren Müttern. Wenn ihre Mama aber ein *Wächterschnauben* von sich gibt und den Kopf anhebt, wird es ernst. Dann klebt der kleine Joe an ihrer Flanke und seine Hufe haben genau den gleichen Rhythmus wie ihre.

Wir beginnen wieder auf die Tür zuzugehen. Ich halte an, schaue auf den Tiger in der Ferne und schnaube mein *Wächterschnauben*.
Joe weiß nun, dass er sich im Moment an mir orientieren sollte. Ich entspanne mich wieder und tue so, als ob ich *Kaugummi kaue*. Jetzt kann ich durch die Tür nach draußen gehen. Ich habe Joe gesagt, dass er sicher ist, wenn er auf mich hört, und er glaubt mir. Er ist ein großes, nachdenkliches Pferd, das sich Sorgen über die große weite Welt macht. Bestimmt fühlt es sich gut für ihn an, wenn ich ihn beschütze.

Erst einmal folgt Joe meinen Füßen und Ideen. Als Nächstes mache ich ihn mit dem Führseil bekannt. Noch immer hat er die Angewohnheit, daran zu ziehen oder sich dem Seil zu widersetzen. Zunächst bitte ich ihn um das *Therapie-Rückwärts* (S. 85).

> **Freundschaften erweisen ihren Wert erst mit der Zeit.**

Er kommt dadurch in eine entspannte Körperhaltung und ist offener für Neues. Ich setze den Geh-weg-Gesichts- und den Schulter-Button ein, um ihn zu bitten, seitwärtszugehen. Das haben wir zwar schon in der Box gemacht, doch nun soll er es zum ersten Mal draußen versuchen. Er steckt ein bisschen fest dabei. Außerdem legt er die Ohren an und schlägt mit dem Schweif, das bedeutet „Nein, ich mag das nicht" oder „Hör auf damit" (S. 133).

Ich registriere das Schweifschlagen und die angelegten Ohren ordnungsgemäß, sehe aber auch, dass er sich Mühe gibt, mitzumachen. Er hat ein Problem. Er mag unser Gespräch, fühlt sich verstanden und ist dankbar, dass ich mit ihm kommuniziere. Aber wir befinden uns auf schwierigem Gelände. Aus irgendeinem Grund kann er sich nicht völlig entspannen und mich als ranghöher anerkennen. Das würde ja bedeuten, dass er mir bedingungslos folgen müsste. Er lässt mich zwar so tun, als sei ich ranghöher, aber er erkennt mich nicht wirklich an.

Das braucht er auch nicht. Freundschaften erweisen ihren Wert erst mit der Zeit und indem man sie regelmäßig auf die Probe stellt. Ich muss das Seitwärts-Gespräch

Ich setze die Pferdeumarmung ein, damit Joe sich trotz Halfter gut fühlt (A). Joe ist unsicher, was den Druck des Führseils angeht, und er hat kein Vertrauen in das Führseil (B & C). Ich benutze den Geh-weg-Gesichts-Button und den Mittelhals-Button, um seine Vorhand weichen zu lassen (D), und lobe ihn, als wir dann an der Wiese ankommen: „Gut gemacht, Joe!" Ich wische mit den Händen und er antwortet mit einem Schweifwischen. Geschafft (E)!

einfach später noch einmal führen. Ich erkläre seinen Besitzern, dass sie es ebenfalls Dutzende von Malen auf innerlich neutrale Art und völlig vorhersehbar mit ihm durchführen werden. Als ob man einem ängstlichen Kind gut zuredet, doch ins Schwimmbecken zu kommen, müssen wir lediglich offen und freundlich bleiben, damit Joe versteht, dass wir ihn nicht hängen lassen.

Da Joe den *Gleichschritt* und das *Fußvergnügen* mochte, benutze ich beides nun auf unserem Spaziergang. Ich gehe einige Schritte vorwärts, die wie Marschschritte der Musikkapelle aussehen, dann halte ich an und wechsle die Richtung. Ich lade ihn zu mir ein, bitte ihn dann, rückwärtszugehen und seine Vorderhufe seitwärtszubewegen. Alle paar Minuten halten wir an und machen eine *Pause*. Dann klopfe ich ihn jedes Mal ab oder kraule seinen Hals. Ich würdige jeden Tiger, den er sieht, und *schnaube ihn weg*. Und ich tue so, als ob ich *Kaugummi kauen* würde.

Unser Gespräch hört sich folgendermaßen an:

Ich: „Joe, ich möchte, dass du drei Schritte vorwärtsgehst, dann zur Seite trittst und dann einen Schritt rückwärtsmachst."

Joe: „Okay, aber ich möchte zu meiner Weide rennen, weil das mein nächster sicherer Punkt in der Welt ist."

Ich: „Das weiß ich, aber du machst das wirklich gut. Lass uns anhalten, atmen und in der Mitte der Auffahrt *Raum teilen*. Dort könnte ein neuer sicherer Punkt für dich liegen."

Joe: „Ich versuche es. Es ist echt hart, weißt du. Hier sind überall Tiger. Ich vertraue dir, aber niemand hat mir bisher geglaubt, wie mir das zusetzt."

Ich: „Ich weiß. Aber wenn du mit mir im Gleichschritt gehst, ohne wegzurennen, am Führseil zu ziehen oder dich rückwärtszuwerfen, gehen wir geradewegs zur Wiese."

Am Ende kommen wir dort an und bis zum Öffnen des Tors sind wir im *Gleichschritt* geblieben. Ich erlaube Joe auch jetzt nicht, einfach auf die Wiese zu drängeln. Stattdessen bitte ich ihn, die gleichen kleinen Schritte zu machen, die ich auch mache. Als wir auf der Wiese stehen, nehme ich mir einen Augenblick Zeit für *Raum teilen*, ehe ich ihn gehen lasse. Ich warte, bis er den Kopf senkt und ausatmet. Wir stehen einen Moment lang still beieinander und *atmen zusammen*, dann öffne ich sein Halfter und ziehe es ihm aus.

Da unser Gespräch nun beendet ist, „wische" ich mit dem „Schweif" und benutze dabei meine Hand, mit der ich einmal in Richtung meines Oberschenkels wedle. Ich drehe mich etwas von ihm weg und stampfe mit einem Fuß auf. Sie haben das bestimmt schon einmal bei einem Pferd gesehen. In der Pferdesprache bedeutet es: „So, *Irgendwohin Gehen* haben wir gemacht, nun ist unser Kontakt beendet." Joe soll nicht vergessen, dass ich immer noch sein Leittier bin. Ich regle, wie unsere gemeinsame Aktivität endet. Er soll nicht einfach wegrennen. Ich beende das Ganze. Er würdigt dies mit einem Schweifwischen, als ich gehe.

Joe geht ein Stückchen und wälzt sich dann genüsslich. Seine Besitzer meinen, dass er sonst immer sofort losrennt und -buckelt und dass sie seine überschäumende Energie lieben. Sie erkundigen sich, warum es diesmal anders ist. Ich erkläre, dass sein „Feuer" zwar schön aussieht, aber dass es Ausdruck seiner Unsicherheit ist. Alle Pferde geben manchmal Gas oder spielen, aber sie sollten sich sicher fühlen, wenn sie mit uns zusammen sind.

Joe inspiziert sein Heu und Wasser und schlendert zum Zaun, wo wir stehen. Er senkt den Kopf und schaut uns weich an. Seine Lippen zittern, ein Zeichen, dass er glücklich ist. Mike geht instinktiv zu ihm und rubbelt sein Gesicht. Er sagt, dass Joe so etwas noch nie gemacht hat. Mike und Liz beginnen, das große Ganze zu sehen. Sie erkennen Joes generelle Verwirrung und wie die einzelnen problematischen Erlebnisse zusammenhängen. Sie verstehen, warum vermehrtes oder unterschiedliches Training Joe nicht helfen konnte. Und vor allem fühlen sie sich nicht mehr als Versager oder schlechte Pferdemenschen, als ob Joes Probleme nur ein Spiegel ihrer mangelhaften Fähigkeiten seien.

Sie fühlen mit Joe mit. Wie schrecklich es wohl für ihn war, die ganze Zeit so verwirrt zu sein! Joes Probleme hingen nie mit einer bestimmten Form von Training zusammen. Seine Gedanken und Gefühle waren einfach nie von den Menschen verstanden worden.

Joes Lippen zittern, ein Zeichen, dass er glücklich ist.

Tiere haben ihre eigene Seele. Sie fühlen Zuneigung, Vergnügen, Zusammengehörigkeit. Sie haben Wünsche und Bedürfnisse. Sie empfinden Angst, Schmerz und haben das Bedürfnis, zu beschützen. Wir alle sind Säugetiere und unsere angeborenen Triebe ähneln sich. Die Pferdesprache zu lernen verbindet uns mit unserem eigenen inneren Empfinden. Wir leben in einer Welt der Wörter. Unsere Körpersprache ist verschüttet und wird nur in einzelnen Gesten bewusst von uns eingesetzt. Sie ist eine Art Sahnehäubchen. Wir haben zu wenigen Gesten allgemeine Assoziationen. Pferde leben dagegen in einer Welt, in der sie all ihre Gedanken und Gefühle nur durch Gesten, Körperhaltung und Intensitätsebenen ausdrücken können. Die gleiche Haltung kann zwei unterschiedliche Bedeutungen haben, wenn das Pferd dabei anders atmet. Die Feinheiten dieser Welt der Körpersprache zu erfassen kann ziemlich lang dauern. Joes Besitzer sind noch am Anfang ihrer Reise.

Joes Persönlichkeit verrät, dass er unreif ist. Er möchte ständig beruhigt werden und braucht eine beständige und für ihn verständliche Verbindung.

Beharrliche *Fußarbeit* ist für ihn ein so wichtiger Baustein, weil es sein Vertrauen aufbaut. Mehr noch als andere Pferde folgen nervöse oder fluchtbereite Pferde am besten den Füßen ihres Leittiers. Stoische Pferde „marschieren" gern im Gleichschritt, weil das guttut und dem Herdenzusammenhalt dient. Sie brauchen es aber nicht auf dieselbe Art, wie Joe es braucht.

Als ich ihn wieder aufhalftere und auf der Weide mit ihm zum Tor laufe, läuft er schön mit mir im *Gleichschritt*. Ich übergebe ihn an seine Besitzer und lasse sie zusammen den Gleichschritt üben. Dabei ist es wichtig, die Füße hör- und vorhersehbar, aber nicht zu schnell zu bewegen. Langsame, laute Schritte helfen Pferden wie Joe am besten, alle anderen Ablenkungen zu vergessen. Nach und nach senkt er den Kopf und entspannt sich. Man kann Pferden zwar auch beibringen, ihren Kopf zu senken, doch sie senken ihn sowieso von selbst, wenn sie ruhiger werden und den Leuten um sie herum vertrauen. Am Ende „marschieren" Joes Besitzer ohne weiteres mit Joe zurück zu seiner Box. Er macht Fortschritte darin, seine lebenslange Angewohnheit, sich vor allem zu fürchten, loszulassen.

Auf die Frage, ob sie Joe schon einmal longiert oder im Roundpen trainiert haben, antworten Mike und Liz, dass er an der Longe schrecklich sein kann und dass er nach einem Roundpen-Kurs versucht hatte, aus dem Roundpen zu springen. Sie longieren ihn häufig vor dem Reiten, damit er sich ausbuckeln kann, obwohl er an der Longe richtig aufdreht und dann schwer anzuhalten ist. Schnell fügen sie hinzu, dass er traumhaft zu reiten ist, wenn es gut läuft, und dass er sehr sensibel und aufmerksam sein kann. Er kämpft nicht gegen den Reiter und springt gern. Wenn er beim Reiten scheut, fängt er oft an zu buckeln. Da er zum Scheuen neigt, ist es schwierig, allein mit ihm ins Gelände zu gehen, doch mit anderen Pferden ist es normalerweise kein Problem.

Ich werde nicht mit Joe daran arbeiten, allein ins Gelände zu gehen oder mit dem Buckeln aufzuhören. Ich werde ihn auch nicht auf die übliche Art longieren oder im Roundpen trainieren. Aber mein nächster Schritt führt tatsächlich in den Roundpen. Allerdings werde ich nicht zusammen mit ihm in den Roundpen gehen, sondern ihn im Roundpen frei lassen und mit ihm ein Gespräch darüber führen, dass er mir und seinen Besitzern folgt. Sobald er sich vorstellen kann, dass es Menschen gibt, die die Sorgen seiner Welt verstehen und ihm helfen, sich sicher und entspannt zu fühlen, wird er alles tun, um das ich ihn bitte, da bin ich ziemlich sicher.

Ich sage Mike, dass er im Gleichschritt mit Joe zum Roundpen gehen soll. Joe gibt sich große Mühe, nicht „auszuflippen", sondern sich stattdessen auf die Schritte seines Besitzers zu konzentrieren. Der Wind frischt auf und eine Blechdose fällt irgendwo runter und rollt zur Hintertür des Stalls, die nun genau hinter Joe ist. Er geht senkrecht in die Luft, landet aber wieder, zitternd und mit gespreizten Beinen. Mike stampft mit den Füßen auf und macht spontan das *Wächterschnauben* in die Richtung, aus der der Krach kam. Joe nimmt sofort den Kopf an Mikes Brust und versucht, tief durchzuatmen. Mike *kaut Kaugummi* und streichelt sanft den großen Kopf. Die beiden haben gerade einen Test bestanden und es dämmert ihnen, dass sich nun alles verändern wird.

SCHRITT 9

Die anmutige Bewegung

WIE MAN HORIZONTALER WIRD

Wir sind vertikale Wesen, Pferde sind horizontal. Damit wir mit Pferden sprechen können, müssen wir uns in horizontaler Hinsicht etwas ausdehnen, so wie ein Pferd.

Die *Arme des Tänzers* ist ein Gespräch, das ich entwickelt habe, damit wir ein Pferd auf Pferdeart lenken können. Es ist Ihr wichtigstes Handwerkszeug für die Arbeit an der Longe oder im Roundpen.

- Eine Ihrer Hände führt das Pferd. Das ist die Target- oder Zeige-Hand. Sie ersetzt den Kopf eines anderen Pferdes, das parallel mitgehen würde. Je nachdem, in welche Richtung der Kopf Ihres Pferdes im Roundpen schaut, nutzen Sie die linke oder rechte Hand als Führhand.
- Ihre andere Hand sendet Geh-weg-Botschaften in Richtung Gurt-Button.
  Die Arme des Tänzers machen deutlich, wie sehr Ihre innere Energie Ihr Pferd beeinflusst. Ihnen wird ganz automatisch klar, wohin Ihr Bauchnabel zeigt, wenn Sie Ihre Arme ausstrecken. Ihr Pferd wird mühelos verstehen, auf welche Weise Sie seinen Kopf und seinen Körper lenken, weil Ihre Körpersprache deutlich ausdrückt, was Sie meinen.

Damit sich unsere Körpersprache nicht verkrampft, habe ich diese beschriebene Haltung *Die Arme des Tänzers* getauft. Wir sollten uns so weich und anmutig bewegen wie möglich, wie ein Tänzer auf einer Bühne, leichtfüßig und mit Freude an der Bewegung.

Schlüssel zur Verständigung

Achtung: Besonders sensible Pferde könnten bei dieser Übung zu viel Druck empfinden. Üben Sie beim ersten Mal nicht zu dicht an einer Wand oder einem Zaun. Manche Pferde fühlen sich eingezwängt und bekommen Platzangst. Sie könnten von ihnen wegspringen, da Sie ja mit dem Gurt- und dem Spring-auf-Button arbeiten. Das Gespräch soll Ihnen nur klarmachen, wie Ihre innere Energie bremsend oder antreibend auf die Vorwärtsbewegung des Pferdes wirkt.

Gespräch: Die Arme des Tänzers

❶ Üben Sie zunächst ohne Pferd. Sie stehen bequem, Ihr Bauchnabel zeigt geradeaus, Ihre Arme sind entspannt auf Schulterhöhe ausgestreckt. Die Handflächen zeigen nach unten, das entspannt Ihre Schultern und die Seiten Ihres Körpers.

❷ Behalten Sie die gleiche Armposition bei und drehen Sie die Hüfte zu einer Hand hin, so dass Sie einen 45-Grad-Winkel zum Arm bilden. So können Sie vorwärtslaufen und dabei dem ausgestreckten Arm folgen.

❸ Gehen Sie einige Schritte, drehen Sie die Hüfte dann zur anderen Seite und gehen Sie in die entgegengesetzte Richtung. Das ist wie Tango-Tanzen!

❹ Machen Sie die gleiche Bewegung mit den Handflächen nach oben. Gibt es einen Unterschied in Ihrem Gleichgewicht? Nutzen Sie die Gelegenheit, etwas über sich selbst zu erfahren!

❺ Bitten Sie nun Ihr Pferd zum Tanz. Bei *Die Arme des Tänzers* wird (noch) nicht viel gesprochen. Sie laden das Pferd nur ein, sich mit Ihnen zu bewegen, während Sie versuchen, Ihre Arme und Ihre innere Energie zu handhaben. Üben Sie zunächst in einem klar begrenzten Gebiet, auf dem Reitplatz oder in einer breiten Stallgasse. Stellen Sie zwei Kegel mit etwa drei bis vier Metern Abstand auf. Ihr Pferd ist gehalftert und hat ein Führseil am Halfter.

❻ Sie stehen rechts vor Ihrem Pferd und schauen es an. Ihre rechte Hand hält das Halfter am unteren Backenstück, stecken Sie die Hand aber nicht durch das Halfter durch, sondern halten Sie es nur mit den Fingerspitzen (Bild 9.1 A & B).

❼ Halten Sie das aufgerollte Führseil in der linken Hand dicht am Halfter. Die linke Hand ahmt den Druck eines anderen Pferdes auf den Gurt-Button nach (S. 128).

❽ Benutzen Sie die linke Hand, um Ihr Pferd am Gurt-Button zu motivieren, nach vorn zu gehen. Falls notwendig können Sie zusätzlich Ihren Finger einsetzen, mit dem Führseil schwingen oder die Spitze der Gerte benutzen (Bild 9.1 C & D).

❾ Stellen Sie sich einen Lichtstrahl vor, der aus Ihrem Bauchnabel leuchtet. Das ist Ihre innere Energie. Drehen Sie Ihren Körper so weit Sie können und schauen Sie auf einen der Kegel (Ihr Ziel). Ihre Hüfte ist um mindestens 45 Grad in Richtung Pferdebrust rotiert. Der Winkel Ihrer inneren Energie (quer zum Pferd und vor ihm) sagt dem Pferd, dass es in gemäßigtem Tempo vorwärtsgehen soll.

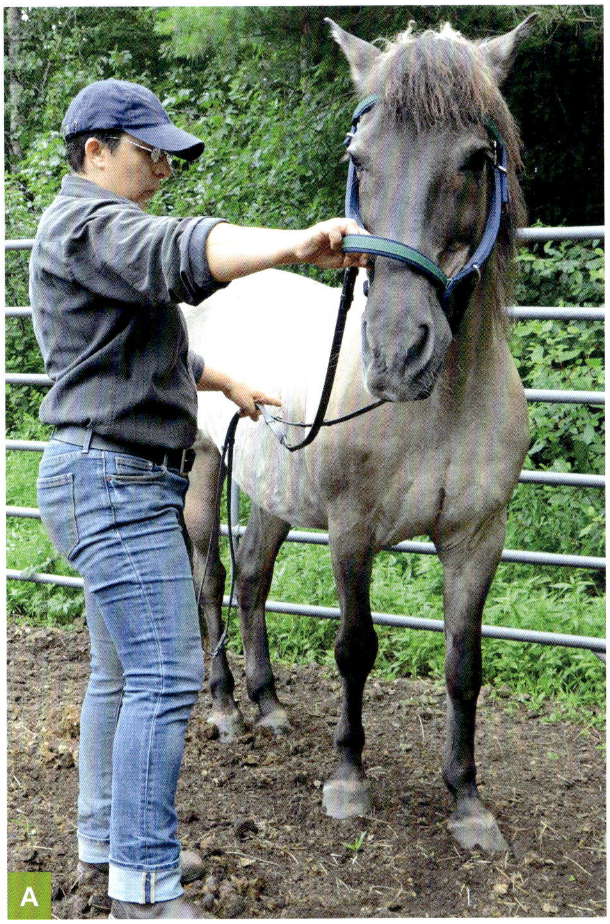

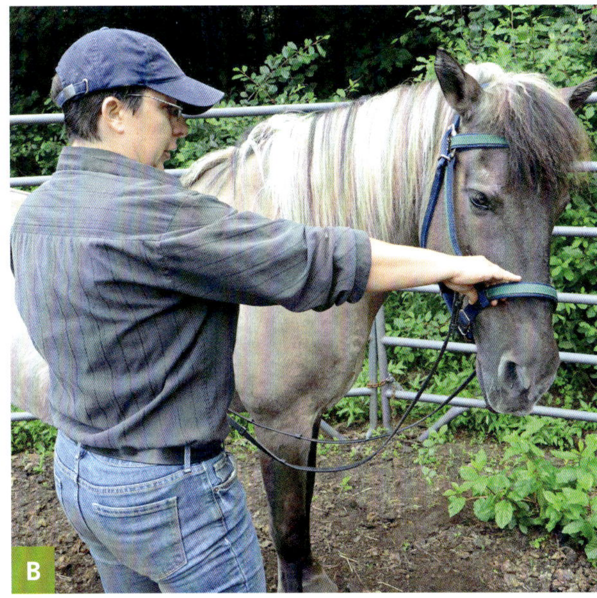

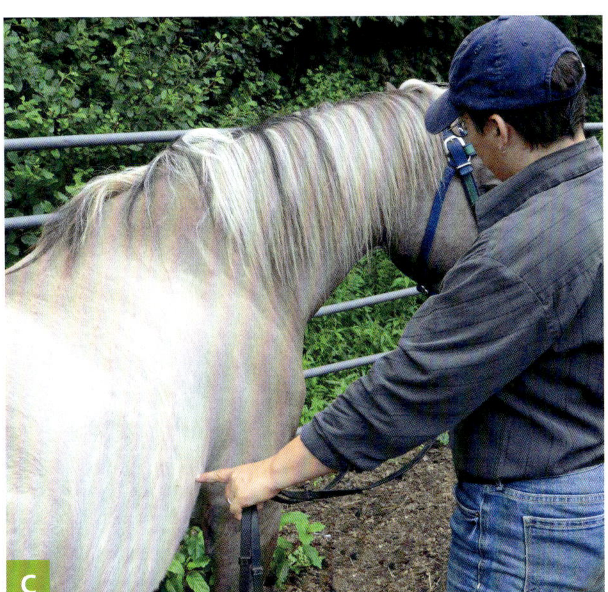

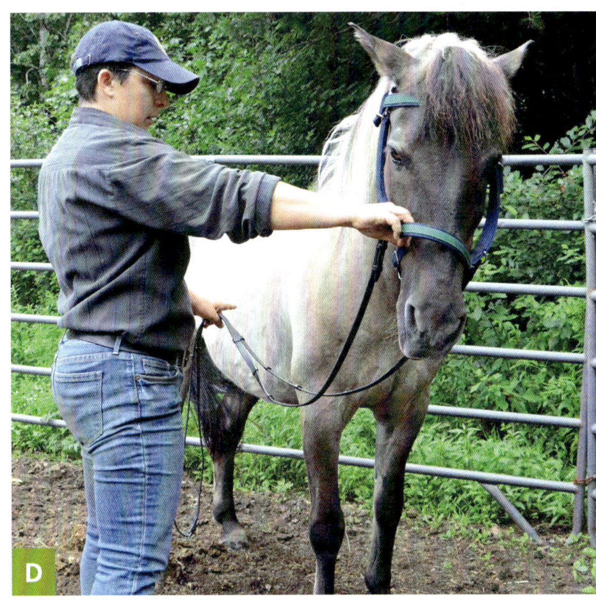

9.1 A–D Üben Sie, das Halfter in der einen Hand zu halten und mit der anderen Hand auf den Gurt-Button zu deuten. Ich bitte Rocky noch nicht um eine Vorwärtsbewegung, sondern gewöhne mich nur an das Gefühl der *Arme des Tänzers* (A & B). Versuchen Sie, eine Vorwärtsbewegung durch das Deuten auf den Gurt-Button in Gang zu setzen (C & D).

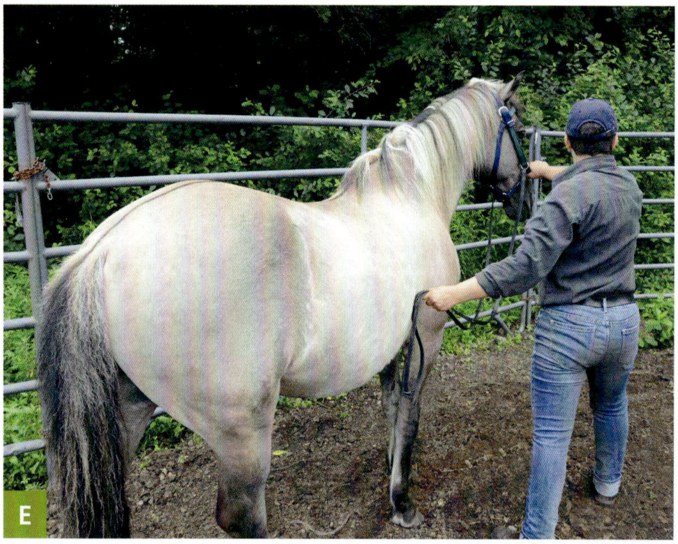

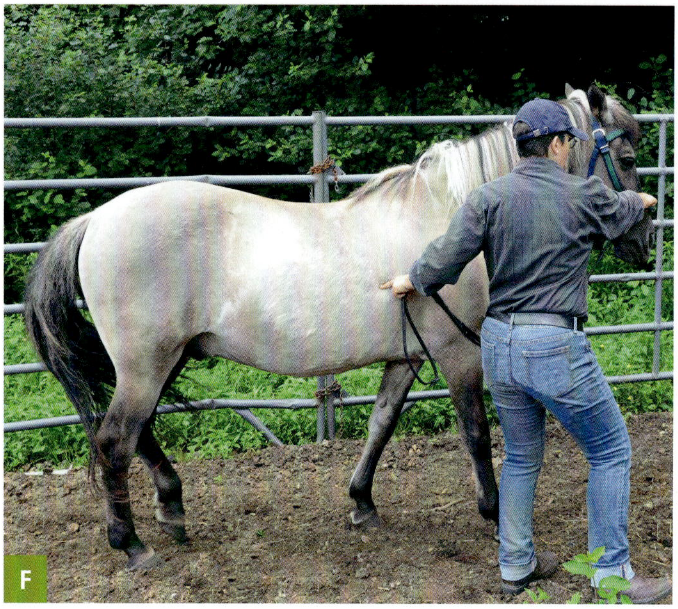

9.1 E & F Ich bitte um eine Vorwärtsbewegung und setze dabei den Gleichschritt ein. Mit dem Bauchnabel deute ich nach vorn (E). Nun gehen wir zusammen im Gleichschritt (F).

⑩ Gehen Sie versuchsweise ein paar Schritte in der *Wie merkwürdig*-Haltung vorwärts, um herauszufinden, was passiert (Bilder 9.1 E & F). Sie sagen dem Pferd „Komm mit mir mit und halte deinen Kopf gerade. Geh nicht ohne mich vorwärts. Geh vorwärts, bleibe aber hinter der unsichtbaren Linie, die meine innere Energie neben und vor dich sendet und die dich in deinem Körper versammelt."

⑪ Üben Sie *Gleichschritt* und *Fußvergnügen* mit den *Armen des Tänzers*.

⑫ Üben Sie auf beiden Seiten des Pferdes und achten Sie auf Seitenunterschiede. Vielleicht sind diese für Sie selbst größer als für Ihr Pferd!

⑬ Sobald Sie oder Ihr Pferd verwirrt sind, *Stampfen* Sie *zum Halten*, so wie im Gleichschritt. Lassen Sie das Seil aber nicht fallen. *Atmen* Sie schnaubend aus und machen Sie *Upsies*.

⑭ Loben Sie Ihr Pferd fürs Mitmachen und kichern Sie über Ihren ersten Versuch, mit ihm zu tanzen. Seien Sie humorvoll!

DIE ENERGIE DREHEN

Alle Pferde können sich gegenseitig drehen, indem sie ihren Kopf oder ihre Hinterhand benutzen und auf unterschiedliche Buttons deuten. Ihre Arme und Hände ahmen diese Gesten nach, wenn Sie Ihr Pferd mit den *Armen des Tänzers* wenden und Ihre innere Energie einsetzen.

Sie lassen Ihre innere Energie als Bogen vor Ihrem Pferd leuchten und Ihre Arme folgen diesem Bogen. Dadurch dreht sich der Kopf Ihres Pferdes ganz natürlich in Ihre Richtung, und Ihre Zeige-Hand, also die Hand am Halfter, verhindert, dass der Pferdekopf Sie vielleicht anrempelt.

Während Sie üben, die Richtung Ihrer inneren Energie zu steuern, ist es sinnvoll, immer mal wieder anzuhalten, die Knie zu beugen und eine „O"-Haltung einzunehmen.

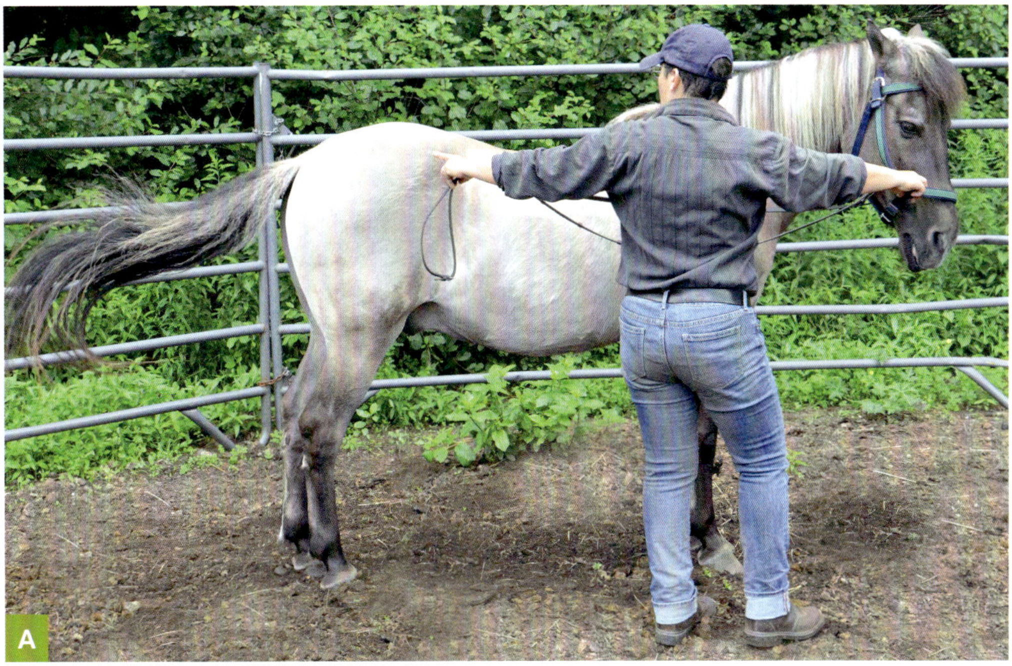

Gespräch: Wenden mit den Armen des Tänzers

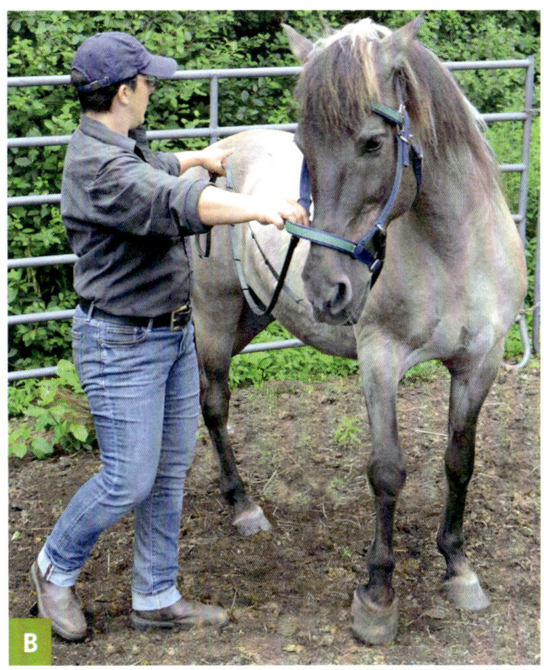

9.2 A & B Meine Arme des Tänzers deuten auf den Hüft-Kutschier-Button und ich richte meine innere Energie in einem Bogen vor ihn. Rocky fühlt laut und deutlich die Botschaft, sein Schweif zeigt es (A). Wir enden mit einer schönen Drehung in den Armen des Tänzers und wechseln die Richtung (B).

1. Stellen oder legen Sie eine Markierung als Zielpunkt für die Drehung auf den Boden, zum Beispiel einen Kegel. Führen Sie Ihr Pferd mit den *Armen des Tänzers*, bereiten Sie sich aber darauf vor, dieses Mal beim Erreichen des Kegels Ihre innere Energie zu verlagern.
2. Schwenken Sie Ihren *Lichtstrahl aus dem Bauchnabel* vor Ihr Pferd und beleuchten Sie damit den Pfad, auf dem es geht. Ihre *Arme des Tänzers* strecken Sie hinter den Gurt-Button, um den Hüft-Kutschier-Button in die Wendung einzubinden (Bild 9.2 A).
3. Das Ergebnis ist ein Richtungswechsel um den Kegel herum (Bild 9.2 B).
4. Üben Sie das auf beiden Seiten.

DIE SEITWÄRTS-BEWEGUNG

Haben Sie bereits Gespräche mit Ihrem Pferd geführt, ist es nun mit Ihrer Körpersprache vertraut. Daher können Sie es beim Wenden zu einer Seitwärts-Bewegung einladen, indem Sie gleichzeitig vorwärts- und seitwärtsgehen. Wenn Sie geschickt darin sind, den Gleichschritt und die Drehung mit den *Armen des Tänzers* zu vermitteln, dann ist die Seitwärts-Bewegung leicht. Wie auf Seite 128 besprochen, lassen Pferde andere Pferden seitwärts ausweichen, indem sie den Gurt-Button benutzen.

Gespräch: Seitwärtsweichen

❶ Beginnen Sie wie bei der Wendung auf S. 149. Diesmal drehen Sie Ihren Bauchnabel so, dass Ihre innere Energie genau auf den Gurt-Button Ihres Pferdes strahlt, wenn Sie den Marker erreichen und mit dem Umdrehen beginnen.
❷ Gehen Sie auf Ihr Pferd zu und senken Sie gleichzeitig Ihre Körpermitte etwas, als ob Sie mit dem Bauchnabel unter seine Körpermitte leuchten wollten. Sie dürfen auch Ihren Finger, Ihre Gerte oder Ihr Seil benutzen, um den Button etwas zu kitzeln, falls nötig. Sie können einen Finger am Geh-weg-Gesichts-Button einsetzen und einen anderen am Gurt-Button, wenn die Intensitätsebene erhöht werden muss.
❸ Sie bitten nur darum, dass Ihr Pferd darüber nachdenkt, seitwärtszuweichen, während es sich beim Drehen vorwärtsbewegt. Loben Sie es und sich selbst für jedes Entgegenkommen, egal wie es aussieht.
❹ Atmen Sie aus und bringen Sie beide Füße nebeneinander. *Stampfen* Sie *zum Halten*.

Mit der Zeit können Sie Ihr Pferd um mehrere Seitwärts-Schritte bitten oder die Übung zum Schulterherein oder Travers verfeinern.

SCHRITT 10

Wer treibt wen auf welche Weise?

Beobachten Sie, wie ein Pferd ein anderes vom Heu vertreibt. Sobald es Erfolg hat, stellt es alle Forderungen ein. Wir Menschen dagegen hören nicht auf, zu fordern, sowohl verbal als auch nonverbal, obwohl das Pferd sich längst bewegt.

Pferde schicken sich häufig weg. Das Pferd, das vertrieben wurde, bleibt oft am äußeren Ende der Blase des treibenden Pferdes stehen. Diese Blasen des persönlichen Raums können abhängig von der jeweiligen Situation sehr unterschiedlich sein.

- Wie beendet ein Pferd das Wegschicken? Es bricht die entsprechenden Zeichen ab, dreht seinen Kopf oder seine Flanke weg, macht *Upsies* und sendet vielleicht *Atembotschaften*, oder es schickt seine innere Energie vor das andere Pferd und kehrt zum *inneren und äußeren Neutral Null* zurück.
- Was macht das vertriebene Pferd? Es bewegt sich in einem Bogen um den „Wegtreiber" herum, vielleicht sogar in einem vollständigen Kreis bis zum Ausgangspunkt. Es dreht sich oft um und schaut dem anderen Pferd ins Gesicht, um sicher sein zu können, dass das Gespräch beendet ist.

Wenn Sie anwenden, was Sie bereits über das Thema Treiben auf Pferdisch wissen, wird sich sowohl Ihr eigenes, als auch das Verhältnis Ihres Pferdes zum Führen, Longieren und der Roundpen-Arbeit für immer verändern. In diesem Gespräch stellen Sie Fragen wie: „Wie geht es dir damit, dass ich dich mit dem Hüft-Kutschier- oder dem Gurt- oder dem Geh-weg-Gesichts-Button wegschicke?"

Schlüssel zur Verständigung

Sie bitten Ihr Pferd, passend zu Ihrer Blase in langsam größer werdenden Abstufungen zu weichen. Sie schätzen ein, wie das Pferd auf Ihre Fragen antwortet, und passen Ihre Reaktion an, bevor Sie weitere Fragen stellen.

Auf Pferdisch stellen wir diese Art von Fragen in drei grundsätzlich voneinander verschiedenen Situationen. In jedem Umfeld reagieren Pferde unterschiedlich auf den Druck, den unsere Gegenwart verursacht.

- Das erste Umfeld: Das Pferd ist an der Longe oder Ähnlichem. Darum geht es in diesem Kapitel.
- Das zweite Umfeld: Das Pferd ist frei in einem Roundpen oder Paddock, während Sie sich außerhalb der Umzäunung befinden.
- Das dritte Umfeld: Das Pferd ist mit Ihnen zusammen frei innerhalb des Roundpens oder Paddocks.

Was Sie über das dritte Umfeld, die Freiarbeit, wissen sollten, besprechen wir im nächsten Kapitel (ab S. 164).

Pferde betrachten uns als eine Art ausgelagerte Herdenmitglieder. Das bedeutet, dass sie es sinnvoll finden, wenn wir uns in der Pferdesprache mit ihnen über Bewegung unterhalten. Nun ist es an der Zeit, dass Sie lernen, wie Sie Ihr Pferd so zielgerichtet bewegen, wie es auch ein anderes Pferd tun würde.

GESPRÄCHE AN DER LONGE

Bis jetzt ging es bei den Gesprächen an der Longe darum, dass Sie ein klares Gefühl für Ihre Intensitätsebenen bekamen, und weniger darum, das Pferd zu irgendetwas zu bringen. Nun können Sie lernen, Ihr Pferd auf klare und verständliche Art zu bitten, anzuhalten oder sich in eine bestimmte Richtung zu bewegen.

Normalerweise verwirren unsere widersprüchlichen Botschaften Pferde so sehr, dass sie es nicht mögen, longiert zu werden. Longenarbeit ist nützlich, wird aber häufig missverstanden und vom Menschen missbraucht. Wir arbeiten uns geduldig und Schritt für Schritt zu einem achtsamen Gespräch an der Longe vor. Die Arme des Tänzers sind dabei ein wichtiger Gesprächsbestandteil. Ängstliche oder widersetzliche Pferde brauchen dieses Gespräch. So können sie ihre negativen Erfahrungen langsam und bewusst überwinden, sich sicher fühlen und werden ermutigt, neugierig auf den Longierzirkel zu sein.

Bevor Sie mit dem Gespräch an der Longe beginnen, nehmen Sie sich alle Zeit der Welt, um sicherzugehen, dass sich Ihr Pferd mit der Peitsche wohlfühlt.

10.1 A–D Beim Spazierstock bleibt die Spitze der Gerte im Boden verankert, um unbeabsichtigte Signale oder Gesten zu verhindern, die das Pferd verwirren könnten (A). Diese Position nehmen Sie auch beim äußeren Neutral Null ein (B). Bei der Schwert-Position halten Sie die Gerte ausgestreckt nach vorn (C). Beim Dirigierstab zeigt sie parallel zum Boden nach hinten und Sie können beide Enden benutzen, um einen Button anzusprechen (D).

DIE GERTE VERSTEHEN

Die Gerte, die Sie im ersten Gespräch an der Longe benutzen, dient als Verlängerung Ihres Zeigefingers. Es gibt drei Halte-Positionen für die Peitsche:

- Position 1: *Der Spazierstock* – Ein Ende der Gerte ist im Boden verankert wie ein Spazierstock (Bild 10.1 A). Das verhindert zielloses Fuchteln mit der Gerte. Außerdem signalisiert diese Position äußeres Neutral Null (Bild 10.1 B).
- Position 2: *Das Schwert* – In der Position des Schwertes hält man die Gerte im rechten Winkel zum Körper, als Verlängerung der ausgestreckten Arme, und zeigt damit auf einen Button am Pferd (Bild 10.1 C).
- Position 3: *Der Dirigierstab* – Den Dirigierstab halten Sie nach hinten und parallel zum Boden (Bild 10.1 D). So können Sie beide Enden zum Deuten auf einen Button der Vorhand, Mittelhand oder Hinterhand nutzen.

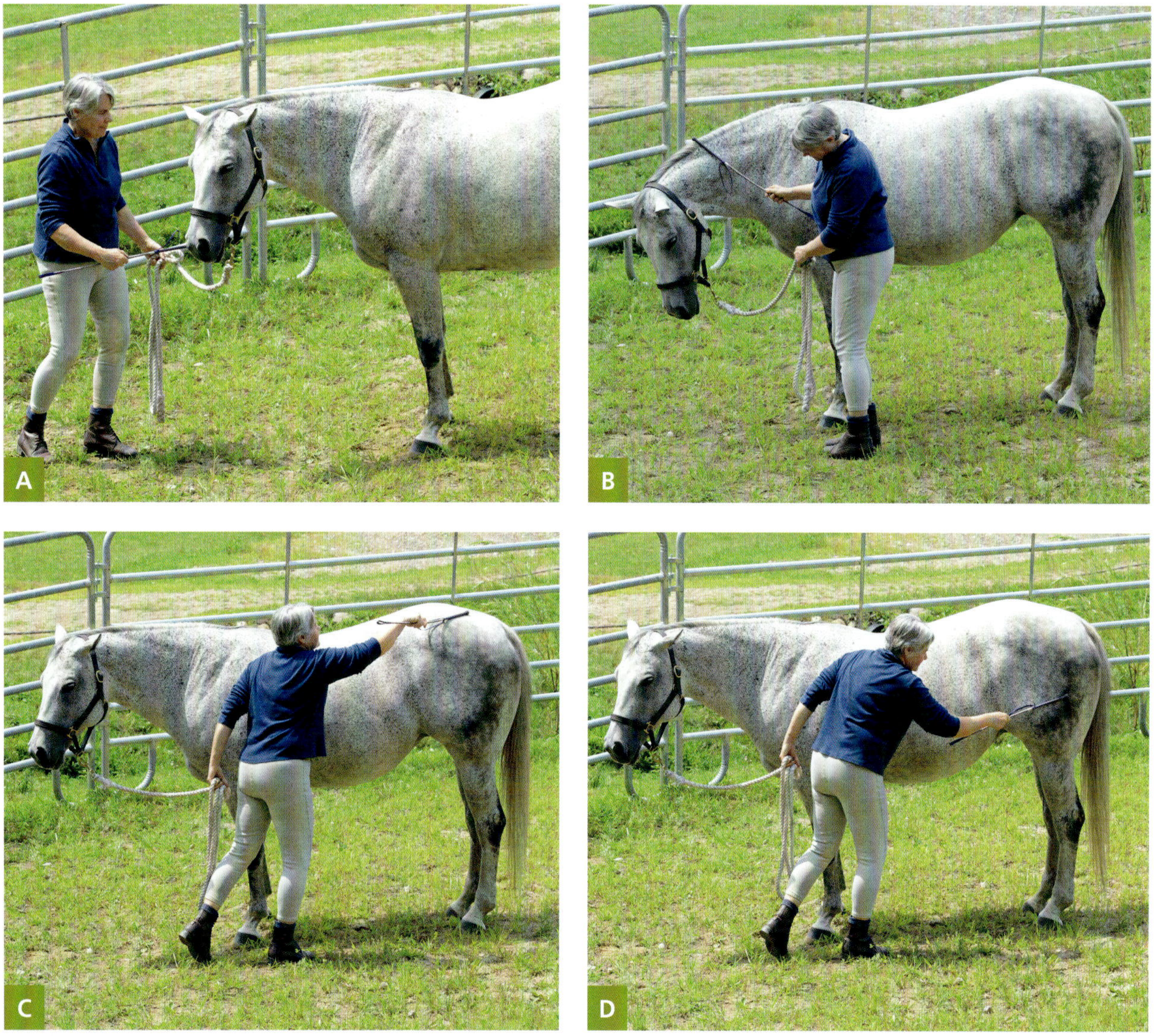

10.2 A–D Fürchtet sich Ihr Pferd vor der Gerte, benutzen Sie diese anfangs genau wie beim Begrüßungsritual (A). Die meisten Pferde lernen es, eine Massage mit der Gerte zu genießen. Gretchen kratzt Image mit dem Griff (B). Annäherung und Rückzug am ganzen Pferdekörper. Mit der Zeit betrachten die Pferde die Gerte als weiteren Bestandteil der Putzkiste (C & D).

Gespräch: Begrüßen des Pferdes mit der Gerte

❶ Behalten Sie im Hinterkopf, was Sie beim Begrüßungsritual gelernt haben, wenn Sie zum ersten Mal mit der Gerte auf Ihr Pferd zugehen (S. 56). Lassen Sie das Pferd am Griff der Peitsche schnuppern, so wie an Ihrer ausgestreckten Hand beim *Knöchelkontakt* (Bild 10.2 A).

❷ Zeigt Ihr Pferd keine Angst vor der Gerte, kratzen Sie es in einer Auf-und-ab-Bewegung mit dem dicken Griff unter der Mähne am Hals (Bild 10.2 B).

❸ Halten Sie den Griff wieder vor die Nüstern und ermutigen Sie Ihr Pferd, daran zu schnuppern. Sie können sogar den Nüsternrand damit kratzen oder sich vorbeugen, um selbst an der Gerte zu schnuppern.

❹ Hat Ihr Pferd immer noch Angst vor der Gerte, gehen Sie zu *Annäherung und Rückzug* über, um ihm zu helfen, diesem furchteinflößenden Gegenstand zu vertrauen (Bilder 10.2 C & D).

Das Ziel ist letztlich, dass Sie Ihr Pferd am gesamten Körper mit der Gerte abstreichen und -rubbeln können, ohne dass es sich fürchtet.

Gespräch: Übung mit der Gerte

❶ Sie halten die Gerte oder Peitsche in der *Spazierstock*-Position und sind bereit, sie jederzeit einzusetzen. Wird sie nicht benutzt, zeigt sie nach hinten-unten. Vermeiden Sie zielloses Wackeln, da das Pferd sonst denkt, Sie möchten ihm etwas mitteilen.

❷ Versuchen Sie Intensitätsebene eins: Richten Sie die Gerte zielgerichtet auf einen Button des Pferdes, entsprechend einem kleinen „X“ (Bilder 10.3 A & B).

❸ Steigern Sie nun auf Intensitätsebene zwei: Bewegen Sie die Gerte als *Zeigestock* oder machen Sie eine kitzelnde Berührung und setzen Sie zusätzlich Ihre Stimme ein, zum Beispiel mit einem Schnalzen. Denken Sie an ein mittleres „X“.

❹ Bei Intensitätsebene drei wird das „X“ größer. Nutzen Sie die Gerte, um Energie vom Boden in Richtung eines Buttons zu „schaufeln“. Zusätzlich berühren Sie das Pferd ganz leicht oder tippen es an und setzen wieder Ihre Stimme ein, wenn nötig.

❺ Bei Intensitätsebene vier klatschen Sie mit der Gerte auf den Boden, oder Sie stehen in einer großen „X“-Haltung wie ein Hampelmann. Halten Sie die Gerte als Verlängerung eines Arms.

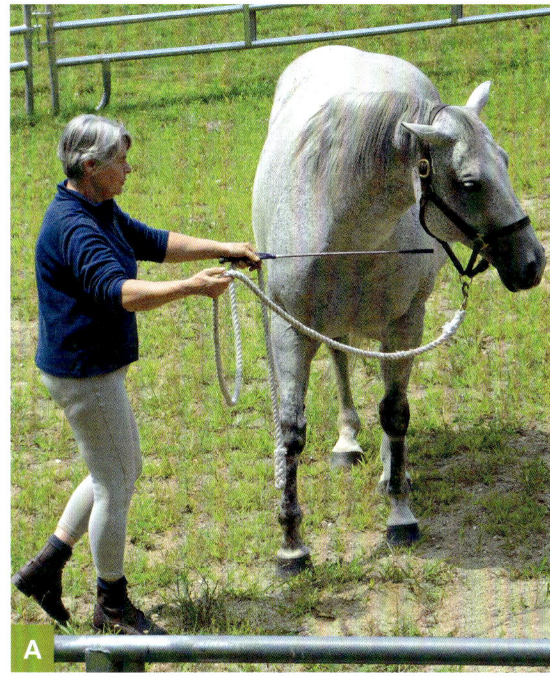

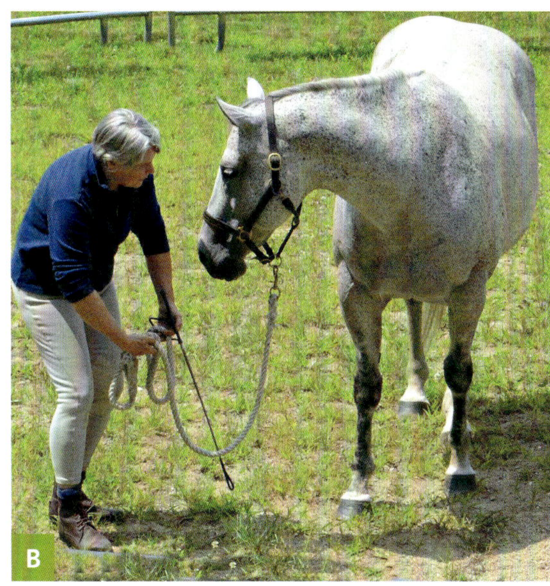

10.3 A & B Gretchen bittet Image, nur ihr Gesicht zu bewegen. Dazu deutet sie mit der Gerte auf Intensitätsebene eins (A). In der „O“-Haltung lädt sie die Stute wieder ein, zurückzukommen. Die Gerte zeigt zu Boden (B).

Genau wie bei anderen Gesprächen und Fertigkeiten, die wir in Zusammenhang mit Pferdisch schon besprochen haben, ist es auch hier wichtig, innerlich beständig im Neutral Null zu bleiben. Müssen wir die Intensitätsebene steigern, kann es passieren, dass uns Übereifer oder andere Gefühle überkommen. Fühlen Sie sich zum Beispiel ängstlich oder frustriert, weiß Ihr Pferd das sofort.

Gespräch: Vorwärts an der Longe

Beim Longieren bitten Sie das Pferd, sich am äußeren Rand Ihrer Blase des persönlichen Raums zu bewegen.

❶ Zu Anfang sollte Ihr Pferd einen bis anderthalb Meter entfernt von Ihnen stehen. Ihre Arme und Ihre innere Energie benutzen Sie genau wie bei den *Armen des Tänzers* (S. 145). Richten Sie Ihre innere Energie auf den Schulter-Button des Pferdes. Der sanfte Geh-weg-Druck sollte das Pferd am Rand Ihrer Blase halten (Bild 10.4).

❷ Ihre Zeige-Hand ist dem Kopf des Pferdes am nächsten und hält das etwa drei Meter lange Führseil. Ich empfehle Ihnen, eher mit einem langen Führseil zu beginnen statt mit einer Longe. Das verringert meist den Stress bei Mensch und Pferd. Es ist mühsam, sowohl mit der Peitsche als auch mit der langen Longe zu hantieren, wenn man in der Lage sein sollte, das Gespräch sekundenschnell zu verändern, weil das Pferd auf eine Anfrage überreagiert.

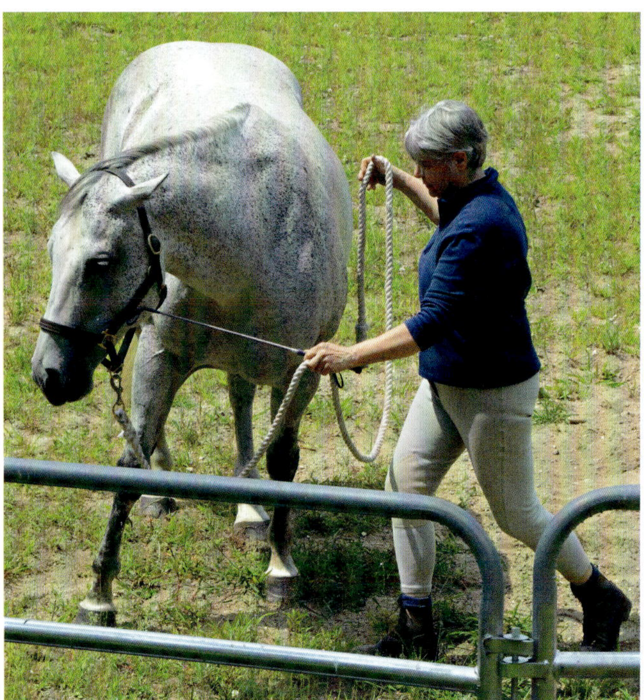

10.4 Gretchen benutzt den Geh-weg-Gesichts-Button und den Schulter-Button, um Image zu bitten, zur Seite zu treten.

❸ Ihre andere Hand hält eine kurze Peitsche oder Gerte als Verlängerung Ihres Zeigefingers und außerdem den Rest des Führseils. Sie sind im inneren Neutral Null und haben *Die Arme des Tänzers*, dann zeigen Sie mit Intensitätsebene eins oder zwei mit der Gerte auf den Hüft-Kutschier-Button. Damit fragen Sie Ihr Pferd: „Darf ich dich am Hüft-Kutschier-Button vorwärtsbewegen?“

Zu Anfang geht es vor allem darum, Vertrauen bei Ihrem Pferd aufzubauen. Behalten Sie das im Kopf! Stellen Sie sich auf die Seite, die es am einfachsten findet. Wechseln Sie die Seite, wenn es auf der leichten Seite gut läuft. Es ist nicht kompliziert, das Pferd zum Mitmachen zu bewegen, und Sie können üben, die Buttons und alle Werkzeuge von Pferdisch einzusetzen.

Das Pferd kann Ihnen keine falsche Antwort geben. Es könnte *Das Kanu Wenden* und Sie ansehen, so wie seine Mutter es ihm beigebracht hat. Oder es könnte einfach nicht verstehen, was Sie von ihm möchten.

Manche Pferde lassen sich nicht treiben, weil sie dem Menschen nicht vertrauen, oder sie werden nervös, wenn man sie vorwärtsschickt. Falls Sie sich bedroht fühlen, deuten Sie mit der Gerte auf den Geh-weg-Gesichts-Button. Ihr Pferd könnte Ihnen darauf antworten, indem es entweder unbeweglich stehen bleibt, mit harten Augen, angelegten Ohren oder verspannten Lippen, oder indem es sich hektisch um Sie herumbewegt.

Egal, was es tut, Sie antworten immer gleich. Sie fordern nichts mehr und nehmen allen Druck weg, indem Sie *Upsies* machen und tief atmen. Dadurch sagen Sie Ihrem Pferd: „Ist gut, kein Problem, danke für deine Antwort." Sobald seine Antwort sich ändert, belohnen Sie es, damit es anfängt nachzudenken. Antworten Sie auf eine Art, die Ihr Pferd mag. Sie können mit ihm atmen, seinen Widerrist mit dem Griff der Gerte kraulen oder Sie *Schaukeln das Baby* am Widerrist oder am Halfter.

Wir sollten der Lernkurve unserer Pferde, aber auch unserer eigenen immer genug Spielraum lassen, während wir Pferdisch lernen. Kann Ihr Pferd einen oder zwei Schritte machen? Finden Sie es heraus, wiederholen Sie das Ganze drei Mal und machen Sie nach jedem Mal eine Pause, gehen Sie zu Neutral Null und belohnen Sie Ihr Pferd auf diese Weise, egal, wie seine Antwort ausfiel.

Ihr Ziel? Beginnen Sie eine Diskussion, die die Möglichkeit schafft, dass Ihr Pferd offen, interessiert und neugierig darauf wird, sich am Rand Ihrer Blase des persönlichen Raums zu bewegen. Unter Pferden ist es nicht unüblich, dass das getriebene Pferd abwehrend oder mürrisch ist. Dieses Gespräch wollen Sie verändern. Ihr Pferd soll sich nicht ausgeschimpft fühlen, sondern verspielt. Sobald seine Neugierde geweckt ist, bietet das Gespräch unendlich viele Möglichkeiten für Sie beide.

Gespräch: Zeichne meine Blase nach

Sie machen *Die Arme des Tänzers* in der Longierposition. Sobald Ihr Pferd bereit ist, nur zwei Schritte zu machen, können Sie die Blase Ihres persönlichen Raums ausdehnen und das Seil verlängern.

1. Verlängern Sie das Seil und zeigen Sie Ihrem Pferd, dass Ihre Blase sich vergrößert hat, indem Sie mit der Gerte auf seinen Gurt-, Schulter-, Mittelhals- oder Geh-weg-Gesichts-Button deuten, abhängig davon, auf was Ihr Pferd am besten reagiert (Bild 10.5 A).
2. Lassen Sie das Seil immer weiter aus der Hand gleiten, aber nur so weit, dass Sie und Ihr Pferd einander noch „hören" können.

❸ Halten Sie die Gerte gegen Ihren Bauchnabel, um sicherzugehen, dass Ihre innere Energie auf den Gurt-Button zielt und der Kreis, auf dem Sie Ihr Pferd laufen lassen möchten, deutlich ist (Bild 10.5 B).

❹ Wechseln Sie mit dem Gertenende zwischen Gurt- und Hüft-Kutschier-Button hin und her (Bild 10.5 C).

Sie möchten, dass die Antwort Ihres Pferdes lautet: „Klar, ich gehe liebend gern weg, wenn du das möchtest“ – egal, wann Sie es darum bitten. Das wird der Fall sein, wenn Sie im Wechsel um eine Vorwärtsbewegung bitten und stoppen, bis Ihr Pferd versteht, dass Sie lediglich möchten, dass es am Rand Ihrer Blase läuft und anhält. Achten Sie darauf, dass Ihr Gespräch nicht verbissen wird, indem Sie das Pferd regelmäßig *loben*. Durch die Wiederholung der Bitte um Vorwärts, Anhalten und Loben bemerkt Ihr Pferd, dass dies *alles* ist, was es tun soll.

Vielleicht fühlen Sie sich wie ein Dirigent, aber sobald Ihr Pferd zwei Schritte macht, *Hocken* Sie *zum Halten* und lassen die Gerte zum Boden zeigen. Gehen Sie zu Ihrem Pferd, loben Sie es und vergessen Sie nicht, auch sich selbst zu loben.

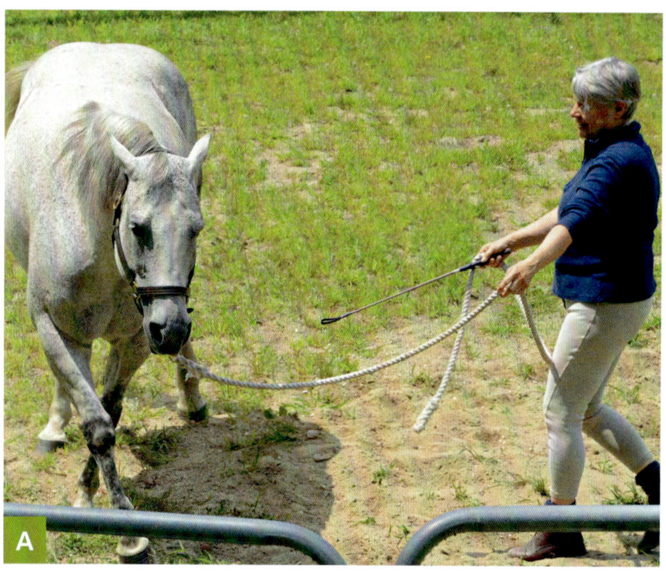

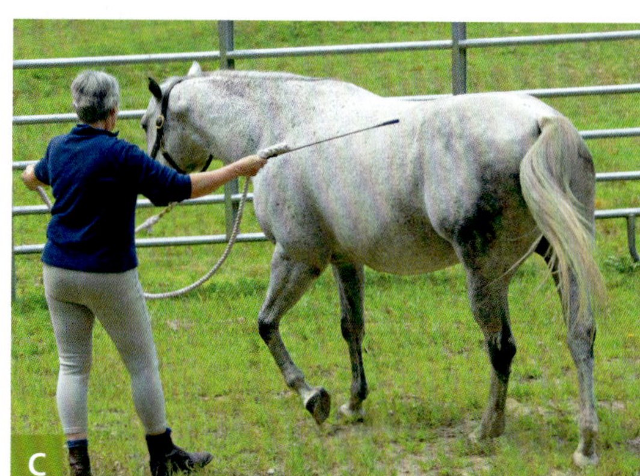

10.5 A–C Gretchen bewegt Image in einem Bogen vorwärts, indem sie ihre Zeige-Hand und den Gurt-Button einsetzt (A). Sie hält die Peitsche an ihren Bauchnabel, während Image einen Bogen um sie läuft. Dadurch behält der Halbkreis eine schöne Form (B). Die beiden haben ihr Ziel erreicht: einen entspannten Halbkreis und Vorwärtsbewegung vom Hüft-Kutschier-Button aus (C).

Gespräch: Hocken zum Halten

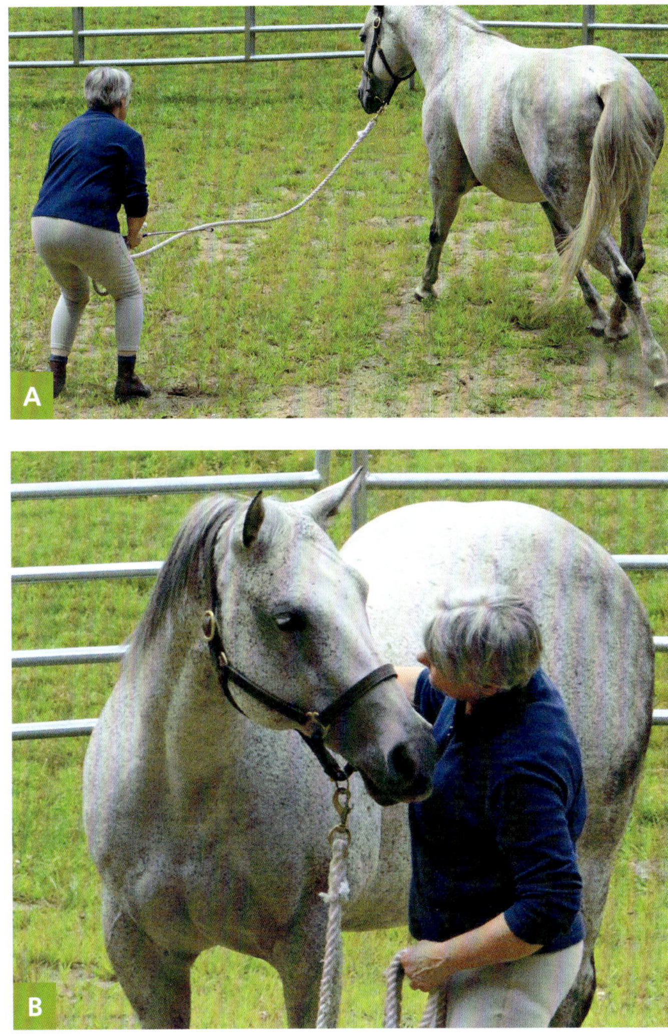

In den meisten Gesprächen haben Sie bisher das *Stampfen zum Halten* eingesetzt. Dies können Sie nun zu einer Bewegung erweitern, die ich *Hocken zum Halten* nenne. Bevor Sie dies an der Longe ausprobieren, üben Sie es zunächst in einem der früheren Gespräche, wie zum Beispiel dem *Gleichschritt*.

❶ Wenn Sie Ihr Pferd bitten anzuhalten, *Stampfen* Sie *zum Halten* und kippen anschließend Ihr Becken, als ob Sie sich hinhocken wollten (Bild 10.6 A). Dadurch sprechen Sie zusätzlich zur Vorhand auch das Becken Ihres Pferdes an. Sie sagen ihm, dass es *durch seinen ganzen Körper* anhalten soll. Achtung: Halten Sie Ihr Pferd erst an, wenn es einen Halbkreis um Sie herumgelaufen ist. Die meisten Pferde möchten den Zirkel auf halbem Weg verlassen, weil sie normalerweise nur einen Bogen gehen müssen, um sich neu zu positionieren.

❷ Ist der Halbkreis abgeschlossen, üben Sie *Hocken zum Halten* und gehen in eine „O"-Haltung. Dabei ziehen Sie das Seil zurück zu sich. Ermutigen Sie Ihr Pferd, zumindest zu Ihnen hinzusehen. Es darf auch ruhig auf Sie zugehen, wenn es möchte.

❸ Gehen Sie zu Ihrem Pferd und machen Sie ein bisschen Fellpflege oder atmen Sie mit ihm zur Belohnung (Bild 10.6 B).

❹ Wiederholen Sie den Ablauf inklusive der Belohnung und überschwänglichem Lob drei Mal. Sagen Sie Ihrem Pferd, wie wundervoll es ist!

10.6 A & B Hocken zum Halten ist die fortgeschrittene Version der „O"-Haltung (A). Image und Gretchen sagen sich als Belohnung nach dem Anhalten auf reizende Art kurz „Hallo" (B). Sie haben hier zum ersten Mal Pferdisch in der Bodenarbeit eingesetzt.

VERWANDELN SIE TRAINING IN ACHTSAME GESPRÄCHE

Nun hat Ihr Pferd verstanden, dass es sich *nicht* um normale Longen-Routine handelt. Es hat die Idee der Vorwärts-Bewegung und das *Hocken zum Halten* begriffen und schätzt es, dass es nun nachdenken darf und zur Belohnung gekrault oder am Halfter geschaukelt und ausgiebig gelobt wird. Es hat wirklich Lust auf dieses Gespräch.

Pferde lassen andere Pferde normalerweise keinen kompletten Kreis um sie herummachen. Weggeschickte Pferde vervollständigen die Kreise aber häufig aus eigenem Antrieb (S. 151). Außerdem wissen die meisten Pferde, dass sie einen vollständigen Kreis an der Longe um den Menschen herum machen sollen, da sie es so gelernt haben.

Nun müssen Sie dieses frühere Training nur noch Schritt für Schritt in ein achtsames Gespräch verwandeln. Dann hat sich nicht nur die Einstellung Ihres Pferdes zum Longieren von Grund auf verändert, sondern Sie haben sich ein ganz neues Longier-Ich erarbeitet.

Gespräch: Den Kreis vervollständigen

❶ Bitten Sie Ihr Pferd aus der Position der *Arme des Tänzers*, sich am Führseil nach außen zu bewegen.
❷ Sobald es sich bewegt, ruht Ihre Gerte oder Peitsche. Parken Sie die Peitsche hinter sich auf dem Boden.
❸ Um den Bewegungsfluss ohne den Gebrauch der Gerte zu erhalten, marschieren Sie auf der Stelle, als gingen Sie im *Gleichschritt*. Bleiben Sie in „X"-Haltung mit den *Armen des Tänzers* und auf der passenden Intensitätsebene.
❹ Sobald der Kreis vollständig ist, stampfen Sie mit den Füßen, gehen in „O"-Haltung und *Hocken zum Halten*.
❺ Loben Sie Ihr Pferd. Gut gemacht!
❻ Wiederholen Sie dieses Gespräch noch drei Mal, um sicherzugehen, dass Ihr Pferd verstanden hat.

Erinnern Sie sich noch einmal: Ihre Kreise werden schön rund, wenn Sie den Griff der Gerte an Ihren Bauchnabel halten und mit der Spitze auf den Gurt-Button des Pferdes zeigen. So verhindern Sie einen eiförmigen Kreis und schicken Ihre innere Energie nicht vor das Pferd. Denn dann würden Sie Ihrem Pferd sagen, dass Sie es gleichzeitig treiben und anhalten möchten.

Wenn Sie darauf achten, wohin Ihr Bauchnabel zeigt, bekommen Ihre Gespräche an der Longe eine neue Qualität.

Gespräch: Die Richtung wechseln

Wenn Ihr Pferd einen ganzen Kreis in eine Richtung gelassen geht und Sie es mit der „O"-Haltung und *Hocken zum Halten* stoppen können, gehen Sie drei Schritte rückwärts und wechseln so seine Richtung.

❶ Laden Sie das Pferd mit der „O"-Haltung zu sich ein.

❷ Kommt Ihr Pferd auf Sie zu, nehmen Sie Peitsche und Seil in die andere Hand und fordern den gegenüberliegenden Geh-weg-Gesichts-Button auf, zu wenden und in die andere Richtung zu gehen. Mit Ihrem Bauchnabel und der inneren Energie zielen Sie vor die Brust des Pferdes, um die Vorwärtsbewegung zu blockieren. Auf diese Weise gibt das Leitpferd anderen Pferden Bescheid, dass sie weggehen, anhalten oder die Richtung wechseln sollen.
Kleiner Tipp: Üben Sie die Übergabe von Peitsche und Seil zunächst vielleicht ohne Pferd, denn dieser Teil der Übung erfordert ein wenig Koordination.

ZUSÄTZLICHE BODENHINDERNISSE

Pferde mögen es, longiert zu werden und dabei zwischen Kegeln, um Fässer oder über Bodenstangen und Reifen zu laufen. Bodenhindernisse helfen Ihnen, Ihre „X"- und „O"-Haltung weiterzuentwickeln, je nachdem, wie sensibel Ihr Pferd ist. Außerdem geben Ihnen die unterschiedlichen Hindernisse mehr Gesprächsthemen als nur die Arbeit mit der Longe. Sie setzen Gerte und Buttons ein, um Ihr Pferd dazu zu bringen, sich zu drehen, in die Richtung des jeweiligen Hindernisses zu schauen und seine Vorderhufe zu bewegen. Sie setzen Ihre innere Energie ein, um Ihr Pferd seitwärtszubewegen.

Ihre Hand am Führseil muss ein konstantes Ziel für die Augen Ihres Pferdes sein. Üben Sie es, Ihre Hand zum Bauchnabel zu führen, damit das Gesicht Ihres Pferdes sich zu Ihnen dreht, oder heben Sie die Hand höher, um Ihr Pferd zu bitten, sich einem Bodenhindernis zu nähern.

DAS TEMPO BESCHLEUNIGEN

Pferde rennen zusammen. Manchmal tun sie das, weil ein Raubtier in der Nähe ist, manchmal, wenn sie von Insekten geärgert werden. Manchmal spielen sie aber auch nur und rennen aus Lebensfreude. Wenn wir sie bitten, sich an der Longe schneller zu bewegen, müssen wir uns von der Idee lösen, dass sie vor etwas wegrennen. Sie möchten nicht, dass Ihr Pferd sich von Ihnen gejagt fühlt. Vielleicht denkt Ihr Pferd zunächst, dass es vor etwas davonrennen soll, wenn Sie wollen, dass es an der Longe schneller wird. Ihr Vorschlag lautet aber: Schneller laufen macht Spaß! Lass es uns mal probieren!

Gespräch: Trab auf dem Longierzirkel

Für den Übergang zum Trab wiederholen Sie das gleiche Muster, das Sie auch beim Schritt eingesetzt haben (S. 156). Jetzt möchten Sie aber etwas mehr Energie in der Bewegung.
❶ Schaufeln Sie mit der Peitsche Energie vom Boden. Benutzen Sie die Peitsche wie einen ausgestreckten Zeigefinger, der auf den Hüft-Kutschier-Button deutet. Das ist Ihr Vorwärts, Ihre Geh-weg-Botschaft.

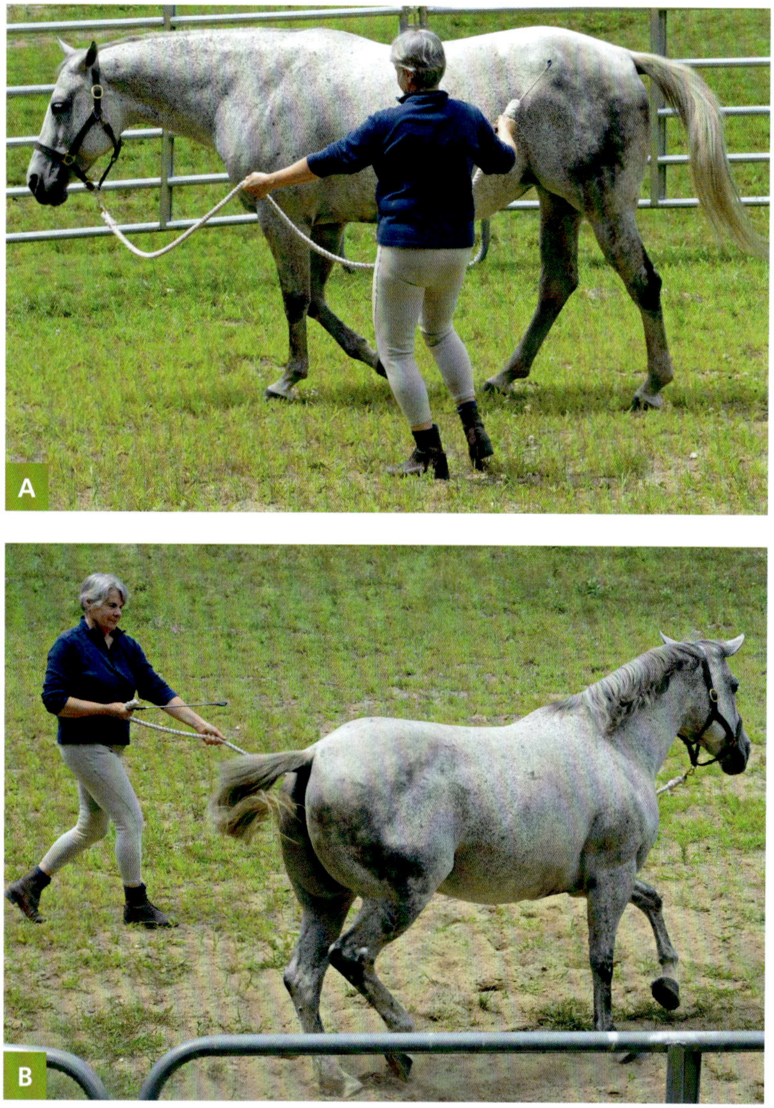

10.7 A & B Gretchen trabt auf der Stelle und zeigt dabei auf den Hüft-Kutschier-Button. Sie steigert ihre Intensität, um Image zu einem Trab einzuladen (A). Da Traben so viel schneller ist, geht die korrekte Haltung leichter verloren. Halten Sie die Gerte an Ihren Bauchnabel, um das zu überprüfen (B).

❷ Um anfangs Klarheit zu schaffen, könnten Sie laut „Trab" sagen.

❸ Achten Sie darauf, innerlich Neutral Null zu sein und so wenig Intensität wie nötig einzusetzen. Vielleicht müssen Sie von Intensitätsebene eins zu zwei und dann auch zu drei wechseln, bis deutlich ist, was Sie wollen. Höhere Intensität kann zum Beispiel bedeuten, dass Sie auf der Stelle traben, um Ihr Pferd zum *Gleichschritt* anzuregen (Bild 10.7 A).

❹ Denken Sie daran, *jede* Antwort zu belohnen. Schrauben Sie Ihre Erwartungen herunter. Dieses Gespräch soll Ihnen helfen, Ihr eigenes Pferdisch richtig zu dosieren. Wenn Ihr Pferd zwei Trabtritte macht, *Hocken* Sie *zum Halten*. Gehen Sie auf Ihr Pferd zu und verwöhnen Sie es mit dem, was es am liebsten mag, mit *Fellpflege*, *zusammen atmen*, *Upsies* und *Wächterschnauben*. Damit sagen Sie ihm, dass Sie wissen wollten, ob es traben und anhalten kann, und dass Sie über seine Antwort dankbar und glücklich sind.

❺ Nun lassen Sie Ihr Pferd einen Halbkreis traben. Tut es das, hören Sie auf und belohnen es mit einem Kraul- und Atem-Gespräch.

❻ Nach drei Halbkreisen fragen Sie Ihr Pferd, ob es sich vorstellen kann, einen vollständigen Kreis zu traben. Sie haben mit den vorangegangenen Gesprächen das Vertrauen Ihres Pferdes aufgebaut. Behalten Sie im Hinterkopf, dass auch Ihr Pferd Ideen hat, über die es sprechen möchte. Öffnen Sie sich diesen Ideen, hören Sie Ihrem Pferd zu. Dadurch wird es Spaß daran bekommen, sich zu zeigen, statt sich einfach nur mechanisch und unterwürfig zu verhalten und zu bewegen.

Sollte Ihr Pferd zu irgendeinem Zeitpunkt überreagieren, so hat es aufgehört nachzudenken. Das Gespräch ist beendet. Ihr Pferd ist irgendwo anders und nicht mehr im Hier und Jetzt. Vielleicht ist es mit einer Erinnerung beschäftigt. Oder Sie haben unbeabsichtigt Ihre Peitsche auf eine Art bewegt, die es verwirrt hat. Loben Sie sich dafür, dass Sie erkannt haben, dass das Gespräch gerade eine ungewollte Richtung nimmt, und gehen Sie, wenn das möglich ist, zurück zu den ersten Fragen und Antworten, die Sie im Schritt gestellt hatten, bevor die Dinge kompliziert wurden. Sie können Ihr Pferd auch begrüßen und es einfach im *Gleichschritt* führen (das ist die einfachste Form des Gehens) oder das *Therapeutische Rückwärts* üben (Bild 10.8).

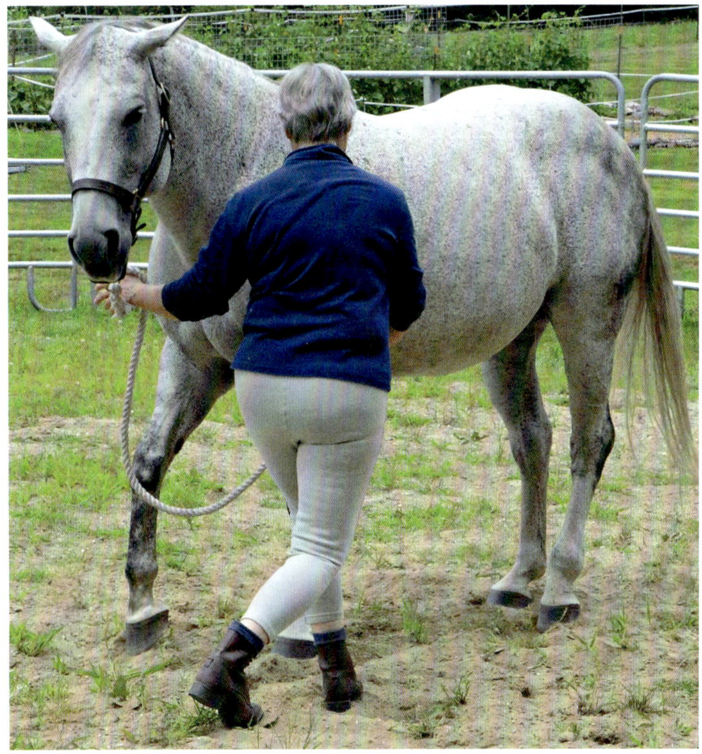

10.8 Wiederholen Sie andere Gespräche übers Führen, wie das Therapeutische Rückwärts, wenn Ihr Pferd überreagiert oder verwirrt ist. So erhalten Sie den Gesprächsfluss aufrecht.

IHRE NEUE LONGIER-PERSÖNLICHKEIT

Wenn Sie, wie die meisten von uns, gelernt haben, ein Pferd an der Longe um sich herumzuscheuchen, werden Sie daran arbeiten müssen, nicht zu viel Druck auszuüben. Behalten Sie die neue Idee des Longierens im Kopf. Ein Pferd zu jagen, aktiviert unsere Raubtierinstinkte. Scheuchen Sie Ihr Pferd nicht, nur weil Sie es können.

Zeigt Ihr Pferd einen schönen ausbalancierten Trab, lassen Sie diesen, wie er ist. Fordern Sie nicht mehr. Erlauben Sie Ihrem Pferd, sich selbst zu bewegen. Bleiben Sie passiv in Ihrer Haltung mit den *Armen des Tänzers* und halten Sie nach Signalen Ihres Pferdes Ausschau. Wenn es von lauschenden zu angelegten Ohren wechselt, *Hocken* Sie *zum Halten* und bauen Sie das Vertrauen durch Kraulen, Atmen, Schaukeln wieder auf. Loben Sie Ihr Pferd dafür, dass es so schön ist und dass es versucht, auf Sie zu hören. Üben Sie, ein Coach zu sein, der glaubt, dass sein Team gewinnt, statt ein Diktator, der Perfektion fordert.

Sie möchten ein sanftes, neugieriges und spannendes Gespräch über das Umrunden der Blase Ihres persönlichen Raums führen. Ein vertrauensvolles Pferd wird Sie innerhalb von Minuten umkreisen, aber ich habe mit Hunderten von Pferden zu tun gehabt, die nichts von dieser Gesprächsidee hielten. Mit Ihrem bisherigen Handwerkszeug in Pferdisch sollten Sie beide dennoch Erfolg haben.

SCHRITT 11

Gebt den Pferden Freiheit

FREIARBEIT

Pferdisch in der Freiarbeit fördert Ihre Fähigkeit, durchsetzungsfähig zu sein, *ohne* aggressiv zu werden. Die besondere Kraft der Freiarbeit liegt darin, Ihr Bewusstsein für die kleinen Veränderungen im Gleichgewicht, im Druck und in der Spannung Ihres Körpers zu fördern. Unser Körper bewegt und verändert sich so unmerklich, dass wir es vielleicht nicht wahrnehmen. Für ein Pferd ist unsere Körpersprache aber laut. Eine größere Sensibilität für unsere Körperhaltung, Bewegung und Geschwindigkeit tut uns gut!

Es ist wichtig zu wissen, dass manche Pferde so reaktionsfreudig sind, dass ein Gespräch unmöglich ist, wenn wir uns im gleichen Raum mit ihnen befinden. Dennoch gibt es eine sichere und wirkungsvolle Möglichkeit, ein Gespräch in der Freiarbeit zu führen: von der anderen Seite des Zauns aus. Das Pferd steht im Paddock, Roundpen, auf der Weide oder dem Reitplatz und bewegt sich frei, so dass es nachdenken oder sich entspannen und es selbst sein kann. Sie bewegen sich am Rand des Zauns und beobachten, wie die Antwort Ihres Pferdes auf Ihre Gegenwart aussieht. Lernen Sie also zunächst, das Gespräch von außerhalb zu führen. Das hat auch den Vorteil, dass sie beide sicher sind, falls Ihr Pferd sich aus irgendeinem Grund aufregt. Üben Sie die Freiarbeit erst dann innerhalb einer Begrenzung, wenn Sie sich durch Pferdisch eine ruhige und auf gegenseitiger Akzeptanz basierende Beziehung zu Ihrem Pferd erarbeitet haben.

Schlüssel zur Verständigung

Beobachten und spiegeln S. 165
Über den Zaun S. 165
Die stimmliche Führung S. 167
Intensitätsebene vier S. 169
Parallele Spuren S. 175
Die Ziel-Übung S. 175
Übergänge S. 178

11

Selbst wenn Sie alle Gespräche vom Anfang dieses Buches an durchgegangen sind und Pferdisch in seinen unterschiedlichen Ausführungen in unterschiedlichster Umgebung geübt haben, mit Halfter und Führseil und in Freiarbeit, so gibt es immer noch etwas, das Sie zuerst von der anderen Seite des Zauns lernen können, ehe Sie alle Elemente miteinander verbinden.

BEOBACHTEN UND SPIEGELN

Beobachten Sie Ihr Pferd, wenn es sich frei innerhalb einer Umzäunung bewegt. *Scannt es den Horizont* und schnaubt das *Wächterschnauben*? Schnuppert es am Boden und macht *Upsies*? Wälzt es sich? Üben Sie, achtsam und präsent zu sein, während Sie Ihr Pferd betrachten. Denken oder sagen Sie: „Du bist frei, und ich bin es auch. Ich bin nicht durch ein Seil an dich gebunden. Ich erwarte nichts von dir, denn du bist auf der anderen Seite des Zauns. Ich möchte nur wissen, was du über uns beide in dieser Situation denkst und fühlst."

Wissen Sie nicht, was Sie tun sollen? Beginnen Sie einfach damit, der Schüler Ihres Pferdes zu sein, und folgen Sie all seinen Bewegungen. *Spiegeln* Sie alles, was Ihr Pferd tut, schauen Sie, wohin es schaut, heben und senken Sie Ihren Kopf wie Ihr Pferd. Senkt es die Nase zu Boden, machen Sie *Upsies*. Sobald Sie sich wohlfühlen, versuchen Sie das folgende Gespräch.

Gespräch: Über den Zaun

❶ Beginnen Sie damit, ruhig im *Gleichschritt* auf den Roundpen oder Paddock zuzugehen und lassen Sie Ihr Pferd dort frei (Bild 11.1 A).
❷ Sie stehen außerhalb des Zauns, nah am Tor. Das motiviert Ihr Pferd, zu Ihnen zu kommen. Verbinden Sie Ihre einladende „O"-Haltung mit *Upsies* und scharren Sie am Boden. Die meisten Pferde finden das unwiderstehlich (Bild 11.1 B).

11.1 A & B Es sollte nicht mit Stress verbunden sein, den Roundpen zu betreten. Nutzen Sie Gespräche, die Sie bereits gelernt haben, um die Ankunft im Roundpen ruhig zu gestalten (A). Es gibt Pferd und Mensch Sicherheit, die Freiarbeit von außerhalb des Zauns zu beginnen.

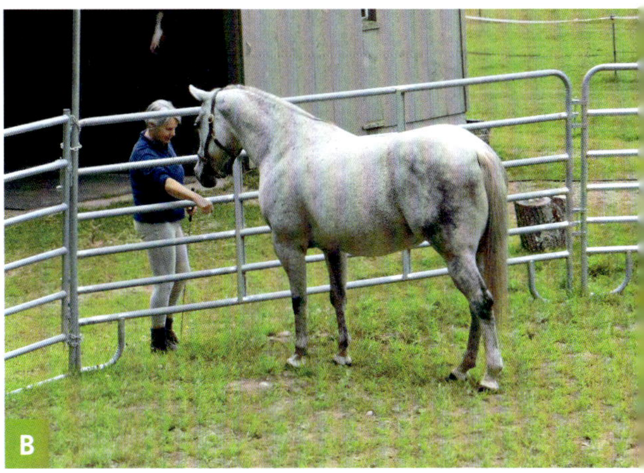

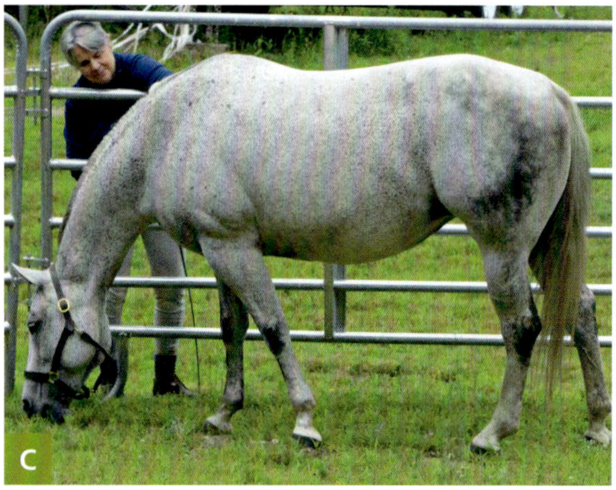

11.1 C Image und Gretchen genießen Gemeinsamen Raum und machen Fellpflege.

❸ Strecken Sie eine Hand durch den Zaun und führen Sie möglichst ein vollständiges Begrüßungsritual mit drei *Knöchelkontakten* durch. Greifen Sie durch den Zaun und kraulen Sie Ihr Pferd mit den Fingern oder dem Griff der Gerte, wenn Sie diese bereits als freundliches Handwerkszeug eingeführt haben (Bild 11. 1 C). Geht Ihr Pferd weg, schlägt es mit dem Schweif und meidet es Sie, bleiben Sie stehen. Es sieht gerade aktiv über Sie hinweg, hat Sie aber genau im Blick. Schlendern Sie in diesem Fall am Zaun entlang, bis Sie vor Ihrem Pferd stehen, dann greifen Sie durch den Zaun und bieten ein Begrüßungsritual an. Beim dritten *Knöchelkontakt* achten Sie darauf, was Ihr Pferd nun möchte. Möchte es gekrault werden oder lieber wieder *Auf und Davon*? Möchte es *Raum* mit Ihnen *teilen*? Wenn es seine Nase auf den Boden hält, was seine Form von *Upsie* ist, sollten auch Sie *Upsies* machen, indem Sie scharren. Atmen Sie tief, *Suchen Sie den Horizont ab* und schnauben Sie vielleicht sogar ein *Wächterschnauben* zum anderen Ende des Paddocks. Drehen Sie Ihrem Pferd für etwa eine Minute den Rücken zu, so dass es nachdenken kann.

❹ Nach einem schönen *Begrüßungsritual* und nach dem *Raum teilen* oder etwas *Fellpflege* sollte Ihr Pferd nun an Ihnen interessiert sein. Jetzt können Sie *Irgendwohin Gehen*. Eine kurze Gerte dient als Verlängerung Ihres Zeigefingers. Behalten Sie die Gerte immer in der Position des *Spazierstocks*, es sei denn, Sie kraulen Ihr Pferd damit oder zeigen auf einen Button. Unbeabsichtigtes Herumwackeln verwirrt Ihr Pferd. Das Gespräch über das *Gehen* könnte mit einem

Eine Verbindung aufbauen

IN DER PRAXIS

Einmal habe ich einen ganzen Nachmittag damit verbracht, auf der Außenseite des Roundpen-Zauns vor und zurück zu gehen, um eine Verbindung zu dem Pferd im Roundpen aufzubauen.
Meine Beharrlichkeit und Gegenwart zahlte sich aus. Irgendwann wurde das Pferd so neugierig, dass es zu mir kam und mich kurz begrüßte. Nach dem dritten *Knöchelkontakt* teilten wir *Gemeinsamen Raum*. Die Verbindung war aufgebaut.

Fußvergnügen beginnen (S. 92). Setzen Sie das „O" ein. Möchte Ihr Pferd nicht kommen, kombinieren Sie das „O" mit *Upsies*. Lächeln Sie und heißen Sie es mit gesenktem Kopf willkommen. Strecken Sie ihm dabei Ihre Knöchel entgegen (Bild 11.1 D & E).
Haben Sie die Aufmerksamkeit des Pferdes, treten Sie einen Schritt vom Zaun zurück und suchen Sie sich den Vorderhuf aus, den Sie bewegen möchten. Lehnen Sie sich vor, schauen Sie auf den Huf, deuten Sie mit der Gerte darauf und machen Sie einen deutlichen Schritt in Richtung Pferd. Sie sollten mit diesem Spiel bereits beide vertraut sein. Vielleicht müssen Sie Ihren Fuß etwas länger in der Luft behalten und sehr übertrieben nach vorn gehen. In dem Moment, in dem Sie sehen, dass Ihr Pferd darüber nachdenkt, den eigenen Fuß zu bewegen, hören Sie sofort auf, loben Ihr Pferd. Wiederholen Sie das Ganze mindestens drei Mal. Viele Pferde denken lange und angestrengt nach. Mit der Zeit werden auch sie ihre Hufe schneller bewegen.

11.1 D–F Gretchen beugt sich hinter dem Zaun nach unten und lädt Image zu sich ein (D). Gretchen bittet Image, irgendwohin zu gehen, und nutzt dabei den Hüft-Kutschier-Button (E). Image kommt gern zurück zu Gretchens „O"-Haltung (F).

Mit der Stimme führen

IN DER PRAXIS

In der Freiarbeit können Sie ruhig laut aussprechen, was Sie von Ihrem Pferd möchten. Vielleicht versteht es nicht den genauen Wortlaut dessen, was Sie ihm mitteilen, aber wenn Sie „Gib mir deinen Huf" sagen, wird sich Ihr Körper geringfügig bewegen, und das ist etwas, das Ihr Pferd ganz sicher wahrnimmt. Freiarbeit fördert aber auch Ihre eigene Körperwahrnehmung für kleine Gewichtsverlagerungen, Veränderungen im Gleichgewicht, in der Körperspannung oder im Druck. Sprechen Sie einen Wunsch an Ihr Pferd aus, bewegt sich Ihr Körper minimal und Ihr Pferd „hört" diese minimale Bewegung. Ich konnte schon oft Missverständnisse zwischen Menschen und Pferden ausräumen helfen, indem ich meine Schüler ihre Gedanken und Gefühle laut aussprechen ließ.

E

F

❺ Lassen Sie die Gerte nun in der *Spazierstock*-Position ruhen. Machen Sie einen großen Schritt nach hinten, mit dem gleichen Fuß wie zuvor. Bekräftigen Sie Ihren Versuch, den Pferdehuf in Ihre Richtung zu „ziehen", indem Sie in die „O"-Haltung gehen. „Ziehen" Sie den Huf mit der gleichseitigen Hand zu sich heran, als würden Sie einen Faden in der Hand halten. Sobald Ihr Pferd den Huf nach vorn bewegt und Sie es gelobt oder belohnt haben, gehen Sie wieder einen Schritt nach vorn, in seine Blase, und bitten Ihr Pferd, rückwärtszugehen. Versuchen Sie es auch mit dem anderen Huf und Ihrem anderen Fuß.

❻ Danach stellen Sie sich zur Brust Ihres Pferdes und fordern es auf, ein wenig zurückzutreten, indem Sie es mit der Gerte am Schulter-Button kitzeln.

❼ Weicht es nicht zurück, stellen Sie sich im 45-Grad-Winkel zu seinem Gesicht auf und versuchen es mit dem Geh-weg-Gesichts-Button. Wedeln Sie mit den Fingern in Richtung des Buttons. Ihr Pferd sollte mit Ihrer Bitte zu weichen inzwischen vertraut sein. Deuten Sie mit der Gerte auf den Mittelhals- oder Schulter-Button, falls nötig. Nun haben Sie um Raum gebeten und Ihr Pferd sollte seine Hufe bewegen.

❽ Sobald Ihr Pferd weicht, laden Sie es mit der „O"-Haltung zurück zu sich ein. *Atmen* Sie tief oder machen Sie *Upsies*, loben Sie es ausgiebig und danken Sie ihm, dass es sich aus freien Stücken mit Ihnen unterhält. Das ist vielleicht etwas nervig, weil Sie sich ja auf der Außenseite des Zauns befinden. In einem Gespräch in Freiheit gibt es keine falsche Bewegung. Überprüfen Sie aber Ihre *Intensitätsebenen*. Wenn Ihr Pferd Ihnen Raum überlässt, verringern Sie die Intensität und laden es zu sich ein.

❾ Bewegt sich Ihr Pferd nur wenig von Ihnen weg und können Sie seinen Hüft-Kutschier-Button sehen, lädt es Sie vielleicht dazu ein, es vorwärtszutreiben. Umsichtige Pferde machen das häufig von sich aus. Sie drücken mit ihrer Körpersprache ihr Angebot aus und scheinen ganz offensichtlich darauf zu warten, dass Sie etwas tun. Bietet Ihr Pferd Ihnen den Hüft-Kutschier-Button nicht an, schlendern Sie am Zaun entlang, bis Sie ihn sehen. Dann konzentrieren Sie sich auf den Button mit dem geringstmöglichen Intensitätslevel. Hören Sie sofort auf, etwas zu fordern, wenn Ihr Pferd zuckt oder auf andere Art antwortet.

❿ Ihr Bewusstsein für Ihre „X"- und „O"-Haltung ist hier entscheidend. Sie ist der Schlüssel zur Übung. Beginnen Sie aufrecht und zielgerichtet. Deuten Sie mit der Gerte auf den Hüft-Kutschier-Button. Dies ist eine *Geh-weg-Botschaft*. Beginnen Sie mit dem kleinsten „X", halten Sie nach Reaktionen Ihres Pferdes Ausschau und steigern Sie bei Bedarf die Intensität schrittweise (Bild 11.1 F).

⓫ Dieses Gespräch fördert wie auch schon andere Ihre Beziehung zu Ihrem Pferd. Ein cleveres, selbstbewusstes, sensibles Pferd wird genau aufpassen und sich schon beim leisesten Zeichen in Richtung seines Hüft-Kutschier-Buttons bewegen. Seine Reaktion auf Ihre Haltung ist der beste Gradmesser dafür, wie hoch Sie sich auf der Intensitätsebene nach oben bewegen müssen. Bleiben Sie innerlich auf Neutral Null, offen für das, was Ihr Pferd als Nächstes sagt.

⓬ Zeigen Sie mit der „X"-Geh-weg-Botschaft auf den Hüft-Kutschier-Button. Nutzen Sie die Intensität, die notwendig ist, damit Ihr Pferd sich bewegt. Dann kehren Sie sofort zu einer „O"-Haltung zurück und laden das Pferd wieder zu sich ein.

Wiederholen Sie das *Geh-weg-und-Komm-zurück* drei Mal, selbst wenn Sie dabei Ihre Position am Zaun verändern müssen. Sie können auch etwas Heu in die Nähe des Zauns legen und Ihr Pferd auffordern, vom Heu wegzugehen und wieder zurückzukommen.

Hohe Intensität

IN DER PRAXIS

Viele Pferde sind zu dem Schluss gekommen, dass *alles*, was wir machen, auf Intensitätsebene vier angesiedelt ist. Darauf reagieren sie angemessen. Sie sollten wissen, wo auf Ihrer eigenen Skala Sie sich gerade befinden. Dann können Sie sichergehen, dass Ihr Pferd nicht nur wegen einer alten Erfahrung reagiert, sondern dass es Ihnen *aktiv zuhört.*

Falls Ihr Pferd zu Überreaktionen neigt, hilft es manchmal, ihm zu zeigen, wie Ihre Ebene vier aussieht, natürlich ohne Ihr Pferd zu ängstigen und die Lage zu verschlimmern. Ich empfehle, dass Sie sich dazu vom Zaun abwenden und eine große Bewegung in die entgegengesetzte Richtung machen. Suchen Sie sich etwas aus, mit dem Sie „intensiv" arbeiten wollen, einen Eimer oder einen Wasserbottich zum Beispiel. Sie erreichen damit zwei Dinge. Erstens wird Ihr Pferd beobachten, wie Sie eine unsichtbare Gefahr wegjagen. Vielleicht scheut oder rennt es, aber da Sie ihm den Rücken zudrehen und Ihre Energie nicht direkt auf Ihr Pferd gerichtet ist, wird es herausfinden wollen, was Sie als Nächstes tun. Es wird Ihre Intensitätsebene vier nicht persönlich nehmen. Zweitens können Sie ihm auf diese Weise klarmachen, wie durchsetzungsfähig Sie sind. Wir wissen ja bereits, dass Pferde Durchsetzungsfähigkeit eher respektieren als Aggressivität.

Herdenmitglieder testen ihre Leittiere gelegentlich, um sicherzugehen, dass das Alphatier sich wohl genug fühlt, um die Herausforderung des Führens und Beschützens zu bewältigen. Kurzfristig Intensitätsebene vier zu zeigen ist in Ordnung, solange Sie innerlich Neutral Null bleiben und weder ärgerlich noch frustriert sind. In dem Moment, in dem Sie innerlich aufgewühlt, enttäuscht oder ängstlich werden und diese Gefühle mit der momentanen Wirklichkeit nichts zu tun haben, sind Sie von einer gesunden, selbstbewussten Energie zu einer ungesunden, aggressiven Energie übergegangen. Ihr Pferd testet Sie daraufhin vielleicht. Unpassende Kommunikation kann große Schäden anrichten und unsere Beziehung zum Pferd stören. Pferde zeigen nach außen, was sie im Inneren fühlen, Punkt. Daran sollten auch wir uns halten.

EIN FRAGILES GLEICHGEWICHT

Das Gespräch mit dem Hüft-Kutschier-Button dreht sich um das fragile Gleichgewicht zwischen der Durchsetzungsfähigkeit, die es braucht, um ein Pferd von sich wegzubewegen, und der inneren Friedfertigkeit, die nötig ist, damit das Pferd wieder zurückkommen möchte. Sie haben das schon häufiger geübt, doch die ehrlichsten Antworten Ihres Pferdes bekommen Sie in der Freiarbeit. Ich empfehle Ihnen nicht, einen Trab einzufordern oder mit dem Pferd innerhalb des Zauns zu arbeiten, bevor Sie sich mit diesem Gespräch sicher sind.

Mit einem Pferd, das klar, interessiert, konzentriert und sehr gesprächsbereit ist, können Sie zum nächsten Schritt übergehen, sobald Sie das Gefühl haben, Trab könnte ein spannendes Gesprächsthema sein.

Gespräch: Freiarbeit im Trab

❶ Sie sollten geübt darin sein, den Kopf Ihres Pferdes von außerhalb der Umzäunung abzuwenden, so dass es Ihnen Raum gibt, einen Bogen bildet und nach innen schaut. Ist Ihr Pferd auf der Innenseite des Zauns auf einer Höhe mit Ihnen, fordern Sie es auf, mit der Vorhand zu weichen, indem Sie Ihre innere Energie auf seinen Schulter-Button richten oder mit Ihrem Finger in Richtung Gurt wedeln. Fordern Sie weiterhin Bewegung von Ihrem Pferd, indem Sie Energie zu seinem Hüft-Kutschier-Button schaufeln. Schicken Sie Geh-weg-Botschaften zu seinem Geh-weg-Gesichts-Button und nacheinander dann zum Mittelhals-, Gurt- und Hüft-Kutschier-Button. Zusammen ergibt das eine vollständige *Geh-weg-Botschaft*. Sie beanspruchen den Raum seitlich und hinter Ihrem Pferd.

❷ Mit den *Armen des Tänzers* (S. 157) schaufeln Sie Energie zum Gurt-Button Ihres Pferdes. Nun hängt es vom jeweiligen Pferd ab, ob es in einem wilden Galopp davonstürmt, ob es sich innerlich zurückzieht und Sie nur anstarrt oder ob es trabt. Egal, wie die Antwort ausfällt, Sie bleiben beharrlich, gehen zu Ihrem *inneren Neutral Null* und machen *Pausen*. Trabt Ihr Pferd, traben Sie auf der Stelle, schauen aber in die Richtung, in die Ihr Pferd trabt. Gehen Sie im *Gleichschritt* mit ihm, egal, wie weit entfernt es ist. Richten Sie Ihre innere Energie nicht auf seinen Hüft-Kutschier-Button, während Sie im Gleichschritt mit ihm traben. Das verursacht vielleicht zu viel Druck und Ihr Pferd könnte zu seiner Verteidigung ausschlagen. Wiederholen Sie Ihre Aufforderung und benutzen Sie die gleichen Buttons in der gleichen Reihenfolge wie oben. Antwortet Ihr Pferd, egal wie, hören Sie sofort auf und sagen „Danke“, indem Sie in die „O“-Haltung gehen und Ihr Pferd fragen, ob es zu Ihnen zurückkommt. *Atmen* Sie tief, machen Sie *Upsies*, um Ihrem Pferd zu zeigen, dass Sie sich freuen, dass es Ihnen zuhört und dass es antwortet. Strecken Sie Ihren Arm zu drei *Knöchelkontakten* durch den Zaun.

ALTE ERFAHRUNGEN LOSLASSEN

Manchmal braucht ein Pferd nach zwei oder drei Trabsequenzen eine *Pause* zum Nachdenken. Vielleicht wälzt es sich oder es legt sich schlafen, oder es steht ruhig da und zwinkert. Es könnte sogar sein, dass es die tiefste Form des Loslassens alter Erfahrungen zeigt: Es gähnt dann so herzhaft, dass die Augen zurückrollen. In diesem Fall braucht Ihr Pferd eine Auszeit, um zu verarbeiten, was bis jetzt passiert ist. Setzen Sie sich und gehen Sie in Ihr *inneres Neutral Null* oder gehen Sie weg und kommen später wieder zurück. Genau so habe ich es auch bei Joe gemacht (S. 186).

Nach dieser Pause könnte es tatsächlich sein, dass Ihr Pferd völlig verändert aussieht. Vielleicht sind seine Augen heller und weicher, sein Maul entspannter, seine Schultern niedriger als bisher, so dass es kürzer wirkt. Möglicherweise möchte es genau da weitermachen, wo Sie aufgehört haben, und ein schnelles Begrüßungsritual durchlaufen, bevor es Ihnen den Hüft-Kutschier-Button präsentiert.

Ganz ruhig, du bist sicher

IN DER PRAXIS

Denken Sie daran: Benutzen Sie den Hüft-Kutschier-Button für die Geh-weg-Botschaft, vermitteln Sie Ihrem Pferd damit, dass Sie seine Hinterhand beschützen. Daran sollten Sie denken, wenn Sie die unterschiedlichen Reaktionen Ihres Pferdes verstehen wollen. Sie teilen ihm mit, dass Sie verantwortungsvoll genug sind, um es von hinten zu treiben. Es könnte damit einverstanden sein, oder es könnte Zweifel an Ihren Absichten hegen und Ihnen nicht vertrauen.

Vor allem, wenn ein Pferd den Menschen nicht vertraut, könnte eine Aufforderung zum Trab es zum Explodieren bringen. Ist dies der Fall, bringen Sie seine Aufmerksamkeit zurück zu Ihnen, indem Sie auf Pferdisch sagen: „Nur die Ruhe, du bist sicher". Gehen Sie in die „O"-Haltung, machen Sie *Upsies*, schnauben Sie ein *Wächterschnauben, Suchen Sie den Horizont ab.* Drehen Sie dem Pferd den Rücken zu oder setzen Sie sich hin, um ihm Raum für eine *Pause* und zum Nachdenken zu geben.

Sprechen Sie die Situation an. „Ich weiß, du denkst, dass ich dich ärgern will, aber das will ich wirklich nicht. Ich möchte nur deinen schönen Trab sehen, weil du toll aussiehst, wenn du trabst. Ich wünschte, du würdest einfach froh sein, mir deinen Trab zu zeigen. Ich möchte dir helfen, all diese Missverständnisse loszulassen. Damit du mir glaubst, sitze ich hier und bleibe ruhig."

Bleiben Sie Neutral Null, und sobald Ihr Pferd ruhig ist, laden Sie es mit der „O"-Haltung zu sich ein und machen das *Begrüßungsritual* durch den Zaun. Beobachten Sie das Pferd genau, Gesicht und Schweif verraten, wie es seine innere Geschichte mit den aktuellen Ereignissen abgleicht und was es darüber denkt.

Wiederholen Sie die Gespräche, die bisher gut liefen, *Fellpflege, Raum teilen, Fußvergnügen*, bis Sie wieder beim Hüft-Kutschier und Trab-Gespräch angekommen sind.

Fordern Sie Ihr Pferd nun zum Trab auf, trabt es vielleicht locker innerhalb der Umzäunung, bis Sie in die „O“-Haltung gehen und es wieder zu sich einladen. Hält es sofort an, wendet sich zu Ihnen und kommt zu Ihnen zurück, loben Sie es überschwänglich. Bestimmt fühlen Sie beide sich nun wunderbar!

Ich empfehle Ihnen, dieses Gespräch bis zu einem friedlichen Ende mindestens drei Mal zu führen, bevor Sie überhaupt nur daran denken, sich in den Roundpen zu begeben. Ihre eigene Klarheit in der Körpersprache und Ihre angemessenen Intensitätsebenen bewirken, dass Ihr Pferd beim Kutschiertwerden achtsam und präsent ist.

GESPRÄCHE INNERHALB DES ZAUNS

Innerhalb des Zauns finden die konfliktreichsten, verwirrendsten und missverständlichsten Gespräche mit Pferden statt. Ein Pferd vorwärtszutreiben ist schwer, wenn man gleichzeitig versucht, die eigenen Raubtier- und Jagdinstinkte nicht anzusprechen oder wenn man nicht von dem Gefühl überwältigt sein will, mit einem freien Pferd in einem kleinen Raum zu sein. Auch das Pferd kann sich in dieser Situation in Alarmbereitschaft fühlen, da der persönliche Raum sich überschneidet. Der Mensch ist alarmiert, weil ihm die Sicherheit der Abtrennung oder von Halfter und Führseil fehlt.

Blasen des persönlichen Raums sind Ihnen ebenso ein Begriff wie die Welt der Kreise und Bögen, auf denen Pferde sich bewegen und über die sie nachdenken. Beides spielt eine große Rolle in der Freiarbeit. Ihr Pferd kann sich von Ihnen weg oder auf Sie zubewegen, aber es bewegt sich immer auf einem vorhersehbaren Bogen. Jetzt ist es wirklich wichtig, dass Sie darauf achten, wohin Ihr Bauchnabel zeigt!

Gespräche in der Freiarbeit sind so wunderbar schön, weil Ihr Pferd die Freiheit hat, sich auszudrücken, wie es möchte. Ihre früheren Gespräche an der Hand, an der Longe und über die Umzäunung hinweg haben Ihr gegenseitiges Vertrauen, Ihr Verständnis, Ihren Respekt und Ihre Verbindung aufgebaut. Sie sind sich bewusst, wie Ihre „X“-Geh-weg-Botschaften und Ihre „O“-Willkommensbotschaften sich anfühlen und wie Ihre jeweiligen Intensitätsebenen aussehen. Sie haben beide gelernt, innerlich auf Neutral Null zu bleiben, und können die „Lautstärke“ regeln, wenn es zu deutlicheren Bewegungen kommt. Jeder Aspekt von Pferdisch ist nun gefragt, wenn Sie den umzäunten Platz oder Roundpen betreten.

Suchen Sie nach Anzeichen von Stress bei Ihrem Pferd, wenn Sie den Roundpen betreten haben. Sie wissen, wie es aussieht, wenn es angespannt ist, also beobachten Sie sein Gesicht, seinen Schweif und seine gesamte Körperhaltung aufmerksam. Während ich mit Pferden arbeite, merke ich oft, dass sie negative Erfahrungen im Roundpen hatten. Ein Pferd sagt uns durch seine Körpersprache, ob dies der Fall war.

Eilt oder drängelt das Pferd beim Führen durch das Eingangstor, fühlt es sich überfordert. Achten Sie auf Ihre eigene Sicherheit. Gehen Sie zurück, zum Führen, Gleichschritt und Longieren, um die Freiarbeit in dieser Umgebung, die Ihr Pferd offensichtlich nervös macht, besser vorzubereiten.

Ich glaube, dass Pferde ihre Erfahrungen auf einer Art „Karte" abspeichern und dass sie sie nicht verallgemeinern, bis sie sich drei Mal auf die gleiche Art und Weise wiederholt haben. Greift in der Wildnis ein Löwe eine Herde an der Wasserstelle an, vermeidet die Herde diese Wasserstelle, aber nicht alle Wasserstellen. Hat ein Pferd eine einzige schlechte Erfahrung in einem Roundpen, dann wird es diesen Roundpen vermeiden wollen, aber sich in einem anderen wohlfühlen. Hatte es aber einen Monat lang täglich schlechte Erfahrungen in einem Roundpen, wird es überzeugt sein, dass jeder Roundpen schlimm ist.

Verspannt sich Ihr Pferd beim Betreten des Roundpens zu sehr, gehen Sie zurück zu den Gesprächen an der Hand (S. 82) und machen weiter bis zu den Gesprächen von außerhalb des Zauns (S. 164). Dadurch wird Ihr Pferd sicher, dass Sie nur mit ihm sprechen möchten. Ihr Ziel ist vollkommene Ruhe, wenn Sie zusammen innerhalb einer Umzäunung sind.

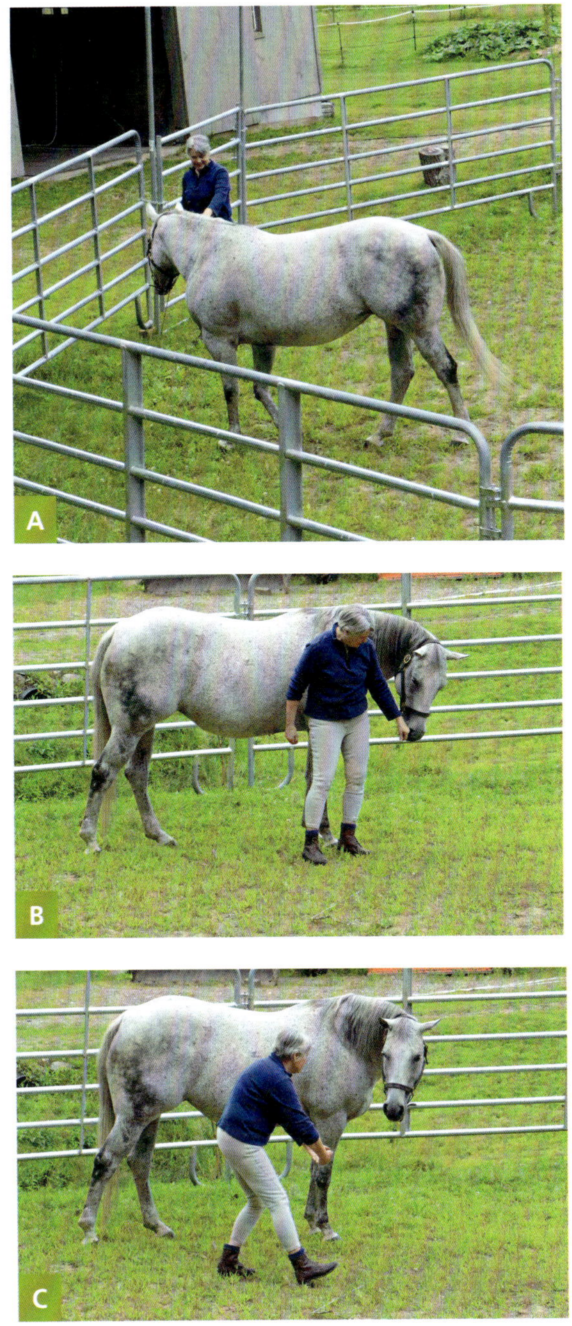

11.2 A–C Da es außerhalb der Umzäunung gut lief, versuchen Gretchen und Image nun ein Gespräch in der Freiarbeit im Roundpen. Gretchen betritt den Roundpen und sendet eine Willkommensbotschaft mit einem „O" (A). Dann begrüßt sie Image in einem 45-Grad-Winkel, um den Druck wegzunehmen (B). Seitlich-vorn in der „O"-Haltung lädt sie Image ein, zu ihr zu kommen.

Gespräch: Willkommen und Geh-weg innerhalb der Umzäunung

❶ Ohne eine Gerte oder ein Seil in der Hand gehen Sie in die Umzäunung und laden Ihr Pferd entweder mit einem „O" zu sich ein oder gehen zu ihm hin und durchlaufen das *Begrüßungsritual*, um es daran zu erinnern, dass Sie ein Gespräch mit ihm führen möchten (Bild 11.2 A). Vermeidet es Ihre Fingerknöchel, begrüßen Sie es mit einigen tiefen *Atemzügen* und strecken Sie dann die Hand aus, um es mit den Fingerknöcheln mindestens zwei Mal sanft an den Nüstern zu berühren (11.2 B).

Wenn Sie drei *Knöchelkontakte* vervollständigt haben, kraulen Sie den Widerrist Ihres Pferdes. Achten Sie auf seine Reaktionen und setzen Sie *Entspannenden Atem* ein. Bei einem übereifrigen Pferd benutzen Sie den Geh-weg-Gesichts-Button, um Ihren persönlichen Raum abzugrenzen. Inzwischen werden Sie die Lieblingsentspannung Ihres Pferdes kennen und können sie anbieten (11.2 C).

❷ Gehen Sie nun die Gespräche, die Sie bereits geführt haben, in der Freiarbeit durch. Beginnen Sie mit *Annäherung und Rückzug*. Gehen Sie auf Ihr Pferd zu und warten Sie darauf, dass es den Kopf anhebt, blinzelt oder zuckt. Beenden Sie die Übung und machen Sie eine *Pause*, atmen Sie, machen Sie *Upsies*. Das ist Ihr Rückzug. Beobachten Sie Ohren, Augen und Schweif, um zu sehen, wo seine Blase des persönlichen Raums beginnt. Belohnen Sie jede Antwort Ihres Pferdes.

❸ Im Gespräch über *Komm-zurück und Geh-weg* stellen Sie sich vor Ihr Pferd, auf seinen Bogen, in einer Entfernung, in der Sie das Ende seiner Blase vermuten. Nehmen Sie eine übertriebene „O“-Haltung ein, machen Sie *Upsies* und sagen Sie den Namen Ihres Pferdes sanft und liebevoll. Wenn es auch nur sein Gewicht in Ihre Richtung verlagert, *loben* Sie.

❹ Nun machen Sie eine wedelnde Bewegung, als wollten Sie eine Fliege vertreiben, in Richtung des Hüft-Kutschier-, Geh-weg-Gesichts- oder Schulter-Buttons Ihres Pferdes, gerade energisch genug, dass eine Reaktion erfolgt. Ein Zucken oder eine Gewichtsverlagerung reicht völlig.

Ihr Pferd muss weder wirklich zu Ihnen kommen, noch muss es von Ihnen weggehen, damit dieses Gespräch gelingt. Wiederholen Sie *Annäherung und Rückzug* und *Komm zurück- und-Geh-weg* drei Mal, je nachdem, welches von beiden Sie vertrauenerweckender finden, und beobachten Sie die unterschiedlichen Reaktionen Ihres Pferdes.

Bodenhindernisse
IN DER PRAXIS

Einem Pferd, das nervös oder stoisch wird, sobald ich den Platz oder Roundpen betrete, lege ich drei kleine Heuhaufen hin. Dann bewege ich es mit der kleinstmöglichen Geh-weg-Botschaft von einem Heuhaufen zum nächsten, mache einen kleinen Schritt weg vom Heu und gehe in „O“-Haltung. So lade ich es zurück zu dem Heu ein, von dem ich es gerade weggeschickt habe. Vielleicht halte ich ihm ein paar Halme hin, um es zu beruhigen. Pferde machen das auch untereinander.

Auch Gespräche mit dem Hüft-Kutschier-Button können Sie beginnen, indem Sie Ihr Pferd langsam von einem Heuhaufen zum nächsten bewegen. Ihr Pferd soll dabei ruhig bleiben. Versuchen Sie das aber nur, wenn Sie bereits Erfolg mit den Heu-Gesprächen von der Außenseite des Zauns aus hatten. Das ist sicherer.

VORHERSAGBARE RICHTUNGEN

Das folgende Gespräch innerhalb der Umzäunung verrät Ihnen viel über die Bögen, Kurven und Kreise, die Ihr Pferd läuft. Sie werden anfangen, die Richtung, in die es geht, vorhersagen zu können.

Gespräch: Parallele Spuren

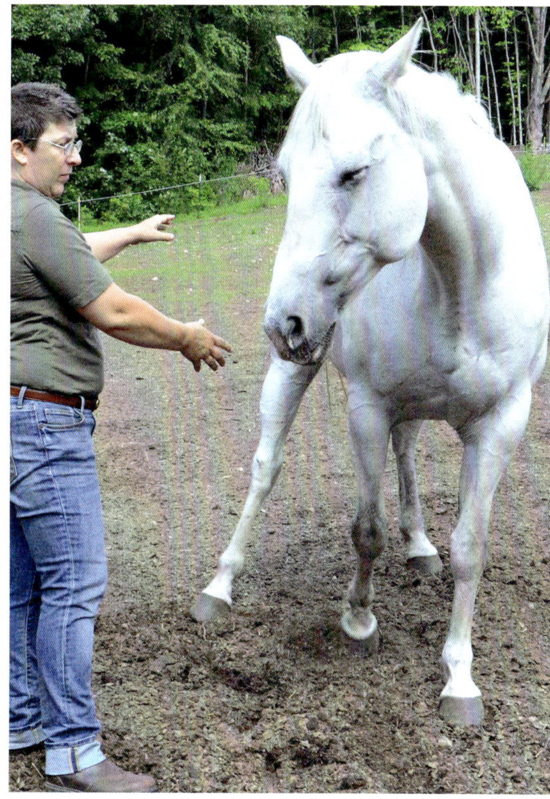

11.3 Üben Sie, die Hinterhand auf die Parallelspur oder den parallelen Bogen weichen zu lassen.

❶ Vergewissern Sie sich, dass Ihr Pferd auf der Ihnen abgewandten Seite genug Platz hat. Dann stellen Sie sich zwei Bögen vor, die parallel verlaufen, wie Eisenbahnschienen. Auf der einen Spur geht Ihr Pferd, die zweite ist auf seiner anderen, von Ihnen abgewandten Seite. Bitten Sie Ihr Pferd, zunächst nur den Kopf abzuwenden, indem Sie auf den Geh-weg-Gesichts-Button deuten.

❷ Nun bitten Sie es, auch mit den Vorderbeinen auf die parallele Spur zu wechseln, indem Sie den Hüft-Kutschier-Button benutzen. Verlagert es sein Gewicht oder macht es sogar einen Schritt, stellen Sie klar, dass Sie nicht wollen, dass es ganz weggeht, indem Sie sofort ins *Hocken zum Halten* gehen.

❸ Ohne Ihr Pferd zurück zu sich einzuladen, bitten Sie es nun, die Hinterhand auf die Parallelspur zu bewegen. Setzen Sie die *Arme des Tänzers* ein, um Ihr Pferd zu unterstützen. Wedeln Sie mit den Fingern oder tippen Sie Ihr Pferd an der hohlen Stelle direkt über dem Kniegelenk an, am Weiche-zur-Seite-Button (Bild 11.3). Dieser Button liegt unterhalb des Hüft-Kutschier-Buttons (S. 138). Vielleicht müssen Sie mit den Fingern auf diesen Button drücken, bis Ihr Pferd einen Schritt macht. Ihr Pferd *Wendet das Kanu* vielleicht und schaut Sie an, oder es denkt, Sie schicken es weg, und geht. Wie immer gilt: Sie haben um etwas gebeten, Sie haben etwas erhalten. Sie hören auf zu fragen und bedanken sich! An Details kann man später arbeiten.

Vielleicht sind die Tänze um den persönlichen Raum und um Bögen und Kreise zunächst verwirrend. Sobald Sie aber ein Gefühl dafür bekommen haben, können Sie Ihr Pferd viel klarer darum bitten, auf die Parallelspur zu wechseln. Denken Sie an Ihre *Wie merkwürdig-*Haltung, bleiben Sie spielerisch und nicht zielorientiert.

ZIELÜBUNGEN

Sie setzen die *Arme des Tänzers* nun ebenso ein wie Ihre *Zeige-Hand*, den *Gleichschritt*, das *Fußvergnügen* und den *Folge-mir-Button*. So können Sie eine ganze Reihe von Spielen anzetteln, die Sie zum Lachen bringen werden. Ihr Pferd ist mit der Gerte vertraut, sie kann ab jetzt als verlängerter Zeigefinger auf Buttons deuten und in der Freiarbeit eingesetzt werden.

11.4 A & B Gretchen und Image üben, der Zeige-Hand zu folgen und im Gleichschritt zu gehen (A). Zwischendurch macht Gretchen „Hocken zum Halten" (B).

Gespräch: Bewegung mit der Zeige-Hand

❶ Sie stehen parallel zur Schulter Ihres Pferdes mit den *Armen des Tänzers* und den Fingerknöcheln als Target an seinem Maul und bitten es, sich in Bewegung zu setzen.

❷ Machen Sie einen deutlichen Schritt nach vorn und zeigen Sie dabei auf den Gurt-Button Ihres Pferdes, um es zu veranlassen, mit Ihnen im *Gleichschritt* zu gehen. Schnalzen Sie oder sagen Sie „Scheritt". *Hocken Sie zum Halten* und *Loben* Sie oft (Bilder 11.4 A & B).

❸ Drehen Sie sich beim Gehen leicht im Oberkörper und halten Sie die Zeige-Hand vor Ihr Pferd, damit es folgt. Mit Hilfe Ihres Bauchnabels und Ihrer inneren Energie leiten Sie einen Bogen oder einen Richtungswechsel ein.

❹ Die zweite Möglichkeit, Ihr Pferd zum Folgen zu bewegen, besteht darin, die Handfläche der Zeige-Hand auf den Folge-mir-Button zu drücken (Bild 11.5). Dann halten Sie die Hand als Ziel vors Pferd. So hat es auch seine Mutter gemacht, um ihm zu sagen: „Komm nun mit." Bei einigen Pferden wirkt das noch immer gut.

❺ Laden Sie Ihr Pferd nach jedem Halt zu einem kurzen *Hallo* an der Zeige-Hand ein.

11.5 Wenn man den Folge-mir-Button drückt, versteht das Pferd, dass es mitkommen soll, sobald Sie losgehen.

❻ Im weiteren Verlauf der Übung können Sie dazu übergehen, an der Seite Ihres Pferdes zu gehen, als ob Sie ein unsichtbares Führseil in der Hand halten würden. Wiederholen Sie das Führen und den *Gleichschritt* aus früheren Gesprächen. Benutzen Sie, falls nötig, den Mittelhals-Button und „führen" Sie auch über Bodenhindernisse (Schritt 5, S. 94).

❼ Spielen Sie mit Ihrer *Zeige-Hand*, mit dem *Gleichschritt* und den *Armen des Tänzers* und entfernen Sie sich dabei von Ihrem Pferd, bis Sie mehr in der Mitte des Roundpens stehen. Ihr Pferd könnte das Gefühl haben, dass Sie es nach außen schicken, weil Sie mit ihm unzufrieden sind. Vielleicht müssen Sie es mehrmals weggehen und zurückkommen lassen, so dass es versteht, dass Sie sich immer noch in einem Gespräch mit ihm befinden, nur eben auf Distanz. Falls Ihr Pferd nur zögernd nach außen geht, deuten Sie mit der Gerte auf seinen Schulter-Button und auf den Geh-weg-Gesichts-Button. Da es bereits mit diesen Buttons vertraut ist, sollte es entspannt bleiben.

Es ist nicht ganz einfach, bei diesem Gespräch den richtigen Winkel zum Pferd einzunehmen. Ihre Augen oder Ihr Bauchnabel könnten Ihr Pferd dazu bringen, anzuhalten, die Richtung zu ändern, langsamer oder auch schneller zu werden, wenn Sie zum Beispiel aus Versehen zu weit vor die Gurtlage geraten. Es hilft, gelegentlich die Gerte an den Bauchnabel zu halten, um zu sehen, wohin sie zeigt. So können Sie wunderbar überprüfen, woran es liegt, wenn Sie häufiger nicht die Antwort bekommen, die Sie vom Pferd erwarten, obwohl Sie sicher sind, die richtige Frage gestellt zu haben.

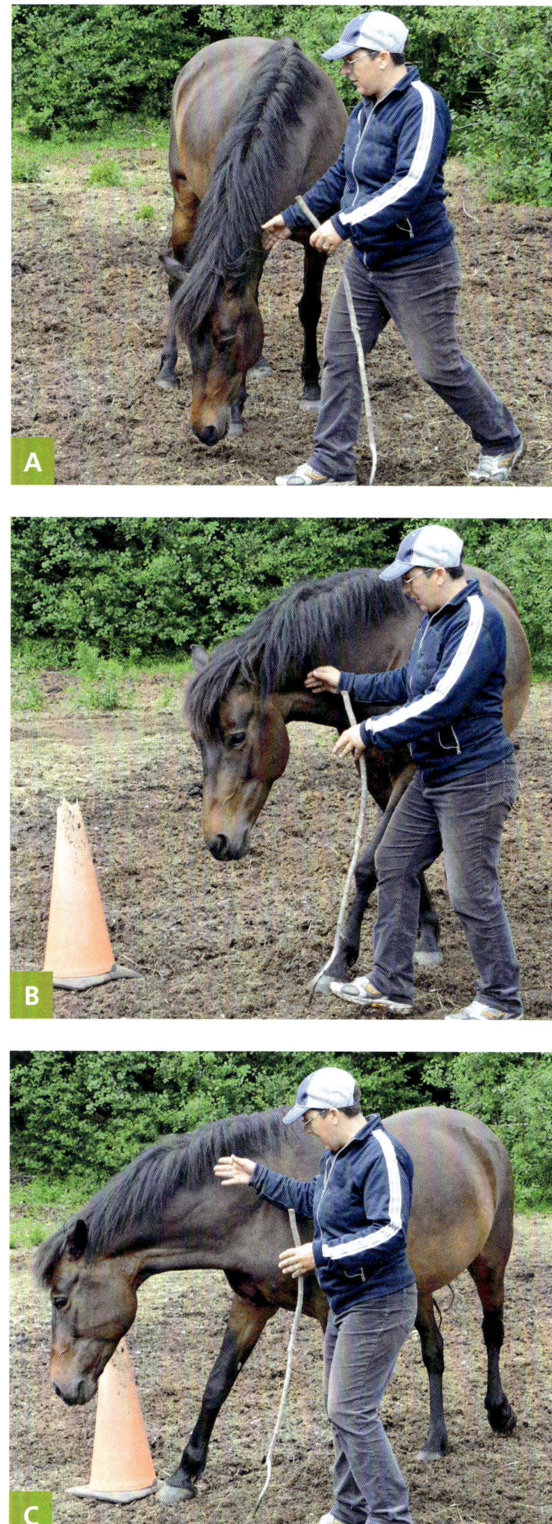

11.6 A–C Ich setze den Mittelhals-Button bei Luna ein und sie macht *Upsies* (A). Wir bewegen uns vorwärts auf ein Bodenhindernis zu, das den Roundpen spannend macht und uns ein visuelles Ziel gibt (B). Ich *Hocke zum Halten* und Luna kickt den Kegel um, nur so aus Spaß (C).

Geht die Verbindung zu Ihrem Pferd auf die Distanz verloren, kehren Sie zurück an seine Seite, gehen Sie im Tandem im *Gleichschritt* und vergrößern Sie die Distanz allmählich gerade so weit, dass die Verbindung noch erhalten bleibt. Übertreiben Sie Ihre Schritte und machen Sie häufig *Hocken zum Halten*, um Ihr Pferd zu belohnen. Kommt Ihr Pferd zu Ihnen herein, nutzen Sie seine Buttons, um es sanft wieder zurück auf seinen eigenen Kreis zu schicken.

Wiederholen Sie das Gespräch über *Losgehen und Anhalten* mindestens drei Mal. Dann kann Ihr Pferd sicher sein, dass Sie es nicht jagen, selbst wenn Sie seinen Gurt- und Hüft-Kutschier-Button benutzen.

GESCHWINDIGKEIT ZULEGEN

Sobald Ihr Pferd einen halben oder sogar ganzen Kreis auf seinem eigenen Bogen läuft, auf Ihre Fragen reagiert und entspannt anhält, können Sie Ihr Gespräch auf den Trab ausdehnen. Das ähnelt der Trabarbeit von der Außenseite des Zauns (Bild 11.7 A).

Gespräch: Innen traben

❶ Halten Sie die *Arme des Tänzers* zur Seite ausgestreckt. Ihre Zeige-Hand sorgt für das „Vorwärts" und hält das Pferd außen. Am klarsten ist es, mit dem Finger der Zeige-Hand zu deuten. Diese Hand zeigt die Richtung, während die andere die Gerte hält, die Geschwindigkeit und die Entfernung zwischen ihnen kontrolliert (Bild 11.7 A).

❷ Ihr langsamer Trab auf der Stelle ist für das Pferd ein gutes Startzeichen. Vergewissern Sie sich, dass Sie sich entweder parallel zu den Vorderbeinen Ihres Pferdes bewegen oder dass Ihr Bauchnabel auf einer Höhe zur Gurtlage Ihres Pferdes ist. Ist Ihr Bauchnabel hinter der Gurtlage, verändern Sie das Spiel „Werde schneller" in „Jagen".

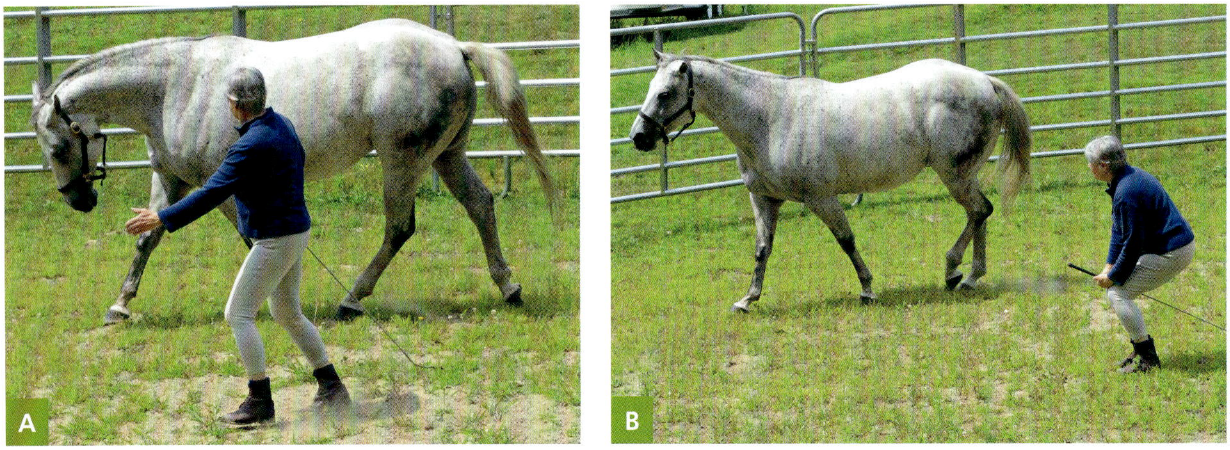

11.7 A & B Gretchen nutzt die Arme des Tänzers und den Gleichschritt, um den Trab einzuleiten (A). Ein bis zwei Trabtritte genügen anfangs. Wenn Sie dann anhalten, fühlt Ihr Pferd sich nicht gejagt und das Vertrauen zwischen Ihnen wächst (B).

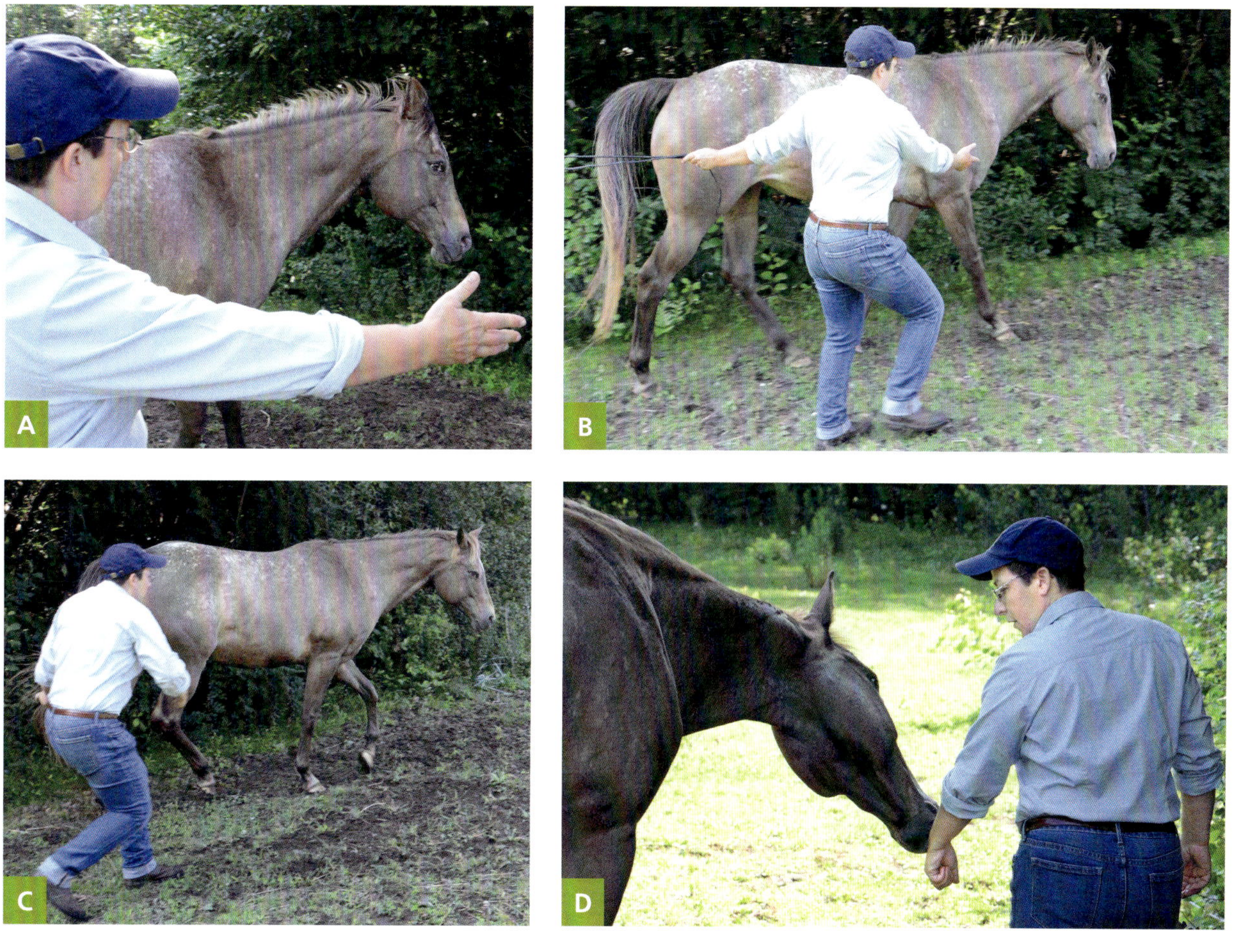

❸ Einige Pferde reagieren gut auf Druck am Gurt-Button, wenn sie schneller werden sollen. Falls nötig, zeigen Sie für den Übergang zum Trab mit der Gerte und den Augen auf den Hüft-Kutschier-Button.

❹ Nach wenigen Trabtritten *Hocken* Sie *zum Halten* und *loben* Ihr Pferd (Bild 11.7 C).

❺ Sobald Ihr Pferd auf Ihr Zeichen hin entspannt antrabt und anhält, können Sie Handwechsel einbauen. Gehen Sie auf die gegenüberliegende Seite des Roundpens. Blockieren Sie den Zirkel, auf dem Ihr Pferd läuft, indem Sie in die „X“-Haltung gehen. Mit Ihrer inneren Energie bringen Sie Ihr Pferd zum Wenden.

❻ Nach drei Handwechseln bitten Sie Ihr Pferd, sich zu Ihnen zu drehen. Entweder benutzen Sie dazu Ihre Zeige-Hand zum *Das Kanu Wenden* (11.8) oder Sie gehen in die Mitte des Roundpens und machen ein großes „O“, vielleicht lassen Sie sogar die Gerte sinken (Bilder 11.9 A–C). Schauen Sie nach unten oder zum Hüft-Kutschier-Button. Das bedeutet „Geh rüber“. Ihr Pferd wird *Das Kanu Wenden* und Sie ansehen und daher anhalten.

11.8 A–D Die Arme des Tänzers bitten Dakota innerhalb des von mir erbetenen Rahmens und Bogens zu traben (A). Ich ziehe die Zeige-Hand zurück und bitte Dakota so, ihren Kopf zu mir zu wenden (B). Ich Hocke zum Halten und nehme meine Hand ins „O“. Dakota wendet das Kanu, um mich anzusehen (C). Wir sagen „Hallo“ (D).

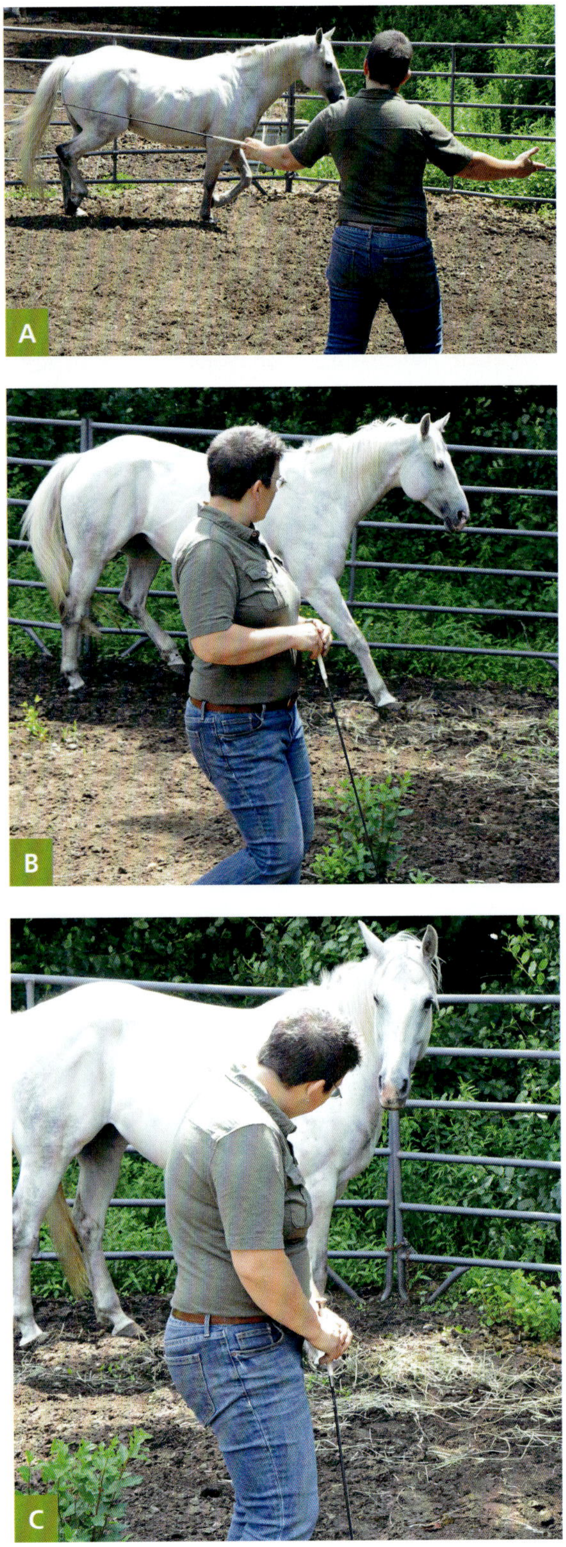

7 Ist Ihr Pferd nach dem Trab zu aufgeregt oder zu eifrig, um auf Sie zuzukommen, zeigen Sie mit der Gerte auf seine Brust und halten Ihre andere Hand hoch wie ein Polizist, der den Verkehr anhält.
Sie können das auch von der Seite aus tun. Verringern Sie die Spannung im Roundpen, indem Sie eine Hand hochheben, tief ausatmen und dann die Hand sinken lassen. Lassen Sie auch die Gerte sinken. Dies sagt Ihrem Pferd, dass es seinen Kopf senken und die Anspannung verringern soll.
Achtung: Haben Sie das Gefühl, dass Ihr Pferd überreagiert und Sie Ihr inneres Neutral Null nicht halten können, dann verlassen Sie den Roundpen und sammeln sich.

Innerhalb kürzester Zeit werden sich Ihre Zirkel magisch anfühlen und Ihr Pferd wird es lieben, Ihnen seine herrlichen Bewegungen zu präsentieren. Vielleicht rundet es den Hals und sieht richtig stolz aus, so dass Sie ihm ruhig sagen können, dass es das schönste Pferd der Welt ist (Bild 11.10).

Gespräch: Auf, auf, Galopp!

Nach dem Trab kommt logischerweise der Galopp. Wenn Sie wunderbare, erfüllende Gespräche über all die Dinge haben, die Sie zusammen in Freiarbeit machen können, bietet Ihr Pferd den Galopp vielleicht eines Tages von sich aus an. Wenn nicht, fragen Sie danach.

11.9 A–C Ich trete bewusst in Vatis Weg und ziele mit meiner inneren Energie vor sie (A). Ich drehe den Bauchnabel plötzlich, mache ein „O" und Hocke zum Halten. Vati stoppt sofort. Ich steigere mein „O" und beziehe Hals und Schultern mit ein, um den Druck wegzunehmen und „Danke" zu sagen (C).

11.10 Ich ziehe den Bauchnabel ein und bringe zusätzlich meine Target-Hand zum Bauch. Diese Geste ist für Dakota das Zeichen, Ihren Bauch anzuheben, ihre Kruppe sinken zu lassen, den Hals zu runden und einen schönen Trab zu zeigen.

❶ Trabt Ihr Pferd schön vorwärts, bewegen Sie die Gerte ein Mal aufwärts in Richtung seines Hüft-Kutschier-Buttons. Vermutlich hüpfen Sie selbst augenblicklich in den Galopp, wenn Sie sich im Gleichschritt mit Ihrem Pferd bewegen. Passen Sie Ihre Intensitätsebene an Ihr Pferd an. Egal, wie es auf Ihre Bitte antwortet, mit aufmerksamem Ohrenspiel, etwas schnellerer Bewegung oder dem Senken des Kopfes, gehen Sie auf Neutral Null. Sie haben eine Antwort auf Ihre Frage bekommen, also sagen Sie „Danke".

❷ Beim nächsten Mal überprüfen Sie, ob Sie Ihre innere Energie stärker aktivieren müssen. Lassen Sie einen oder zwei Galoppsprünge zu und leiten dann das Anhalten ein. Belohnen Sie Ihr Pferd mit Kraulen und *Das Baby Schaukeln* am Widerrist. Noch einmal: Der Grund fürs Anhalten ist, dass Sie nicht wollen, dass Ihr Pferd vor Ihren Signalen wegrennt oder sich unter Druck gesetzt fühlt. Erlauben Sie ihm, sich nach und nach auf den Galopp einzulassen. So gewinnen Sie Vertrauen und Respekt. Der Galopp soll sich anfühlen, als ob das Pferd Ihre Anfrage aus Interesse, Neugierde und Freude akzeptiert. Wenn Sie lernen, Ihre eigenen Bewegungen klar und angemessen zu dosieren, werden Sie Fortschritte machen. So vermitteln Sie, wie zufrieden Sie mit der Leistung Ihres Pferdes sind.

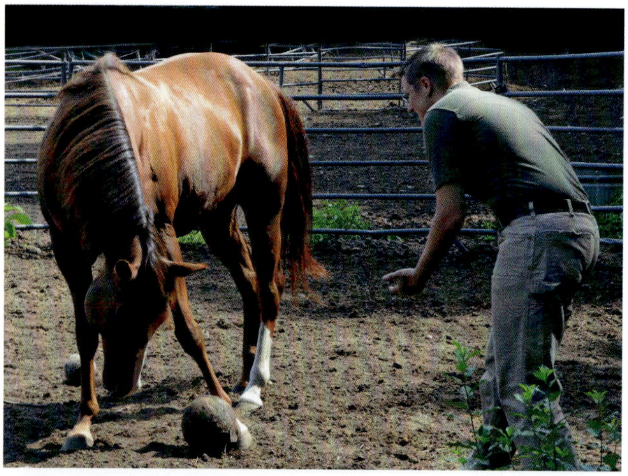

11.11 A & B Freiarbeit kann wundervolle Spielideen hervorbringen (A). Ich Hocke zum Halten, breite die Arme aus und Dakota belohnt mich mit einem kleinen, spontanen Steigen (B).

FREIRAUM UND SPIELRAUM

Eigentlich kann man es nicht innerhalb eines Tages bis zum Galopp in der Freiarbeit schaffen. Nimmt die Verwirrung bei Ihnen oder Ihrem Pferd zu, vergessen Sie den Galopp. Gehen Sie auf Neutral Null, atmen Sie gemeinsam, kraulen Sie Ihr Pferd oder klopfen Sie es ab (S. 96). Belohnen Sie es und machen Sie gemeinsam Feierabend.

Da jedes Gespräch auf dem vorherigen aufbaut, können Sie am nächsten Tag alle Bewegungen noch einige Male durchgehen und so wieder dort ankommen, wo Verwirrung herrschte.

Vermutlich werden Sie sich nun klarer für Ihr Pferd ausdrücken können. Vergessen Sie strenge Tagespläne und festgesteckte Ziele. Freiarbeit sollte vor allem Spaß machen, und wenn Sie sie nicht mehr genießen können und keine Spiellaune aufkommt, sollten Sie es für diesen Tag dabei belassen (Bilder 11.11 A & B).

Gespräche in Freiarbeit laufen in beide Richtungen. Der Mensch kreuzt nicht auf und erwartet, dass das Pferd den Plan ordnungsgemäß ausführt und erfüllt. Sie öffnen im Gegenteil einen Freiraum für gegenseitige Bewunderung. Diese Form der Beziehung fördert den Wunsch Ihres Pferdes, mit Ihnen eine Verbindung einzugehen, und es wird Sie als seinen Freund betrachten. Natürlich wird es für Sie beide auch weiterhin gute und schlechte Tage und Vorlieben und Widerwillen geben. Durch Pferdisch werden Sie sich solcher Veränderungen aber schneller bewusst und Sie können Ihr Pferd fragen, was los ist, oder ihm sagen, dass Sie gemerkt haben, dass etwas los ist. Allein das reicht meist schon aus.

Manche Pferde möchten, dass all ihre Bewegungs-Buttons vom Boden aus benutzt werden, sie möchten seitwärts, rückwärts und an der Target-Hand gehen, ehe sie bereits so weit sind, dass man aufsitzen kann. Andere brauchen nicht so viele Gespräche vor dem Reiten. Einige Pferde haben Sinn für Humor und bringen Sie zum Lachen. Andere möchten nicht so viel reden und lieber *Raum teilen*. Das Geheimnis von Pferdisch ist, dass Sie nun herausfinden können, was Ihr Pferd wirklich möchte und wie Sie Ihre Partnerschaft am besten aufbauen können.

Joe

IN DER FREIARBEIT

Von der Roundpen-Arbeit hörte ich zuerst um die Jahrtausendwende durch Monty Roberts. Roberts hatte eine Methode erarbeitet, die darauf basiert, zu verstehen, wie gezielte Bewegungen einer Person im Roundpen das Pferd dazu bringen, auf bestimmte Art zu reagieren. Das Ergebnis nannte er Join-Up®. Das Pferd kommt scheinbar freiwillig auf die Person im Roundpen zu. Roberts wollte mit seiner Arbeit das Verständnis dafür fördern, dass Pferde uns zuhören und wirklich darauf warten, dass wir die richtigen Signale geben, damit sie uns vertrauen können.

Seit ich Roberts Methoden erlernt habe, haben viele weitere Trainer im Roundpen Techniken entwickelt, die sie für die besten halten. Ich war bei vielen solcher Demonstrationen, beobachtete die Methoden der Trainer und habe mir alle möglichen Meinungen über den Roundpen und die Arbeit darin angehört. Einige Trainer sind sehr gewandt, andere benutzen den Roundpen als eine Art Strafe. Ich hörte einen Trainer sagen, dass ein Join-Up erst etabliert ist, wenn das Pferd zweihundert Mal nach innen gewendet hat, ohne Widerstand zu leisten. (Nach innen wenden bedeutet, dass das Pferd die Richtung wechselt, indem es zuerst Sie anschaut – im Gegensatz zu einer defensiven Wendung, in der es die Hinterhand zu Ihnen dreht.)

Andere Aussprüche, an die ich mich erinnere, waren zum Beispiel: „Nimm ihm seinen Atem und lass es erst dann wieder atmen, wenn es so denkt, wie du es willst." – „Wenn es nicht schwitzt, kommst du nicht durch." Allgemeiner ausgedrückt: Im Zusammenhang mit der Roundpen-Arbeit herrscht die Meinung vor, dass das Pferd sich austoben muss, indem es in Kreisen rennt.

Ich habe schon mit Hunderten von Pferden gearbeitet, sowohl mit Tierschutzpferden als auch mit Schul-, Turnier- und Therapiepferden. Nach meiner Erfahrung gehen Pferde nicht auf Roundpen-Art miteinander um, wie so viele Menschen es heutzutage in ihren Ausbildungsprojekten tun. Sie rennen und toben gelegentlich zusammen, lassen in der Frühlingsluft Dampf ab und freuen sich an einer Tollerei. Ich habe auch schon beobachtet, wie Pferde einander auf einem eingezäunten Platz unterrichten, erziehen oder unterstützen. Findet Pferd A zum Beispiel heraus, dass Pferd B gerade in Not ist, wird es dessen Lehrer, Führpferd und Therapeut. Es treibt Pferd B dann ein winziges bisschen vorwärts, gerade genug, damit Pferd B sich weich bewegt, ohne Widerstand oder Unruhe. Manchmal übertreibt Pferd A dann seinen Gang und macht deutliche, langsame, schwere Schritte, oft hält es den Kopf dabei tief. Es *Sucht den Horizont ab* und schnaubt ein *Wächterschnauben*.

Vielleicht atmet es den *Mütterlichen Atem* und schickt Pferd B eine Willkommensbotschaft, so dass sie das *Begrüßungsritual* immer und immer wieder machen. Abhängig von den Problemen, die Pferd B hat, findet Pferd A heraus, was es braucht, und arbeitet dann daran.

Im Roundpen muss ich Pferd A für Joe sein. Hier starrt er mich mit wachsamen Augen an. Seine Besitzer haben versucht, einen Join-Up mit ihm zu machen, und ich schätze ihre Versuche, ihm zu helfen, sehr. Leider macht er emotional dicht, wenn er im Kreis laufen soll, ob an der Longe oder im Roundpen. Für ihn ist ein Kreis etwas, auf dem er mit der Gerte herumgejagt wird und eine Prüfung bestehen soll, von der er nicht weiß, wie sie genau lautet. Und schließlich muss er anhalten und wird gesattelt. Wenn ich in dieser Umgebung auf ihn zugehe, muss ich dafür sorgen, dass er nicht glaubt, ich wolle ihn herumjagen.

Für den Menschen ist es nicht einfach, seine Intensität klar zu dosieren.

Daher bleibe ich außerhalb des Roundpens. Das nimmt schon einmal eine ganze Menge Druck weg. Joe ist bereits sehr verspannt. Seine Augen sind weit aufgerissen, sein Körper wirkt größer, denn er ist fluchtbereit, seine Atmung ist flach und seine Kopfhaltung hoch. Ich beginne damit, ihn mit der Intensitätsebene des „X", das ich einsetzen werde, vertraut zu machen (S. 104). Unsere schwammige Unklarheit hinsichtlich unserer unterschiedlichen Druckstufen verwirrt Pferde am meisten. Von allen Dingen, die ich unterrichte, nimmt dieses Thema den meisten Raum ein. Das, was Leute zu sagen beabsichtigen, und das, was sie tatsächlich ausdrücken, sind weit mehr als zwei Paar Schuhe.

- *Intensitätsebene eins* schließt das „Zum-Pferd-schauen" ein. Pferde nehmen den „Augapfel-Druck" anderer Pferde permanent wahr. Schaut zum Beispiel die Leitstute ein Pferd an, kann das bedeuten, dass sie sein Heu haben will. Dann ist es besser, den Platz zu räumen, ehe sie näher kommt. Den „Blick" anderer Pferde wahrzunehmen, erspart viel Ärger.
- Auf das deutliche Anstarren folgt die „Kopfschlange", bei der das Pferd die Ohren flach anlegt und in die Richtung des anderen Pferdes schnuppert. Das ist *Intensitätsebene zwei.* Während Ebene eins „Ich denke über dein Heu nach" bedeutet, meint Ebene zwei „Ich komme nun gleich rüber, du hast eine Minute Zeit, bitte zu verschwinden".
- Auf *Intensitätsebene drei* geht es zur Sache. Handlung, Intensität und Bewegung übermitteln die Aussage: „Ich bin bei deinem Heu, und du bist immer noch da, also öffne ich nun das Maul und werde dich beißen."
- *Intensitätsebene vier* hält sich nicht mehr zurück. „Ich stehe an deinem Heuhaufen, du bist so lahm wie eine Schnecke und ich reiße dir jetzt einen Fetzen Fell aus!" Sobald der Staub sich legt, sind alle wieder auf Neutral Null, als wäre nie etwas geschehen (siehe Schritt 7).

Für Menschen ist es schwierig, ihre Intensität klar und präzise zu dosieren und dann wieder zu Neutral Null zurückzukehren. Man muss das häufig üben.

Joe sieht mich und versteht, dass ich eine Absicht habe (Intensitätsebene eins). Er hält den Atem an und starrt zu mir hin. Ich bestätige seine „richtige Antwort", indem ich einen Schritt zurücktrete, nach unten sehe und *Upsies* mache.

Wir wiederholen diese Version von *Annäherung und Rückzug* drei Mal. Jedes Mal, wenn er mich ansieht, nachdem ich zu ihm geschaut habe, nehme ich den Druck weg und mache *Upsies.* Dies führt dazu, dass er am Ende einen tiefen Atemzug nimmt und selbst *Upsies* macht. Ich platze vor Freude, dass er mir selbst eine Frage stellt. Er fragt, ob es in Ordnung ist, wenn er sich entspannt. Ich antworte, indem ich übertrieben *Den Horizont absuche* und ein *Wächterschnauben* pruste. Er

ahmt mich nach, was bedeutet, dass er meiner Führung gern folgen würde.
Ich gehe zum Zaun und nehme eine übertriebene „O"-Haltung ein. Dann halte ich ihm meine Fingerknöchel zur *Begrüßung* hin. Er verliert keine Zeit, sondern kommt zu mir herüber, um kurz *Hallo* zu sagen. Unterwegs macht er noch ein *Upsie*, um mich wissen zu lassen, dass er keinerlei Druck gegen mich aufbauen möchte, auch nicht durch seine Annäherung. Ich freue mich darüber und sage ihm, was für ein tolles Pferd er ist, so mutig und bemüht, das Richtige zu tun. Ich erkläre seinen Besitzern, dass uns eine Art „Join-Up" gelungen ist.

Sie sind etwas verwirrt, weil wir so anders dabei aussehen, kein Rennen im Roundpen, kein Schwitzen. Sie sind erleichtert, dass Joe sich so sehr anstrengt, ein „gutes Pferd" zu sein, und dass sich unsere Verbindung so schnell und mühelos aufgebaut hat.

Doch der Tag ist noch nicht zu Ende. Joe muss lernen, mir zu vertrauen und zuzuhören, auch wenn meine Intensität zunimmt. Wenn ich jetzt schon aufhöre, nützt ihm das wenig. Er sollte alle meine Intensitätsebenen gesehen haben, genau als ob ich ein Pferd wäre. Also muss ich mich vorsichtig durch alle Ebenen arbeiten und jedes Mal zu Neutral Null zurückgehen. Es ist ja nicht der Druck, der das Pferd ängstigt. Es wird nervös, weil es kein Zurück zum Normalzustand gibt.

Joe kann sich entspannen, weil ich ihm zeigen werde, dass ich zu Neutral Null gehe, was auch immer er tut. Ich durchlaufe alle Stadien des *Begrüßungsrituals*, um ihm zu versichern, dass sich zwischen uns nichts geändert hat. Als ich ihn bitte, mir vorn Raum zu geben, wendet er ab und geht weg. Fantastisch! Ich habe ihn um einen Schritt nach hinten gebeten, und er gibt mir die ganze Seite des Roundpens! Das nenne ich mal eine nette Schmeichelei!
Da es aber nicht das ist, worum ich eigentlich gebeten hatte, wird Joes Haltung deutlich. Er macht, was er *glaubt*, dass die Leute sagen, aber er hört nicht richtig zu, was sie tatsächlich wollen. Er rät und übererfüllt sein Soll. In jedem Fall hat er mich perfekt für eine Geh-weg-Botschaft positioniert, also gehe ich am Zaun entlang in die Region seines Hüft-Kutschier-Buttons.

Ich deute mit der Gerte auf den Button und habe dabei Intensitätsebene eins oder zwei. Ich gehe an der Außenseite des Zauns mit bewussten und gleichmäßigen Bewegungen auf Joe zu, jeder Schritt ist langsam und geerdet. Joe schaut mir aufmerksam entgegen. Er weiß, dass ich auf seinen Hüft-Kutschier-Button deute, und scheint sich zum ersten Mal gegen eine Forderung von mir zu wehren. Dann legt er sichtlich verärgert die Ohren zurück, nickt mit dem Kopf, schlägt mit dem Schweif und geht eilig weg.
Er sagt, dass er es nicht mag, vorwärtsgetrieben zu werden. Er ist nicht sicher, warum ich ihn wegschicke. Er hat mir doch die ganze Zaunlänge überlassen, warum soll er sich nun wieder bewegen? Er zweifelt daran, ob ich den Hüft-Kutschier-Button verstehe. Er kann mich nicht anerkennen, bevor er nicht weiß, ob ich das Treiben wirklich verstehe.

Da er sich wegbewegt hat, wenn auch zu schnell, gehe ich einen Schritt nach hinten und mache *Upsies*. So kann ich ihm am besten in seiner Sprache vermitteln, dass ich anerkenne, dass er es gut gemacht hat. Er trabt zur anderen Seite des Roundpens und ich richte die Gerte mit der gleichen langsamen, bewussten Bewegung wieder auf seinen Hüft-Kutschier-Button. Nun geht er schneller weg und schlägt deutlicher mit dem Schweif. Er sagt mir, dass er denkt, ich will ihn ärgern. Er kann nicht zwischen meiner Absicht, ihn zu treiben, und dem Jagen im Roundpen unterscheiden. Wieder mache ich flüchtige *Upsies*. Joe sieht mich hoffnungsvoll an und ich nicke mit dem Kopf, *Suche den Horizont ab* und mache einen *Nährenden Atemzug*. Ich möchte, dass er versteht, dass ich mich wie eine Mutterstute verhalten werde, nicht wie ein tollwütiger Hund. Als ich mich diesmal seinem Hüft-Kutschier-Button nähere, schlägt er nach hinten aus, quietscht und rennt kopfschlagend davon. Das bedeutet, dass er sich bedroht fühlt und findet, dass das Leben gerade nicht fair zu ihm ist. Ich bin bisher nicht über Intensitätsebene zwei hinausgegangen.

Nun, wo Joe sich tyrannisiert fühlt, muss ich mit Ebene vier antworten, damit ich ihm den Unterschied zeigen kann. Ich habe viele Pferde dabei beobachtet, wie sie ihre höheren Intensitäts- oder Druckebenen demonstriert haben, so dass das junge oder unreife Pferd versteht, wie niedriger Druck aussieht.

Ich gehe einen Schritt weg vom Zaun und hebe die Gerte in einer fließenden Bewegung an, um sie dann zügig auf den Boden krachen zu lassen. Danach stehe ich wieder völlig still.

Joe schießt vorwärts, dreht sich dann um und schaut mich fragend an. Ich gehe einen Schritt zurück und setze mich in einer Kombination von *Upsies*, *Raum teilen* und *Neutral Null* auf den Boden. Ich bleibe so sitzen, bis ich sehe, dass Joe sein Gewicht ein wenig verlagert. Seine Verwirrung hinsichtlich Druck, Buttons, Bewegung und Gerten schwindet. Er braucht Zeit, um nachzudenken, da ich ihm gerade eine Intensitätsebene vier gezeigt habe, der ein überdeutliches und sicheres Neutral Null gefolgt war. Vorher hatte er bei Intensitätsebene eins und zwei beständig überreagiert. Er brauchte den Kontrast, um zu sehen, dass das, was ich vorher gezeigt hatte, ganz sicher nicht Ebene vier gewesen war. Und er musste sehen, dass ich verlässlich zu Neutral Null zurückgegangen war. Nun starrt er mich an, atmet gleichmäßig, blinzelt nicht, und ich warte, atme, zupfe am Gras, um zu zeigen, wie stark ich im inneren und äußeren Neutral Null bin.

Joe senkt den Kopf etwas und schließt die Augen. Joes Besitzer sitzen in der Nähe und ich erkläre ihnen den gesamten Ablauf. Dass er schläft, bedeutet nicht, dass er mich ignoriert. Er verdaut das Gespräch. Mike und Liz sagen, dass er noch nie und auf gar keinen Fall in einem Roundpen geschlafen hat.

Nach etwa vier Minuten (die sich anfühlen können wie eine Ewigkeit, wenn man einfach nur dasitzt) rührt sich Joe. Ich stehe auf und bitte ihn, einen einzelnen Huf nach hinten zu bewegen, indem ich mit der Gerte auf den Huf zeige und den Huf außerdem intensiv anstarre. Ich möchte ein *Fußvergnügen* anzetteln. Er zögert nur einen Augenblick, setzt dann aber vorsichtig den Huf nach hinten. Hurra! Der Beginn der Heilung setzt ein. Ich gehe zurück, atme tief aus und sage: „Gut gemacht!" Dann bitte ich ihn, den anderen Vorderhuf nach hinten zu setzen, und er bewegt ihn fast sofort. Ich stehe still, atme und sage Joe, was für ein wunderbares Pferd er ist und dass ich stolz auf ihn bin.

Seit Jahren beobachte ich, dass Pferde, deren „Nebel" sich durch den Gebrauch von Pferdisch lichtet, auch die Bedeutung menschlicher Sprache besser verstehen. In jedem Fall benutze ich gern meine Stimme, um mein Lob und meinen Respekt für ein Pferd so auszudrücken, dass auch meine zweibeinigen Schüler etwas davon haben.

Ich trete zurück, gehe in eine bewusste „O"-Haltung und lade Joe zu mir ein. Er steht einen Moment

IN DER FREIARBEIT

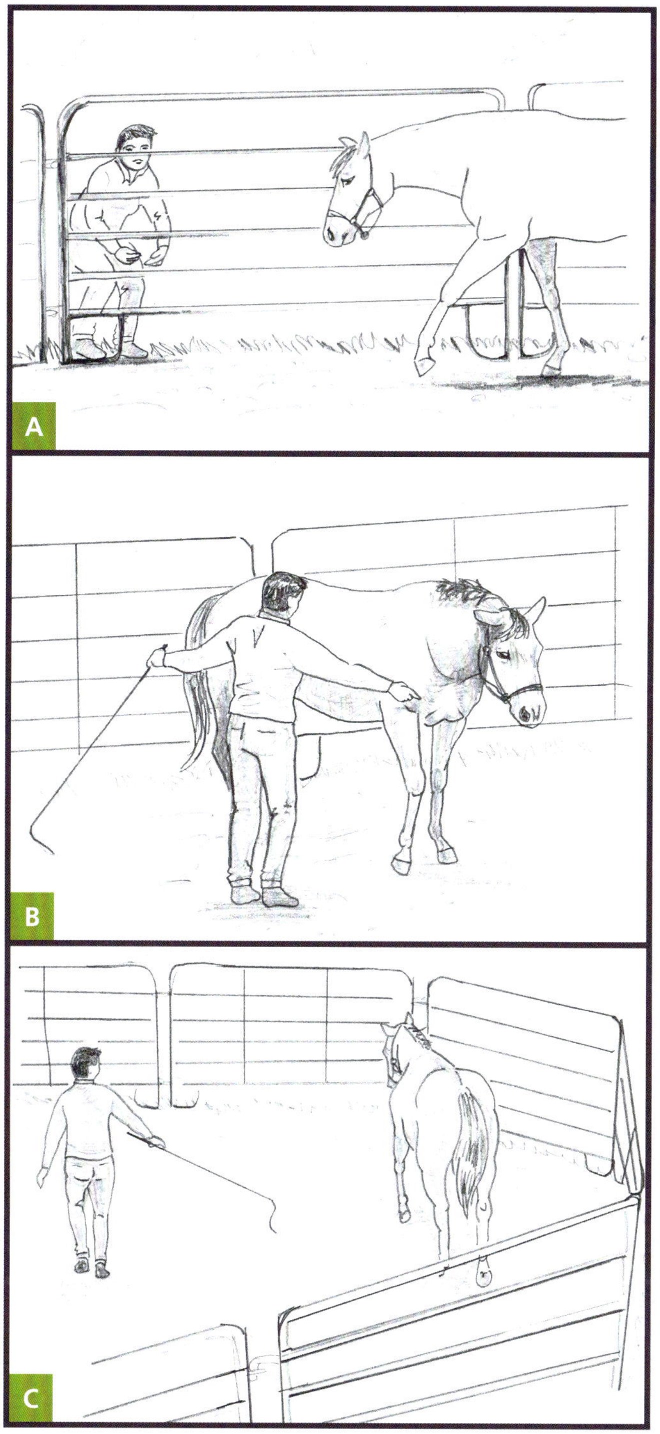

Ich beginne, mit Joe von außerhalb des Zauns Kontakt aufzunehmen, indem ich meine „O"-Haltung einsetze, um ihn zu mir einzuladen (A). Im Roundpen benutze ich die *Arme des Tänzers* und meine innere Energie in Richtung Gurt-Button als eine Form von Druck, der bewirken soll, dass Joe sich bewegt (B). Ziemlich schnell bewegen wir uns zusammen im Gleichschritt (C).

still, leckt und kaut dann, nickt mit dem Kopf und geht den ganzen Weg auf den Zaun und auf mich zu. Ich habe ihm eine Willkommensbotschaft geschickt und er ist zurückgekommen. Wir teilen einen Moment lang *Gemeinsamen Raum* und genießen unsere Beziehung wirklich.

Nun ist es Zeit, in den Roundpen zu gehen und alles zu wiederholen, um sicherzugehen, dass diese Beziehung auch dem größeren Druck standhält, der entsteht, wenn ich auf der Innenseite des Zauns bin. Während ich eintrete, hebt Joe den Kopf an und verspannt sich. Ich *Suche den Horizont ab*, *Schnaube den Tiger weg* und werde beim *Nährenden Atem* selbst innerlich und äußerlich weich. Ich möchte, dass er meine Intensitätsebene versteht, die gerade bei Null liegt. Wenn er auf dieses Null so reagiert, als sei es Ebene drei oder sogar vier, könnten die Dinge schnell außer Kontrolle geraten.

Ich begrüße Joe mit einem *Knöchelkontakt* und klopfe seinen Hals ab. Ich wiederhole das *Fußvergnügen*, das wir zusammen hatten, als ich außerhalb des Roundpens stand. Er reagiert auf meine Intensitätsebene eins (ich schaue einfach nur auf seinen Vorderhuf), indem er den Huf einen Schritt zurücksetzt. Er fängt an zu verstehen, dass ich ihn sacht und ohne direkten Druck von mir wegschicke.

Ich gehe in „O"-Haltung und lade ihn wieder ein. Er geht einen Schritt vor und erstarrt. Das ist völlig in Ordnung. Ich lasse ihn kurz in diesem Zustand, gehe dann aber ganz beiläufig auf ihn zu, um ihm einen *Knöchelkontakt* anzubieten. Als wir beim *Spiegelspiel* sind, atmet er zitternd ein. Ein, zwei Einatemzügen folgt ein langer Ausatem – das ist der *Zitteratem*. Ich kraule seinen Widerrist und *Schaukle das Baby*. Ich wiege mich leicht, halte meine Gerte wie einen Spazierstock und summe beim *Atmen*. Joe stellt sich vorn breiter und ich kann fühlen, wie die Spannung aus ihm herausfließt und im Boden verschwindet.

Nach einigen Minuten trete ich wieder zurück und bewege meine Augen, meinen Bauchnabel und meine Gerte in Richtung seines Hüft-Kutschier-Buttons. Joe schwenkt seine Hinterhand höflich zur Seite und gleitet dann ruhig ans andere Ende des Roundpens. Ich nicke und mache *Upsies*, das bedeutet „Ja". Sanft deute ich mit den Augen wieder auf seinen Hüft-Kutschier-Button. Mit einem Schnauben und Ohrenschütteln geht Joe ruhig ein Stück weiter. Ich trete zurück und lobe ihn. Als er anhält, drehe ich mich weg und *Suche den Horizont ab*. Jedes Mal wenn ich das tue oder wenn ich das *Wächterschnauben* schnaube, verhalte ich mich wie ein fürsorgliches Leitpferd, das nach Raubtieren Ausschau hält und Joe beschützt.

Nun mache ich die *Arme des Tänzers* und deute mit meiner inneren Energie auf seinen Gurt-Button. Als er weggeht, gehe ich im *Gleichschritt* auf Schulterhöhe mit ihm mit. Wir *Gehen Irgendwohin*. Als ich aufhöre zu gehen und mein Becken zum *Hocken zum Halten* sinken lasse, hält auch Joe sofort an. Ich möchte, dass er konzentriert bleibt und hört, was ich wirklich sage, nichts vorwegnimmt oder rät. Ich wiederhole den Druck auf den Gurt-Button und wir gehen immer nur einen Schritt im Gleichschritt.

Joe muss in der Gegenwart und mit mir im Gespräch bleiben, damit ich ihm weiterhelfen kann. Inzwischen geht er ruhig von mir weg, wechselt weich die Richtung, hält an, wenn ich es tue, und geht sogar Schulter an Schulter mit mir in die Richtung, die ich vorgebe. Nun wird es Zeit für ein schnelleres Tempo. Bei ängstlichen Pferden ist so ein Tempowechsel knifflig. Sie glauben, dass es einen Grund dafür geben muss, dass sie rennen sollen. Ich stelle mich in die Mitte des Roundpens und bitte Joe, Schritt zu gehen, was er sehr höflich umsetzt, mit einem zur Seite gerichteten Ohr, lockerem Maul und niedriger Kopfhaltung. Vorsichtig hebe ich meine Knie etwas höher an und nicke mit dem Kopf, um ihm zu sagen, dass ich gern das Tempo wechseln würde. Ich gehe im Gleichschritt mit seinen Vorderhufen, aber auf der Stelle, und ich benutze die Gerte ganz sacht irgendwo zwischen Intensitätsebene eins und zwei.

Joe hebt den Kopf an, verspannt den Kiefer, legt die Ohren nach hinten und schlägt mit dem Schweif. Das überrascht mich nicht. Er fühlt sich von mir gepiesackt und denkt, dass wir nun doch beim Jagen angekommen sind. Ich spreche unablässig mit ihm und sage ihm, dass ich seine Sorgen verstehe. Ich bleibe auf Ebene zwei und vergewissere mich, dass meine innere Energie auf Neutral Null ist. Vielleicht klingt das nach einem Konflikt zwischen Innen und Außen, aber Pferde versuchen immer, im inneren Neutral Null zu bleiben, und das ist auch unser Ziel, egal, wie unsere Gesten oder Zeichen äußerlich aussehen.

Ich möchte, dass Joe das Gefühl seines eigenen inneren Neutral Null erlebt. Ich möchte, dass er zu innerer Ruhe findet, während sein Körper in eine schnellere Gangart wechselt. Das muss ich ihm vorleben, also übertreibe ich meine „O“-Haltung und vertiefe meine innere Ruhe. Gleichzeitig frage ich ihn, ob er einen oder zwei Trabtritte hinbekommt. Er schüttelt widerwillig den Kopf und trabt genervt. In dem Moment, in dem er das tut, *Hocke* ich *zum Halten*, schaue zu Boden und pruste einen erleichterten Seufzer. Joe bemerkt das erst nach ein paar Schritten.

Joe steht zwei Minuten da und sieht mich an. Ich lasse ihn. Er atmet regelmäßig, zuckt mit den Ohren und zwinkert. Er sieht aus, als ob er einige große Gedanken sortieren müsse. Als er sich ein wenig entspannt, weiß ich, dass wir es noch einmal versuchen können. Ich bitte ihn zu laufen, was er sehr schön umsetzt, und dann frage ich sofort nach einem Trabtritt. Ich setze meine gesamte Körpersprache und sogar menschliche Wörter ein und sage: „Nur ein Trabtritt, bitte.“ Joe geht schneller und schneller mit erhobenem Kopf, konzentriert nach hinten gerichteten Ohren, leicht verspanntem Kinn, aber das Auge und Ohr, das mir am nächsten ist, zuckt in meine Richtung. Gleich hat er es.

Er geht in einen zögernden Trab über. Sofort *Hocke* ich *zum Halten*, und dann mache ich etwas, das Menschen tun. Um auszudrücken, wie wundervoll er ist, applaudiere ich. Für uns ist das ein normaler Impuls, der Freude ausdrückt. Pferde drehen übertrieben den Schweif, wenn sie sehr zufrieden mit sich sind, und ich möchte, dass Joe die Verbindung zur Freude fühlt. Erst ist er etwas überrascht von dem Geräusch der klatschenden Hände, aber dann spürt er meine Fröhlichkeit und schwingt zufrieden den Schweif.

Ich sage seinen Besitzern, dass sie auch klatschen und ihm sagen sollen, wie wundervoll er ist, wenn er das nächste Mal trabt. Wieder bitte ich ihn loszugehen, und diesmal hat er weiche Augen, lauschende Ohren und leichtfüßige Schritte. Sowie ich mit dem Kopf nicke, um einen Tempowechsel anzukündigen und auf seinen Hüft-Kutschier-Button deute, verliert er keine Zeit, sondern trabt sofort schwungvoll los. Ich trabe ungefähr fünf Schritte auf der Stelle, parallel zu seinem Gurt-Button, nicht hinter ihm. Dann *Hocke* ich *zum Halten* und er hält sofort an.

Wir klatschen alle und loben ihn lauthals und begeistert für diesen wunderbaren weichen Trab. Joe schnaubt, schwingt mit dem Schweif, schüttelt den Kopf und grunzt. Er ist stolz auf sich und genießt die Aufmerksamkeit und das Lob.

SCHRITT 12

Wir sind im Sattel – was jetzt?

GESPRÄCHE IM SATTEL

Ich wollte ein für alle Mal wissen, ob meine Stute Dakota geritten werden wollte. Ich wollte sie über ihre Körpersprache sagen hören, dass sie diese wunderbare Idee habe, ich auf ihrem Rücken, und wir beide *Gehen Irgendwohin*. Dazu musste ich aber ihre Sprache verstehen. Es dauerte Jahre, um eine Antwort auf meine Frage zu bekommen, und das Buch, das Sie in Händen halten, ist das Ergebnis meiner Suche.

Als sie frei auf dem Reitplatz herumlief, ging Dakota zur Aufstiegshilfe und sah mich an. Ihre Einladung war die Antwort, nach der ich gesucht hatte. Seitdem reite ich kein Pferd mehr, das sich nicht bereitwillig an die Aufstiegshilfe stellt, dort friedlich stehen bleibt und mich so auf seinem Rücken willkommen heißt.

In diesem Kapitel stelle ich Ihnen Gespräche im Sattel vor. Wir fragen und nehmen die Antworten des Pferdes wahr. Es geht nicht darum, Pferde zu trainieren. Es geht darum, Pferdisch im Sattel zu verbessern.

Schlüssel zur Verständigung

RUND UM DIE AUFSTIEGSHILFE

Was glauben Sie, wie denkt Ihr Pferd darüber, dass Sie aufsitzen? Durch Pferdisch könnte das Aufsitzen ein positives Erlebnis für Sie beide werden. Pferde kommen leicht aus dem Gleichgewicht, wenn man aufsitzt. Das Gleiche gilt für das

Absitzen. Lernen Sie, sich Zeit zu nehmen, so dass sowohl Sie als auch Ihr Pferd im Neutral Null bleiben, während Sie auf- oder absitzen. Das hilft allen, ausbalanciert zu bleiben. Zunächst *beobachten Sie*, wie Ihr Pferd auf das Aufsitzen reagiert. Jemand könnte ein Foto des Gesichts des Pferdes machen, während Sie sich in den Sattel begeben. Sie könnten auch eine Aufnahme „Vor Pferdisch" und eine „Nach Pferdisch" machen und beide vergleichen. Ein stoisches Pferd verzieht vielleicht das Gesicht, während sein Reiter aufsitzt. Ein empfindliches Pferd nimmt den Kopf hoch und sieht ängstlich aus. Ein aufbrausendes Pferd beginnt loszugehen, wenn Sie den Fuß in den Steigbügel stellen. Es gibt viele mögliche Reaktionen. Achten Sie auf die Ohren, die Augen und vor allem auf das Maul Ihres Pferdes. Was Sie für Zustimmung gehalten haben, könnte stille Duldung gewesen sein.

UND DIE INNERE ENERGIE?

Vor allem bei empfindsamen Pferden kann es Missverständnisse beim Aufsitzen geben. Sie führen zum Beispiel Ihr Pferd mit den *Armen des Tänzers* zur Aufstiegshilfe und stellen sich dann darauf. Die *Arme des Tänzers* zeigten dem Pferd, wohin es schauen sollte. Doch sobald Sie die Zeige-Hand wegnehmen, auf der Hilfe stehen und sich zum Sattel drehen, senden Sie möglicherweise eine *Geh-weg-Botschaft* von Ihrem Bauchnabel zum Pferd und üben Druck aus. Als richtige Antwort wendet es Ihnen den Kopf zu und dreht seinen Körper weg.

Ihr Anliegen wird klarer für das Pferd, wenn Sie üben, Ihre innere Energie beim Aufsitzen zum Kopf des Pferdes zu richten. Die Nervosität Ihres Pferdes nimmt auch durch das folgende Gespräch ab.

Gespräch: Mit dem Atem aufsitzen

❶ Sie beginnen, indem Sie Ihr Pferd wie immer an die Aufstiegshilfe führen. Statt aufzusitzen, setzen Sie sich einige Minuten auf die Aufstiegshilfe (Rückzug) und *atmen* zusammen mit Ihrem Pferd. Atmen Sie so lange, bis Ihr Pferd sich neben der Aufstiegshilfe sichtlich entspannt. Diese Übung ist gut für einen Tag geeignet, an dem Sie keine Zeit zum Reiten, aber Zeit genug für ein Gespräch haben. Satteln und zäumen Sie Ihr Pferd wie immer und führen Sie ein *Atem-Gespräch* an der Aufstiegshilfe. Stellen Sie Ihren Atem auf den Ihres Pferdes ein. Beobachten Sie seine feinen Zeichen. Atmen Sie tief, versuchen Sie auch den *Zitteratem* (S. 30).

❷ Das nächste Mal, wenn Sie zur Aufstiegshilfe gehen, gehen Sie im *Gleichschritt* und *Suchen Sie den Horizont ab*. Ihr Pferd weiß dann, dass Sie nach Raubtieren Ausschau gehalten haben und es beschützen. Sucht Ihr Pferd weiterhin den Horizont ab, prusten Sie ein *Wächterschnauben* in die Richtung, in die Ihr Pferd schaut. So sagen Sie, dass Sie seinen *Tiger wegschnauben* (Bilder 12.1 A & B).

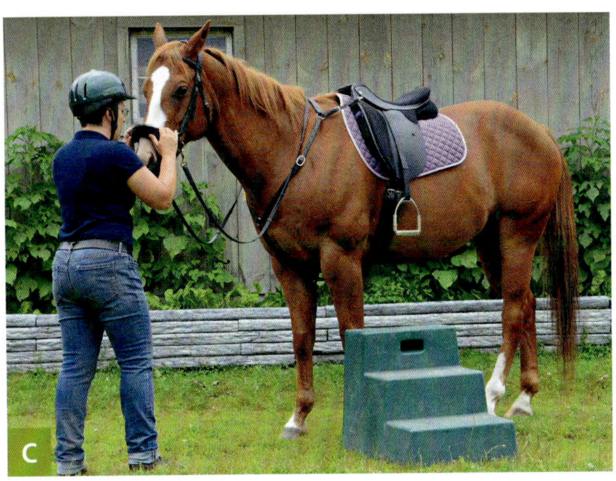

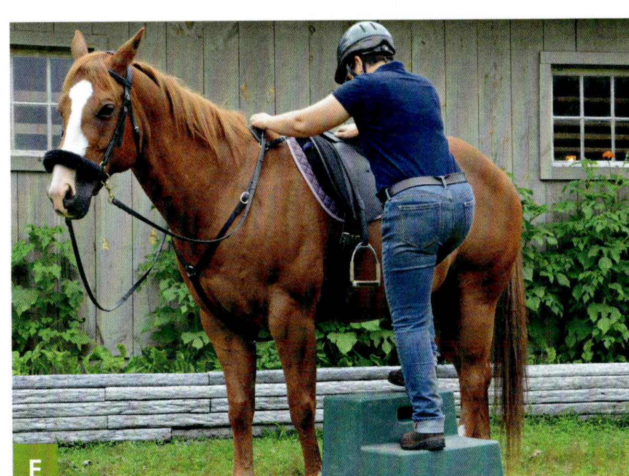

12.1 A–E Gretchen geht auf dem Weg zur Aufstiegshilfe im Gleichschritt mit Clark (A). Er neigt dazu, sich zu verspannen. Kontakt zu ihm aufzunehmen und ihn zu fragen, wie er sich fühlt, dient auch der besseren Kommunikation mit ihm unterm Sattel.
Ich setze das Wächterschnauben ein, um den „Tiger wegzuschnauben" (B). An der Aufstiegshilfe schaukle ich das Baby am Kopfstück (C) und am Widerrist (D) und gehe dann zu Annäherung und Rückzug über, mit meinem Fuß im Steigbügel (E).

Nach dem *Wächterschnauben* atmen Sie tief aus, schauen auf den Boden, übertreiben Ihre „O"-Haltung und machen *Upsies*. Gehen Sie auf den Intensitätsebenen hoch und runter, während Sie das machen, bis Ihr Pferd seinen Kopf senkt. Bei manchen Pferden verändert dieses Gespräch das gesamte anschließende Reiten.

❸ Zeigen Sie dem Pferd Ihre Zuneigung, bevor Sie aufsitzen. Sagen Sie kurz mit einem *Knöchelkontakt* „Hallo" und schnuppern Sie am Hals Ihres Pferdes (S. 126). Kratzen Sie den Freundschafts-Button. Die meisten Pferde mögen es auch, wenn Sie an der Aufstiegshilfe beide Vorderhufe aufheben und sanft kreisen, denn das löst die Spannung.

❹ *Schaukeln Sie das Baby* zuerst am Kopfstück. Dabei stehen Sie vor dem Pferd. Wenn Sie anschließend auf der Aufstiegshilfe stehen, schauen Sie in die gleiche Richtung wie Ihr Pferd und *Schaukeln das Baby am Widerrist* (Bild 12. 1 C und D). Verlagern Sie Ihr Gewicht von einem Fuß auf den anderen oder von einer Hüfte auf die andere. Denken Sie daran, Ihren Schaukelrhythmus an den Atem anzupassen, der so tief und langsam wie möglich sein sollte. Vielleicht macht Ihr Pferd einen Schritt, um sich auszubalancieren. Viele Pferde haben gelernt, sich nicht zu rühren, auch wenn sie noch so schrecklich und unausbalanciert stehen, und sind erleichtert, wenn sie ihre Standfläche verändern dürfen. Manche Pferd mögen *Das Baby Schaukeln* an der Aufstiegshilfe (mit einer Hand am Widerrist und einer hinter dem Sattel).

❺ Sobald Sie aufgesessen sind, sitzen Sie sofort wieder ab und führen Ihr Pferd auf einem mittelgroßen Kreis. Stellen Sie es wieder an die Aufstiegshilfe, atmen Sie und sitzen Sie wieder auf. Wiederholen Sie diese Abfolge drei Mal und achten Sie darauf, ob Ihr Pferd sich wohl fühlt. Sobald Sie feststellen, dass es sich verspannt, hören Sie auf, atmen zusammen mit Ihrem Pferd, machen *Upsies* und setzen dann das Gespräch fort.

❻ Versuchen Sie, mit Ihrem Pferd ein Gespräch über das *Spiegelspiel* an der Aufstiegshilfe zu führen. Lehnen Sie sich über Ihr Pferd, so als wollten Sie aufsitzen, und dann stellen Sie sich aufrecht hin oder lehnen sich nach hinten. Wiederholen Sie das mindestens drei Mal, bevor Sie aufsitzen, und passen Sie Ihren Atem an Ihr Vor- und Zurücklehnen an. Wenn Sie das jedes Mal vor dem Aufsitzen machen, wird Ihr Pferd sich irgendwann in Ihre Richtung lehnen, wenn Sie den Fuß in den Bügel stellen. Welch wunderbarer Beginn eines Rittes!

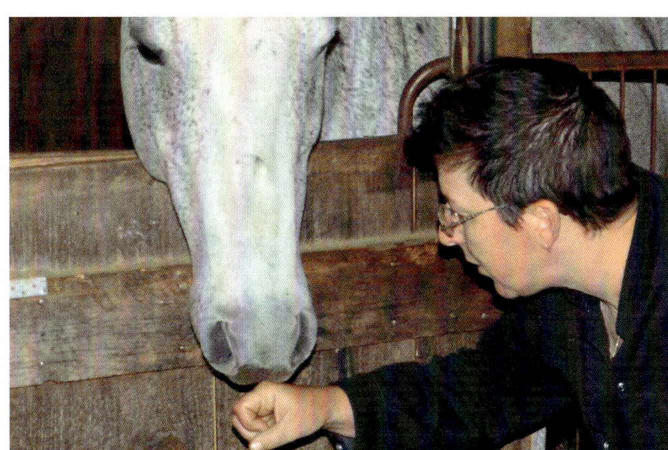

Denken Sie auch vor dem Reiten daran, Ihr Pferd zu begrüßen.

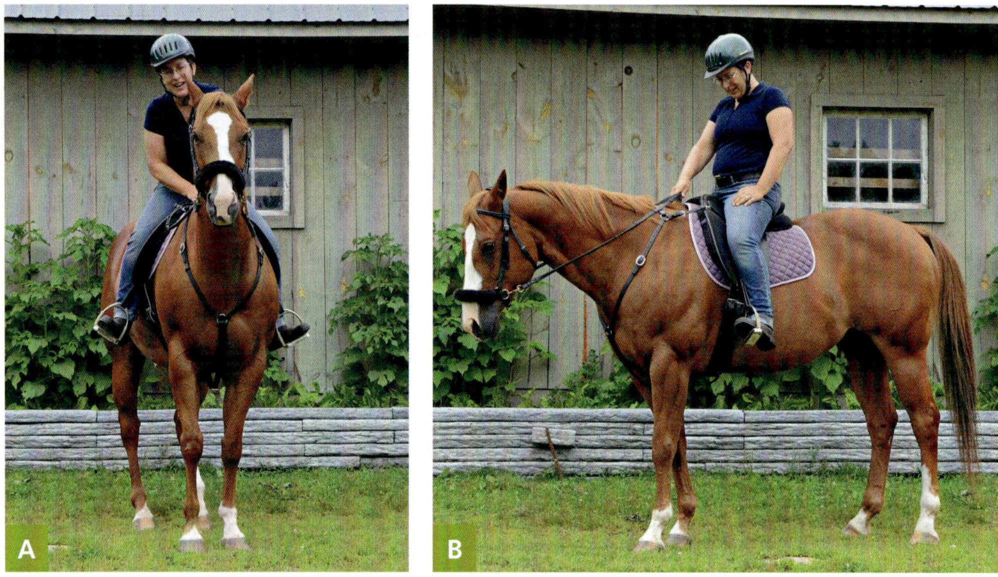

12.2 A & B Sobald ich auf Clark sitze, bewege ich mich nicht und atme erst einmal bewusst (A). Beim Reiten liegen unsere Beine an der Lunge des Pferdes an und der Atem wird zu einem wichtigen Kommunikationsmittel. Mit einer Hand Schaukle ich das Baby am Widerrist und konzentriere mich auf tiefes Atmen (B).

LOSLASSEN

Reiten bedeutet, die Bewegung des Pferdes zu kontrollieren. Jedenfalls denken wir das. Ehe Sie beginnen, Ihrem Pferd zu diktieren, wie es sich zu bewegen hat, genießen Sie den Kontakt. Zusammen zu atmen und sich im Gleichgewicht zu bewegen, baut gegenseitiges tiefes Vertrauen und Respekt auf.

Im Sattel liegen Ihre Beine an der Lunge Ihres Pferdes an (Bild 12.2). Machen Sie sich das klar. Ihr Atem sendet über Ihren Sitz und Ihre Beine wichtige Botschaften an Ihr Pferd. In einer perfekten Welt würden alle Reiter süchtig nach tiefen Atemzügen sein, sobald sie im Sattel sitzen. Probieren Sie das folgende Gespräch übers Atmen aus, am besten ohne Sattel oder nur mit einem Sattelkissen. Oder nehmen Sie die Füße aus den Steigbügeln, wenn Sie sich dabei sicher fühlen. Hält jemand das Pferd während des Gesprächs am Führseil, könnte das zu Ihrer Entspannung und der Ihres Pferdes beitragen.

Gespräch: Mehlsack

❶ Sie steigen auf wie auf S. 191 beschrieben. Dann greifen Sie nach unten, begrüßen Ihr Pferd und legen danach Ihre Hände mit der Handfläche nach unten auf beiden Seiten des Widerrists ab (Bild 12.3 A–C). Sie halten in jeder Hand einen Zügel, nehmen aber keinen Kontakt zum Pferdemaul auf. Machen Sie sich keine Gedanken, wenn Sie dabei aussehen wie ein Mehlsack. Nehmen Sie den Atem Ihres Pferdes wahr. Lassen Sie zu, dass Ihre eigene Atmung sich ausdehnt, und passen Sie sie an die Atmung Ihres Pferdes an. Oder ist es umgekehrt und Ihr Pferd passt sich an Sie an? Atmen Sie einfach zusammen!

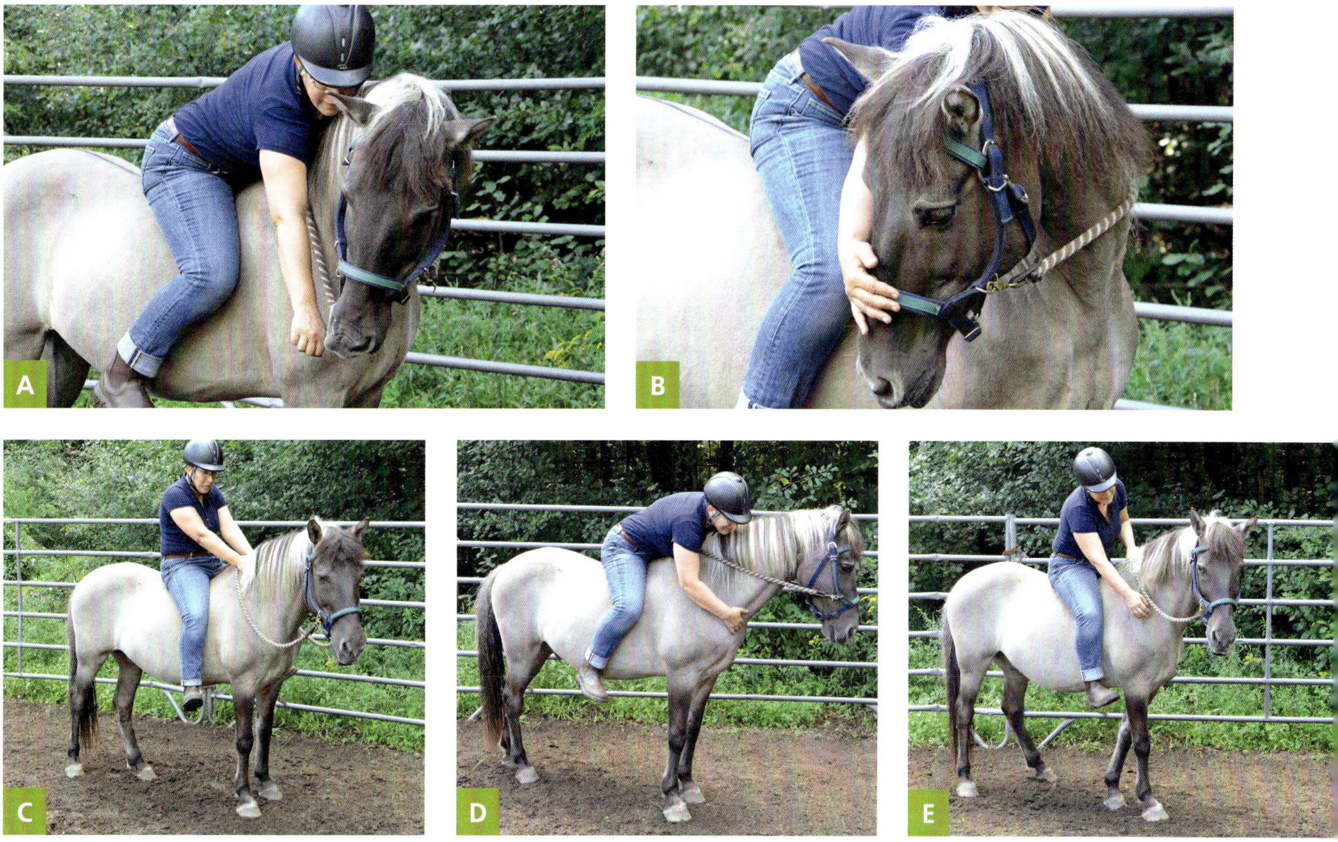

❷ Achten Sie auf Zeichen von Unwohlsein oder Spannung beim Pferd. Auch wenn Sie zunächst gewohnheitsmäßig tun wollen, was Sie immer tun, sobald Sie im Sattel sitzen – vergessen Sie erst einmal für eine Weile alles, was Sie übers Reiten wissen. Beobachten Sie stattdessen, was passiert, wenn Sie versuchen, auf Ihr Pferd zu hören. Sie haben ja beide eine Vorstellung davon, was nach dem Aufsitzen passiert. Stuten möchten beispielsweise alles „richtig" machen, und Sie wollen auch, dass Sie alles „richtig" machen. Geben Sie dem folgenden unkomplizierten Gespräch ein wenig Raum und Zeit.

❸ Atmen Sie als *Mehlsack* den *Nährenden Atem*, indem Sie beim Einatmen die Luft weich nach innen schnauben (S. 29). Wie in allen Gesprächen mit Ihrem Pferd drücken Sie damit etwas aus und lauschen nun auf die Antwort (Bild 12.3 D). Es gibt weder richtige noch falsche Antworten.

❹ Falls möglich, lassen Sie Ihr Pferd nun im Schritt führen. Oder lassen Sie es ohne eine Führperson einige Schritte machen, wenn Sie sich sicher genug fühlen. Atmen Sie weiter und bleiben Sie ein *Mehlsack* (Bild 12. 3 E). Wenn Sie entspannt genug sind, fühlen Sie, wie die Pferdeschultern bei jedem Schritt nach vorn schwingen.

Bild 12. 3 A–E
Ich lehne mich vor, um Rocky zu begrüßen. Wir fühlen uns verbunden (A & B). Strecken Sie die Arme zu einem kurzen Hallo aus. Der „Mehlsack" hilft mir, gut verankert zu sitzen (C). Ich lehne mich nach vorn, um Rockys Hals zu umarmen, was meiner Einladung zur Pferdeumarmung entspricht (D und S. 125). Im Mehlsack unterstütze ich Rocky, ein paar Schritte zu machen (E).

12.4 A & B Ich sage „Hallo" zu Clark (A) und zu Rocky (B), indem ich einen Zügel anhebe. So sieht das Begrüßungsritual auf dem Pferderücken aus. Das Spiegelspiel bittet das Pferd, Kopf, Genick und Hals weich werden zu lassen.

Versuchen Sie nicht, den Körper des Pferdes zu beeinflussen. Denken Sie an den *Gleichschritt*. Folgen Sie den Bewegungen des Pferdes mit Ihrem Körper. Es ist genau wie beim Gleichschritt am Boden, nur dass Sie das Gespräch diesmal mit Ihren Knien im Gleichschritt mit den Schultern des Pferdes führen. Lassen Sie Ihre Knie vorwärtsrollen, wenn sich die Pferdeschulter bewegt. Atmen Sie und bleiben Sie eine Zeit lang im *Gleichschritt*, solange es für Sie beide angenehm ist. Ihr Körper nimmt wahr, wie es sich anfühlt, Atem und Bewegung in einem Körpergespräch zu verbinden.

❺ Im *Mehlsack* behalten Sie Ihre Hände am Widerrist des Pferdes und lassen Ihre Knie weiter der Bewegung der Pferdeschultern folgen. Sie werden feststellen, dass Ihre Hüfte im Schrittrhythmus des Pferdes schaukelt, so dass Sie sich nicht im Steigbügel verspannen können.
Ihre Hüfte führt ein Gespräch über Das Baby Schaukeln. Achten Sie darauf: Vielleicht schaukelt Ihr Pferd auch Sie!

EINE NEUE BEGRÜSSUNG

Aufsitzen ist eine Form der *Begrüßung*, und geritten zu werden ist eine Form des *Raumteilens*.
Mein Gespräch am Zügel dient als kurzes *Hallo* vom Pferderücken aus. Sie können dabei herausfinden, wie Ihr Pferd sich fühlt und was es über die Zügelbewegung denkt. Stellen Sie dieselbe Verbindung wie am Boden her und achten Sie auf alle Signale.

Gespräch: Hallo am Zügel

❶ Um mit dem *Hallo* zu beginnen, *atmen* Sie in der Haltung des *Mehlsacks* und richten sich dann sachte, auf. Ihr Pferd sollte sich inzwischen nicht mehr wundern, warum es nach dem Aufsitzen still stehen soll. Falls es doch etwas Unterstützung vom Boden aus braucht, bitten Sie jemanden, es zu halten.

❷ Mit Intensitätsebene Null halten Sie die Zügel mit den Handflächen nach unten. Die Zügel hängen nicht völlig durch, aber sie nehmen auch keine Anlehnung auf. Heben Sie einen Arm etwa dreißig Zentimeter an, die Handfläche zeigt noch immer nach unten (Bilder 12.4 A & B).

❸ Atmen Sie beim Anheben des Armes ein, und atmen Sie aus, wenn Sie die Hand sinken lassen. Wiederholen Sie das drei Mal. Ich empfehle Ihnen, wirklich jedes Mal beim Anheben laut „Hallo“ zu sagen, um Ihre eigene, feine Körpersprache in Gang zu setzen.
❹ Wiederholen Sie das Ganze mit dem anderen Arm. Falls sich Ihr Pferd bewegt oder das Gewicht verlagert, lassen Sie seine Bewegung zu und warten ab, bis es wieder still steht. Zappelt es herum, lassen Sie es Schritt gehen oder bitten Sie jemanden, Sie auf einem großen Zirkel zu führen und dann wieder anzuhalten. Die meisten Pferde lassen irgendwann den Kopf fallen und atmen tief.
❺ Vergessen Sie nicht, Ihr Pferd zu *loben* und lange und tief auszuatmen, als Antwort und Belohnung.

Pferde befürchten oft, einen Fehler zu machen. Da Sie nun zwar im Sattel sitzen, aber nichts fordern, könnte Ihr Pferd angespannt sein, weil es nicht versteht, was Sie von ihm wollen. Es könnte aber auch neugierig sein. Oder es könnte gar nicht reagieren. Alles, was Sie ausdrücken, ist: „Ich hebe diese Zügel an. Was meinst du dazu?“ Sie teilen Ihrem Pferd außerdem mit, dass Sie nicht ärgerlich werden, wenn es nichts versteht. Es wird sich vielleicht zwanzig Mal verspannen, wenn Sie den Zügel anheben, aber plötzlich wird es doch den Kopf fallen lassen und Ihnen mit einem tiefen Atemzug antworten.

Für Sie beide hat sich das Blatt nun gewendet. Statt das Pferd mit den Zügeln zu manipulieren, sobald Sie aufgesessen sind, warten Sie, um zu sehen, wie Ihr Pferd auf die Tatsache reagiert, dass es Zügel gibt und Sie sie auch benutzen. Ihr Pferd begreift, dass es keinen Ärger bekommt, wenn es auf die Zügelbewegung neugierig reagiert, und Sie haben eine Möglichkeit gefunden, es mit dem „Hallo“-Zügel zu begrüßen.

In diesem Gespräch geht es darum, einander aufmerksam zuzuhören. Können Sie den Zügel auf vollkommen neue Weise benutzen? Können Sie ihn völlig absichtslos einsetzen?

Gespräch: Spiegeln am Zügel

Wir bitten das Pferd, mit weichem Hals seinen Kopf zu bewegen, wenn es das möchte. Dies entspricht dem „Geh-weg-Gesichtsweichen“, das wir mit der *Pferdeumarmung* am Boden (S. 125) geübt haben. Ihr Pferd denkt vielleicht, dass Sie möchten, dass es seine Hufe bewegt. Darum geht es diesmal jedoch noch nicht. Vielleicht lassen Sie sich von jemandem am Boden unterstützen.
❶ Sie nehmen die Zügel ohne Kontakt zum Pferdemaul auf, Ihre Handflächen zeigen nach unten. Zuerst setzen Sie den „Hallo“-Zügel ein. Dann heben Sie den Zügel in einem 45-Grad-Winkel zu Ihrem Körper an. Folgen Sie Ihrem Handrücken mit den Augen.

12.5 A & B Beim Spiegeln am Zügel sagen Sie dasselbe wie vom Boden aus: „Möchtest du mir folgen?" Ich bitte Clark mit dem Spiegeln am Zügel, seinen Kopf und Hals zu entspannen (A). Dasselbe mache ich auch bei Rocky (B).

❷ Ihr Arm und Ihre Schulter formen einen schwungvollen offenen Bogen zur Seite, der Ihr Pferd einlädt, Kopf und Hals ebenfalls zu biegen.
❸ Lassen Sie Ihrem Pferd ungefähr zehn Sekunden Zeit, eine Antwort zu finden, bevor Sie Ihre Hand zurück in die Ausgangsposition bringen. Atmen Sie beim Anheben der Hand ein und bringen Sie die Hand beim Ausatmen zurück. Sie möchten einfach nur, dass Ihr Pferd in die gleiche Richtung schaut, in die auch Ihre Hand und Ihre Augen gewandert sind. Das kann es tun, wenn es Sie spiegelt, aber es kann seinen Kopf auch auf eine andere Art bewegen. Testen Sie drei Auswärtshebungen auf jeder Seite und belohnen und loben Sie Ihr Pferd, egal was es tut.

Vielen Pferden ist unklar, wie ihre Kopfhaltung in der Bodenarbeit aussehen soll, und ihre Verwirrung hinsichtlich der Kopfhaltung steigt noch, wenn sie geritten werden. Pferde verständigen sich untereinander über Gesten mit dem Kopf. Wir lassen sie verstummen, indem wir sie mit Hilfe scharfer Gebisse und Hilfszügel in bestimmte Haltungen zwingen. Durch Ihr diagonales Anheben und Absenken sagen Sie einfach nur: „Bitte entspanne deinen Kopf und Hals", und: „Denk daran, in die Richtung des Zügels zu schauen." Außerdem löst dieses Gespräch auch die Anspannung in *Ihrem* Hals und *Ihren* Schultern.

Gespräch: Der Hoch-und-hinüber-Zügel

Die beiden ersten Gespräche am Zügel haben Ihrem Pferd deutlich gemacht, dass sich die Dinge gerade ziemlich verändern. Dieses dritte Gespräch ist die gerittene Version von *Mach Platz mit den Hufen* (am Boden: S. 68).

Am Boden haben Sie Ihr Pferd bereits häufiger gebeten, seinen Kopf von Ihnen wegzubewegen. Sie haben den Geh-weg-Gesichts-Button berührt oder den Mittelhals- oder Schulter-Button, damit es mit den Vorderhufen zur Seite tritt. Vom Sattel aus setzen Sie Druck über Ihre Füße ein, um es dazu zu bringen, dem Zügel zu folgen und Ihrer Bitte nachzukommen, die Vorderhufe wegzubewegen.

❶ Sie halten in jeder Hand einen Zügel und nehmen ganz leichten Zügelkontakt auf. Nehmen Sie bei dieser Übung möglichst die Füße aus den Steigbügeln.

❷ Setzen Sie einen Zügel so ein, wie in *Spiegeln am Zügel* beschrieben, folgen Sie der Bewegung nun aber mit den Augen und öffnen Sie ein Knie auf derselben Seite. Zusätzlich geben Sie einen Bewegungsimpuls, indem Sie Druck mit der Ferse machen, schnalzen oder „Scheritt" sagen.

❸ Ziel ist, dass Ihr Pferd mit den Vorderhufen einen Schritt zur Seite macht. Vielleicht lehnt es sich auch nur etwas zur Seite oder verlagert sein Gewicht auf die entsprechende Schulter. Loben Sie es in jedem Fall, gehen Sie auf Neutral Null und atmen Sie. Dieses Gespräch verdeutlicht die mit den Vorderhufen zusammenhängende Körpersprache. Üben Sie den Einsatz von Hand, Auge und Knie zunächst harmonisch im Stand, bevor Sie das Gespräch auch im Schritt führen.

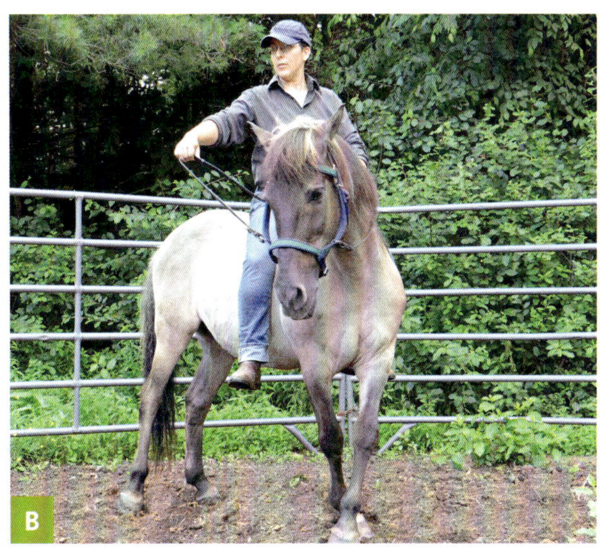

12.6 A & B Ich setze den Hoch-und-hinüber-Zügel ein, um Clark und Rocky zu bitten zu gehen (A & B).

12.6 C & D Mit der Vorhand zu weichen, baut unter dem Sattel den gleichen Respekt auf wie vom Boden aus. Dieses Gespräch am Zügel hilft Rocky und mir, im Schritt in den Gleichschritt zu finden (C). Außerdem entspannt es seine Schultern und seinen Hals und fährt die Intensität nach unten (D).

❹ Bitten Sie Ihr Pferd weiterzugehen, indem Sie den Hoch-und-hinüber-Zügel einsetzen. Damit geben Sie Ihrem Pferd eine „Öffnung", da Sie auch Ihr Knie auf derselben Seite leicht anheben. Setzen Sie die gleiche fließende Bewegung ein wie bei den *Armen des Tänzers*. Erinnern Sie sich an die Öffnung für die Wendung beim Longieren und in der Freiarbeit. Ihr Pferd wird locker in die Wendung hinein„fließen", und Ihr Gewicht verlagert sich ganz automatisch auf die äußere Hüfte (Bilder 12.6 C & D). Üben Sie diese Bewegung in beide Richtungen und verfeinern Sie Ihr Timing, genau wie beim *Gleichschritt* am Boden.

Der Hoch-und-hinüber-Zügel lässt Ihren Brustbereich weit werden und öffnet die Arme, genau wie bei den *Armen des Tänzers*, nur eben im Sattel. Dieses Gespräch mit dem Zügel schafft eine ruhige Verbindung zum Pferd und balanciert Ihren Sitz aus, da Sie Ihre Arme nur dann öffnen können, wenn Ihre innere Energie nach unten sinkt.

KÖRPERBEWUSSTSEIN AUFBAUEN

Bisher haben die Handflächen bei Ihren Gesprächen im Sattel nach unten gezeigt. Bevor Sie zu den nächsten Gesprächen übergehen, finden Sie heraus, ob Ihr Oberkörper sich verändert, wenn Ihre Handflächen und Fingernägel nach oben zeigen. Ihre Handhaltung beeinflusst Ihre gesamte übrige Körpersprache.

Übung: Handflächen nach unten oder Fingernägel nach oben

❶ Sie sitzen auf der Kante eines Stuhls mit harter Sitzfläche. Ziehen Sie den Bauchnabel ein, bis sich Ihr Kinn etwas nach unten neigt und Ihr unterer Rücken gerade wird. Vielleicht fällt Ihnen auf, dass Ihr Becken nun leicht nach hinten kippt und Ihre Sitzbeinhöcker mehr Gewicht aufnehmen.
❷ Spannen Sie Ihre innere Beckenmuskulatur leicht an und strecken Sie Ihre Arme zur Seite, die Handflächen zeigen zum Boden. Ihre Finger umfassen sanft einen unsichtbaren Zügel.
❸ Heben und senken Sie Ihre ausgestreckten Arme einzeln in einem 45-Grad-Winkel und einem 90-Grad-Winkel zur Vorderseite Ihres Körpers. Wie verändert sich der Druck auf Ihre Sitzbeinhöcker, die Spannung Ihrer inneren Muskulatur und Ihre Atmung?

Machen Sie diese Übung nun mit der Handfläche oder den „Fingernägeln" nach oben. Achten Sie darauf, wie sich Ihr Oberkörper und Ihre Sitzbeinhöcker verlagern und wie sich Ihre Atmung anfühlt. Sie könnten einatmen, wenn Sie die Arme mit den Handflächen nach oben anheben. Spüren Sie nach, welche Muskeln im Rippenbereich und im Inneren Ihres Körpers aktiviert sind. Durch die Gewichtsverlagerung in Ihrem Oberkörper beeinflussen Sie mit den Handflächen nach unten die Vorhand Ihres Pferdes und mit den Fingernägeln nach oben die Hinterhand. Nun sind Sie bereit für das nächste Gespräch am Zügel.

Gespräch: Der Fingernägel-nach-oben-Zügel

Dieses Gespräch am Zügel balanciert über Ihre Armdrehung und die Schulterblätter die gegenüberliegende Hüfte aus. Denn wenn Sie Ihre Hand und Ihren Arm drehen, um die Fingernägel nach oben zu bringen, aktiviert Ihr Körper einem natürlichen Muster entsprechend das gegenüberliegende Bein. Das Pferd kann mühelos wenden, denn Sie haben in sich selbst einen Drehpunkt geschaffen. Nun können Sie Gespräche ausprobieren, die sich zwischen Ihren Händen und der Hinterhand des Pferdes abspielen. Grundsätzlich ist Ihre Handhaltung hier die gleiche wie im *Therapeutischen Rückwärts* (S. 85).
❶ Führen Sie dieses Gespräch möglichst ohne Steigbügel. Wenn Sie sich dadurch sicherer fühlen, bitten Sie jemanden, Sie vom Boden aus zu unterstützen.
❷ Sie beginnen im Neutral Null, Ihre Hände halten die Zügel in der beim Reiten üblichen Haltung. Dann drehen Sie eine Hand im Handgelenk, bis die Handfläche nach oben zeigt und Sie Ihre Fingernägel sehen können (Bild 12.7 A).
❸ Setzen Sie den Zügel ein, indem Sie ihn in die Richtung Ihres Bauchnabels bringen, so weit, bis Sie fühlen, dass Ihr Pferd anfängt, eine Bewegung in Gang zu setzen (B). Es geht nicht darum, am Zügel zu ziehen. Stattdessen geben Sie bei der ersten winzigen Bewegung Ihres

Pferdes nach und nehmen einen tiefen Atemzug. Vielleicht bringen Sie den Zügel nur einen Zentimeter nach hinten und spüren schon, wie Ihr Pferd zuckt oder sein Gewicht in Rücken und Hüfte auf die Seite des Zügels verlagert. Vielleicht bekommen Sie bereits bei der ersten Drehung Ihrer Fingernägel eine Antwort. Das ist der Beginn Ihres *Gesprächs* mit der Hüfte des Pferdes.

4 Versuchen Sie es mit der anderen Hand. Lauschen Sie so aufmerksam wie möglich auf jede Gewichtsverlagerung Ihres Pferdes, nachdem Sie die Fingernägel nach oben und die Hand Richtung Bauchnabel gebracht haben. Nehmen Sie das Absinken Ihrer Sitzbeinhöcker wahr, wenn Ihr Pferd seine Hüfte leicht absenkt. Ein empfindsames Pferd wird auf der Seite, auf der Sie den Fingernägel-nach-oben-Zügel einsetzen, mit den Hinterbeinen unter den Schwerpunkt treten (Bild 12. 7 C). Verwirrt dieses Gespräch Ihr Pferd, wiederholen Sie die vorigen Gespräche.

5 Setzen Sie den Fingernägel-nach-oben-Zügel nun im Schritt ein. Falls es Sie entspannt, lassen Sie sich dabei führen. Folgen Sie der Bewegung der Vorhand mit Ihren Knien, halten Sie die Handflächen nach unten und fühlen und atmen Sie mit der Bewegung Ihres Pferdes mit.

6 Am besten beginnen Sie mit dem Zügel, der dem Zaun oder der Bande am nächsten ist, damit Ihr Pferd nicht denkt, dass es umdrehen soll. Drehen Sie Ihren Arm, die Fingernägel zeigen nach oben. Halten Sie den Zügel einige Schritte lang auf diese Weise. Sie werden merken, dass Ihr Pferd sich biegt. Geben Sie nach und loben Sie Ihr Pferd. Die Übung stärkt seine innere Muskulatur, den Rücken, das Becken. Das ist wie Yoga für Pferde!

12.7 A–C Ich drehe meinen Arm, so dass ich den Zügel mit den Fingernägeln nach oben halte (A). Bewege ich den Zügel in Richtung meines Bauchnabels, fühle ich die Gewichtsverlagerung in meinem Sitz und in Rockys Rücken (B). Rocky tritt als Antwort auf das Gespräch mit dem Fingernägel-nach-oben-Zügel mit dem linken Hinterbein unter seinen Schwerpunkt.

❼ Die Handbewegungen in diesem Gespräch folgen einem Rhythmus. Um das Anhalten vorzubereiten, hilft es Ihnen, wenn Sie sich einen festen Punkt auf dem Reitplatz aussuchen. Ihr Körper sendet dann feine Signale aus, die Sie beide bei der Vorbereitung des Halts unterstützen. Um aus diesem Gespräch anzuhalten und um zu fühlen, wie das Pferd sein Gewicht auf die Hinterhand verlagert, aktivieren Sie jeden Zügel einzeln. Setzen Sie den *Fingernägel-nach-oben-Zügel* für eine Schrittlänge ein und drehen Sie dann zusätzlich den zweiten Arm mit den Fingernägeln nach oben.

❽ Sagen Sie „Haalt" oder „Hooo", lassen Sie die Sitzbeinhöcker absinken und nehmen Sie die Zügel gerade so weit an, dass Ihr Pferd anhält. Dies entspricht dem *Hocken zum Halten*. Wenn Sie beide Hände mit *Fingernägeln nach oben-Zügeln* halten, senkt sich Ihr Becken ab.

12.8 A & B Clark macht das Therapeutische Rückwärts unter dem Sattel zum ersten Mal (A). Ein Schritt genügt! Ich gebe nach und lobe ihn (B).

RAUM VOR DER VORHAND BEANSPRUCHEN

Ihr Gespräch über den Fingernägel-nach-oben-Zügel hat Sie auf das *Therapeutische Rückwärts* aus dem Sattel vorbereitet. Durch das Rückwärtsgehen fordern Sie Ihr Pferd auf, den Raum vor ihm frei zu machen. Sie beanspruchen diesen Raum vor dem Pferd also auch, wenn Sie im Sattel sitzen.

Es könnte sein, dass Ihr Pferd denkt, dass es wenig sinnvoll ist, seinen Fluchtweg nach vorn an Sie abzutreten. Je mehr Sie es also für die winzigste Gewichtsverlagerung loben, indem Sie blitzschnell auf Neutral Null gehen, desto motivierter wird Ihr Pferd sein, auf kleinste Zeichen hin rückwärtszutreten.

Gespräch: Therapeutisches Rückwärts unter dem Sattel

❶ Beginnen Sie das Gespräch ohne Steigbügel. Falls Sie sich unsicher fühlen, bitten Sie jemanden, Ihr Pferd zu halten. Atmen Sie ein und drehen Sie beide Arme so, dass Sie Ihre Fingernägel sehen können. Spüren Sie nach, wie diese Drehung Ihre Körperhaltung beeinflusst. Ihr Bauchnabel bewegt sich nach hinten in Richtung Wirbelsäule und Ihr Gewicht verlagert sich. Das Becken Ihres Pferdes wird durch die Verlagerung Ihrer inneren Energie beeinflusst.

❷ Atmen Sie aus. Gleichzeitig bewegen Sie Ihre Hände zu sich her, bis Sie eine Gewichtsverlagerung Ihres Pferdes nach hinten fühlen (Bilder 12.8 A & B). Belohnen Sie seine Antwort.

12.8 C & D Während ich meine Arme drehe, bereitet Rocky sich darauf vor, rückwärtszutreten. Meine Ferse berührt seinen Spring-auf-Button, er hebt den Bauch etwas mehr an und kippt in der Hüfte sichtlich ab, um einen Schritt nach hinten zu machen (D).

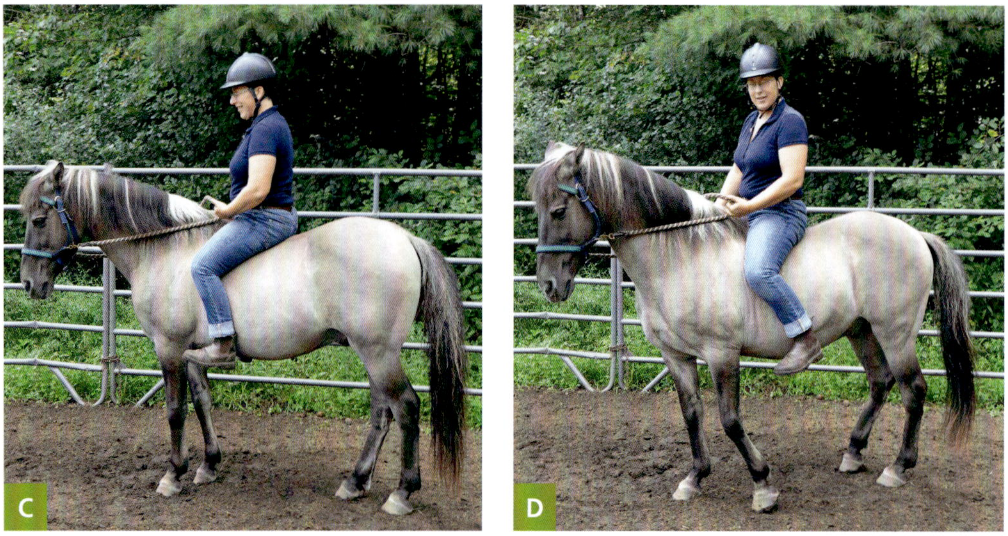

Verspannt sich Ihr Pferd, passen Sie Ihren Intensitätslevel an. Bewegen Sie Ihre Füße etwas nach vorn, so als ob Sie mit den Unterschenkeln eine Zahnpastatube ausdrücken wollten. Auch eine leichte Berührung der Ferse am Spring-auf-Button könnte helfen (Bilder 12.8 C & D). Macht Ihr Pferd den Raum vor seiner Vorhand frei, und sei es nur einen Hauch weit, gehen Sie auf Neutral Null, atmen und loben es.

All diese Gespräche dienen dazu, Ihre Körpersprache beim Reiten zu präzisieren. Die Meister der großen Reitschulen meisterten nicht die Pferde, sondern ihre eigene Körpersprache. Dadurch wurde Ihre Kommunikation mit dem Pferd kristallklar. Den meisten Pferden gefällt es, sich auf unsere Ideen einzulassen, und mitunter haben sie auch eigene Ideen. Sie sind neugierig darauf, was uns als Nächstes einfällt. Möge es etwas Lohnenswertes und Erfüllendes sein, für unsere Pferde und für uns (Bild 12.9)!

12.9 Wer weiß, wohin unsere Gespräche auf Pferdisch uns als Nächstes führen werden?

Joe

UNTER DEM SATTEL

Als ich Joe das nächste Mal besuche, liegen unsere Gespräche im Roundpen schon einige Wochen zurück. Mike und Liz sind überglücklich über die Veränderungen, die sie sowohl bei Joe als auch bei sich selbst wahrnehmen. Beide haben mit Joe Freiarbeit im Roundpen gemacht, zunächst von außerhalb des Zauns, dann vorsichtig bis zu dem Punkt, an dem Joe nicht nur schwungvollen Trab, sondern sogar ruhigen Galopp zeigt. Seine irren Panikeinlagen sind Geschichte.

Mike und Liz haben nicht nur bemerkt, wie festgefahren ihr Verhältnis mit Joe in Wirklichkeit war. Sie haben auch ein neues Verständnis dafür gewonnen, in welcher Stimmung sie sich befinden. Hat einer von ihnen Bammel, können sie auf der Grundlage ihrer tiefen Beziehung neue Möglichkeiten finden.

Ich hatte sie gebeten, Joe nicht zu reiten, bis sich ihr Verhältnis gebessert hat. Sie hatten eingewilligt, und nicht zuletzt dieses Zugeständnis machte ihnen klar, wie sehr sie dieses Pferd lieben. Nun halte ich mich im Hintergrund und beobachte, wie Mike und Liz auf Joe zugehen, ihn aufhalftern, führen und im Roundpen arbeiten. Ich kommentiere wenig und gebe nur ein paar Tipps, aber ich bin überglücklich über ihre Fortschritte. Ich denke daran zurück, wie nervös und verwirrt ihre Zusammenarbeit noch vor kurzem gewesen ist.

Liz gesteht, dass sie sich mit Joe zwar ruhiger denn je fühlt, dass sie aber dennoch alte Spannungen und Ängste mit sich herumträgt, Erinnerungen an Zeiten, in denen Joe explosiv war. Sie sagt, dass sie mitunter ihr inneres Neutral Null verliert. Mike ist bereit, Joe zu reiten. Wir binden Joe an, mit je einem Strick im linken und rechten Halfterring. Ich erinnere die beiden daran, nun nicht blindlings in die Putz- und Sattelroutine zu verfallen. Ich möchte, dass sie präsent bleiben und daran denken, dass Joe auch am Anbindeplatz seine Blase des persönlichen Raums hat, diese aber nicht verteidigen kann, weil er ja angebunden ist.

Ihnen wird schnell klar, dass Joes übliches Herumzappeln am Anbinder von dem permanenten Versuch herrührt, mit den unbeabsichtigten Geh-weg-Botschaften umzugehen, die sie selbst mit ihrer Körpersprache vermitteln. Indem sie mit Augen, Händen und Bauchnabel genau auf Joe deuten, befinden sie sich in einer ständigen „X"-Haltung. Drehen sie dagegen ihre Oberkörper nur ein wenig weg von Joe, während sie ihn putzen oder satteln, richten sie die innere Energie schon nicht mehr auf ihn.

Wenn Mike und Liz Joe ansehen müssen, nehmen sie nun eine „O"-Haltung ein, runden die Schultern, atmen tief und schwächen ihre Intensität dadurch ab. Joe entspannt sich sichtlich. Mike steht beim Striegeln nun in einem 45-Grad-Winkel zu Joe und bleibt in „O"-Haltung.

Ich zeige ihm, wie er mit dem Gesicht zu Joes Schweif den Sattel hält und ihn dann sanft auf Joes Rücken schwingt, indem er sich in Richtung Pferdehals dreht und in einer *Pferdeumarmung* mit Sattel endet, bei der sein Bauchnabel in Richtung Pferdekopf zeigt.

Diese kleine Pirouette ist wirklich leicht zu lernen und sie nimmt dem Aufsatteln jegliche Starre. Ich habe sie gelernt, als ich auf einer Ferienranch arbeitete und täglich Dutzende von schweren Westernsätteln auf Pferderücken heben musste. Sie schont nicht nur *Ihren* Rücken, sondern auch den Ihres Pferdes, weil der Sattel weich landet.

Mike erzählt, dass Joe nicht begeistert vom Gurten ist. Ich schlage vor, dass er den Gurt zunächst immer wieder möglichst schnell und mit wenig Druck anhebt und löst, ohne ihn festzuzurren. So gewöhnt Joe sich an das Gefühl, ohne dass der Gurt angezogen wird. Er versteht, dass wir respektieren, dass er den Ablauf des Gurtens nicht mag. Nach einer Minute lässt Mike den Gurt fallen und kratzt Joe an seiner Lieblingsstelle. Dabei lobt er ihn. Joe hat sich sichtlich entspannt. Nun hebe ich den Gurt wieder an, atme tief aus und ziehe ihn durch die Schnalle am Sattel. Joe verzieht sein Gesicht. Also löse ich den Gurt wieder und trete einen Schritt zurück. Mike wiederholt das Ganze. Dies ist keine spezielle Technik, um Joe beizubringen, dass er den Gurt akzeptiert. Wir nutzen unsere tiefere Verbindung zu Joe, um ihm eine andere Idee des ganzen Ablaufs zu vermitteln. Es kann sein, dass Joe es niemals mögen wird, wenn der Sattelgurt angezogen wird. Das ist sein Vorrecht. Er soll nur verstehen, dass wir ihm nicht wehtun wollen.

Sobald Joe seine Trense anhat, gehen wir durch den Roundpen. Liz und Mike haben zwar eine kleine Reithalle, doch ihr bisheriges Training hat im Roundpen stattgefunden. Um Erfolg zu haben, wechseln wir nun nicht den Platz, sondern bleiben dort, wo sie sich bereits einen ruhigen Umgang miteinander erarbeitet haben. Ich erinnere sie daran, zu atmen und im Neutral Null zu bleiben.

Ich führe Joe zur Aufstiegshilfe und daran vorbei und achte auf seine Mimik. Ich sehe Befürchtungen, Anspannung und seine Bemühungen, ein „guter Junge“ zu sein. Wir gehen drei Mal auf die Aufstiegshilfe zu und daran vorbei, bevor ich auf sie rauf- und wieder runtersteige. Dann gehe ich drei Mal von der Aufstiegshilfe aus auf den Sattel zu und wieder weg und berühre den Sattel dabei. Danach lege ich meinen Bauch über den Sattel, steige von der Aufstiegshilfe ab und gehe weg, auch das drei Mal. Das wirkt vielleicht wie eine quälend langsame Prozedur, doch es zahlt sich aus. Joe wirkt nun klar, konzentriert und entspannt.

Wann immer er sich angespannt fühlt, hält er sein Maul an meine Fingerknöchel und versichert sich so meiner Gegenwart, indem er einen Moment lang an meiner Hand schnuppert. Ich weiß, dass er dieses kurze *Hallo* braucht, um sich selbst zu beruhigen, daher halte ich ihm meine Hand regelmäßig hin. Er scheint sehr unsicher zu sein, wie er seinen Kopf halten soll, und ich stabilisiere ihn am Kopfstück von der Aufstiegshilfe aus, genau wie ich ihn vom Boden aus am Halfter stabilisiert hatte. Ich „halte Händchen“ mit seinem Maul, mit den Zügeln in einer Hand und *Schaukle das Baby* am Widerrist. Zuerst versteht er nicht, was ich möchte. Er nickt mit dem Kopf und zuckt mit dem Maul, und ich mache mir keine Sorgen über sein Verhalten, sondern erkläre ihm, dass ich nur möchte, dass er sich entspannt und sein Gleichgewicht findet. Wir bringen unser Pferd beim Aufsitzen aus dem Gleichgewicht. Joe hasst das. Er entspannt sich langsam am Zügel und macht mit einem Vorderhuf einen Schritt zur Seite, so dass sich seine Standfläche verbreitert und er geerdet steht. Ich *seufze* und er ahmt meinen Seufzer nach. Dann gähnt er. Ich belohne das Gähnen, indem ich von der Aufstiegshilfe absteige und eine kleine Runde mit ihm gehe.

Wir wiederholen *Das Baby Schaukeln* am Widerrist, beim dritten Mal macht Joe einen kleinen Schritt auf die Aufstiegshilfe zu, hält den Kopf in einer entspannten Haltung, verbreitert seine Standfläche und lehnt sich dann sichtbar zu meinem Bein hin. Damit sagt er mir, dass ich nun weitermachen und aufsitzen kann.

Ich gleite sacht in den Sattel, nehme die Bügel aber nicht auf. Sowie ich im Sattel bin, *Schaukle ich das Baby* kurz am Widerrist, und dann sitze ich langsam und achtsam wieder ab. Auch das Absitzen bringt Pferde aus dem Gleichgewicht. Ich möchte, dass Joe sich mit jedem einzelnen Bestandteil des Gerittenwerdens wohlfühlt. Pferde lassen diese täglichen Abläufe viel zu oft einfach über sich ergehen. Nachdem ich noch zwei Mal auf- und wieder abgestiegen bin, übergebe ich Joe an Mike, der alle Schritte wiederholt. Er macht das ganz wunderbar. Obwohl ich jedes Detail des Aufsitzens mit Joe durchgegangen bin, hat Mike dies ja noch nie getan. Nun soll Joe sich schrittweise mit Mikes Version vertraut machen, um das gegenseitige Verständnis zu verbessern. Mike übersieht Joes Maul, das seine Fingerknöchel sucht, einige Male, und Joe wird aufgeregt und schlägt mit dem Schweif. Mike sieht so aus, als wolle er sein Pferd korrigieren, also greife ich ein und erkläre, dass Mike eine Aufforderung von Joe überhört hat. Mike kichert und hält Joe nicht nur seine Fingerknöchel hin, sondern erklärt außerdem, dass Joe ihn beim Lernen gut unterstützt.

Sobald eine liebevolle Begrüßung vollendet ist, schaut Joe buchstäblich zur Aufstiegshilfe hin. Er ist ganz eifrig und möchte, dass es nun weitergeht. Mike ist wirklich überrascht, Liz lacht laut und meint, dass sie nicht wusste, wie intelligent Pferde sind und wie sehr sie sich wünscht, schon vor Jahren Pferdisch gelernt zu haben.

Joe und Mike gehen im *Gleichschritt* zur Aufstiegshilfe. Da Joe den Weg dorthin eingeleitet hat, machen wir nun gleich damit weiter, seinen Kopf mit den Zügeln zu stabilisieren und *Schaukeln das Baby am Widerrist*. Mike braucht eine Minute, um herauszufinden, wie man das wirklich sanft macht. Erst wirft er Joe fast um, woraufhin Joe ihn mit angelegten Ohren und einem Schweifschlagen tadelt. Aber Joe geht nicht weg. Er hat genug Vertrauen in die Beziehung zu Mike, um Mike einfach nur Feedback zu geben. Die beiden gehen zusammen eine Runde Schritt und wiederholen den Ablauf noch zwei Mal. Bei der dritten Wiederholung lehnt sich Joe an Mikes Bein. Mike ist überwältigt, dass sein Pferd ihn einlädt, aufzusitzen. So etwas hat er noch nie erlebt! Pflichtbewusst sitzt er drei Mal auf und wieder ab, und ich gebe ihm Tipps, wie er sich weicher bewegen kann, damit Joe im Gleichgewicht bleibt. Mike gibt zu, dass er sich noch nie Gedanken darüber gemacht hat, dass seine Bewegungen Joes Balance so sehr stören könnten.

Pferde lassen die täglichen Abläufe viel zu oft einfach über sich ergehen.

Mike und Joe genießen nun ihre ruhige Verbindung beim Reiten. Und plötzlich erschreckt ein Eichhörnchen sie, das etwas ungeschickt auf einen Ast direkt über dem Roundpen plumpst. Wir machen alle einen kleinen Luftsprung. Mike schnaubt automatisch ein *Wächterschnauben*, und obwohl Joe wirklich erschrocken ist, reißt er sich zusammen und bemüht sich sichtlich, zurück auf Neutral Null zu gehen. Er leckt sich übers Maul, schnaubt, als ob er sich die Nase putzen würde, wackelt mit den Ohren und schickt eine Schweifbewegung zum Eichhörnchenbaum. Mike *Schaukelt das Baby* am Widerrist seines Pferdes und lacht über diese

Ich Schaukle das Baby an der Aufstiegshilfe, um Joes Vertrauen zu gewinnen (A). Ich sitze einige Male auf und ab, denn Joe soll wissen, dass mir klar ist, dass ihn das aus dem Gleichgewicht bringt. Er soll seine Standfläche vergrößern (B). Dann ist Mike dran. Er setzt den Hallo-Zügel ein, um Kontakt aufzunehmen und Joe formell vom Rücken aus zu begrüßen (C). Sie fangen an, sich über Schritt und ihre Beziehung zu unterhalten (D). Ein Eichhörnchen überrascht sie (E). Mikes sofortiges Wegschnauben des Tigers beruhigt Joe.

Einlage. Liz und er bestaunen ihren neuen Joe. Der alte Joe hätte den Anlass genutzt, um heftig zu buckeln. Ich erkläre ihnen, dass Joe uns nun als seine Herde betrachtet und uns vertraut.

Ich bitte Mike, anzuhalten und in der Haltung des *Mehlsacks* nur zusammen mit Joe zu atmen. Dann sagt er *Hallo* am Zügel. Ich habe herausgefunden, dass viele Pferde zwar einiges über Zügel wissen, anderes verstehen sie aber nicht und rätseln dann herum. Daher verständigt man sich am besten noch einmal in kleinen Häppchen darüber, was ein Zügel eigentlich ist und bedeutet, genau wie wir es an der Aufstiegshilfe getan haben.

Zunächst hebt Mike einen Zügel einfach nur hoch, das ist das *Begrüßungsritual* am Hallo-Zügel. Joe steht da und kümmert sich nicht darum. Nach drei Hallos auf der linken Seite macht Mike drei auf der rechten. Joe schnaubt und leckt sich das Maul. Er scheint erleichtert über diese Begrüßung zu sein. Nun nimmt Mike einen Zügel zur Seite im Hoch-und-hinüber-Zügel. Er ermuntert Joe damit, seinen Kopf zur Seite zu nehmen. Auch dies tut er drei Mal auf jeder Seite. Mike verfolgt die Bewegung des Zügels mit den Augen und schaut dabei in die Richtung, in die sich seine Hand bewegt. Joe fühlt, dass Mikes Kopf die Richtung wechselt, und das bedeutet für ihn, dass Mike die Führung übernommen hat. Joe folgt dieser Führung. Mike macht *Fellpflege* am Widerrist und *Schaukelt das Baby* am Widerrist.

Dann hebt er einen Zügel an, zieht ihn zur Seite, dreht sich gleichzeitig und schaut in die Richtung. Er schnalzt dabei, so dass Joe weiß, dass er nicht nur möchte, dass Joe den Kopf bewegt, sondern dass er auch seine Hufe mitnimmt. Joe kreuzt vorsichtig die Vorderhufe und läuft einen kleinen Kreis. Ich bitte Mike, nun zu Neutral Null zurückzukehren, am Zügel nachzugeben und „Haalt" zu sagen. Joe hört sofort auf, sich zu bewegen. Mit jeder Wiederholung dieses Ablaufs wird Joe sicherer und reagiert prompter.

Ein Pferd zu überzeugen, den Raum vor sich frei zu geben, gehört zu den täglichen Ritualen der Herdenhierarchie. Es gibt verschiedene Wege, dies vom Boden aus zu machen. Nun ist es an der Zeit, auch aus dem Sattel zu zeigen, dass Mike der Raum vor Joe „gehört". Das ist eine wichtige Voraussetzung dafür, dass Joe lernt, nicht durchzugehen. Wenn Mike der Raum gehört, in den Joe läuft, ist jeder Schritt Mike gewidmet. Das verhindert das kriegerische Gezerre, das zwischen so vielen Reitern und Pferden zum Alltag gehört. Der *Fingernägel-nach-oben-Zügel* richtet nun im nächsten Schritt die Knochen von Mikes Arm und Schulterblatt aus, stärkt seine innere Energie und bringt sein Becken ins Gleichgewicht. Dadurch bekommt das Pferd ein klares Signal zum Rückwärtsgehen, das keinerlei Widerstand hervorruft. Joe folgt Mikes leichtem Rückwärtsdehnen am Zügel einwandfrei und mühelos. Ein Schritt genügt. Ich bitte Mike, die Bewegung seines Arms noch zu verfeinern. Nun ist von außen eigentlich nicht mehr zu erkennen, was Mike tut, um Joe dazu zu bringen, größer und runder zu werden und tief unter den eigenen Schwerpunkt zu treten. Pferd und Reiter scheinen sehr zufrieden mit sich zu sein. Mike meint, dass das Rückwärtsgehen sich noch nie so gut angefühlt hat.

Ich bitte Mike, für eine Minute abzusitzen und alles sacken zu lassen. Ohne nachzudenken, springt er schwungvoll vom Pferd, wie er es gewohnt ist. Joe legt die Ohren an und macht einen Schritt zur Seite. Ohne dass ich etwas sagen muss, begreift Mike sofort, dass er Joe überrumpelt hat, und verspricht, in Zukunft achtsamer zu sein. Liz wirft ein, dass beide eine Menge Arbeit vor sich haben, um aufmerksam zu sein und daran zu denken, dass das, was sie bisher normal fanden, Joe Unbehagen bereitet.

Von jetzt an können sie Joe erklären, was sie von ihm möchten, wenn sie im Sattel sitzen. Als Hausaufgabe bekommen sie von mir, sich nun eine Woche lang im Schritt und in Achten und Volten mit Bodenhindernissen wie Tonnen, Stangen und Pylonen zu beschäftigen. Sie sollen den Hoch-und-hinüber- und den Fingernägel-nach-oben-Zügel üben. Dadurch wird Joe sich weiter entspannen, im Genick und im Hals nachgeben und seine Hinterhand aktiver einsetzen.

Auch das *Therapeutische Rückwärts* vom Boden und vom Sattel aus sollten sie üben, um Joes innere Muskulatur zu stärken. Anhalten ist ein verkürztes Rückwärts. Wenn Joe sich beim Halten jedes Mal ausbalancieren kann, wehrt er sich nicht gegen den Zügel. Ich glaube, dass der Tag naht, an dem Mike fühlt, wie leicht und schwungvoll Joes Trab ist, nicht nur im Roundpen, sondern auch unter dem Sattel. Liz und er werden eine ganz neue Beziehung mit Joe haben, in der sie sich beide sicher fühlen können, ein Gefühl, das sie vorher nicht hatten und das sie dringend brauchten. Durch Pferdisch entwickelt ihre Freundschaft neue Seiten: Vertrauen, Respekt, Verbundenheit und Verständnis sind nun ein Teil von ihr.

REGISTER

Seitenzahlen in Kursivschrift weisen auf Bilder hin.

F

G

H

I

J

K

L

Aus dem Amerikanischen übersetzt von Ute Ochsenbauer.
Titel der Originalausgabe:
Horse Speak: The Equine-Human Translation Guide
erschienen bei Trafalgar Square Books unter ISBN 9781570767548.

BILDNACHWEIS

287 Farbfotos wurden von Rich Neally für dieses Buch aufgenommen.
Die Bilder 2.5 und 8.5 sind mit freundlicher Genehmigung entnommen aus *Gallop to Freedom* von F. Pignon und M. Delgado/Trafalgar Square Books.
Mit 25 Illustrationen von Sharon Wilsie.

IMPRESSUM

Umschlaggestaltung von GRAMISCI Editorial Design, Cornelia Sekulin, München, unter Verwendung von zwei Farbfotos von Rich Neally und eines Farbfotos von Birgit Zimmermann (Hintergrund Umschlagvorderseite).

Mit 289 Farbfotos und 25 Illustrationen.

Gedruckt auf chlorfrei gebleichtem Papier

ISBN 978-3-440-15858-6
Redaktion: Birgit Bohnet
Gestaltung und Satz: DOPPELPUNKT, Stuttgart
Produktion: Claudia Frank
Druck und Bindung: Firmengruppe APPL, aprinta druck, Wemding
Printed in Germany/Imprimé en Allemagne

FSC
www.fsc.org
MIX
Papier | Fördert gute Waldnutzung
FSC® C004592